PRAXISHANDBUCH KRISENMANAGEMENT

Beda Sartory | Patrick Senn
Bettina Zimmermann | Sita Mazumder

Praxishandbuch
Krisenmanagement

Krisenmanagement nach der 4C-Methode
Command – Communication – Care – Compliance

Midas Management Verlag
St. Gallen • Zürich

Praxishandbuch Krisenmanagement

2. Auflage
© 2016 Midas Management Verlag AG

Bibliografische Information der Deutschen Nationalbibliothek

Die Deutsche Nationalbibliothek verzeichnet diese Publikation in der Deutschen Nationalbibliografie; detaillierte bibliografische Daten sind im Internet abrufbar über http://dnb.d-nb.de

Sartory, Beda / Senn, Patrick / Zimmermann, Bettina / Mazumder, Sita: Praxishandbuch Krisenmanagement. St. Gallen/Zürich: Midas Management Verlag 2016.

ISBN 978-3-907100-42-4

Lektorat: Thomas Hobi
Layout: Simone Pedersen
Grafiken: Fulvio Musso

Copyright © 2016 Midas Management Verlag AG
Dunantstrasse 3, CH-8044 Zürich
Mail: kontakt@midas.ch, Social Media: midasverlag

Inhaltsverzeichnis

C2   Communication – Krisenkommunikation

C3   Care – Umfassendes Care

C4 Compliance – Regelkonformität

Serviceteil

Zum Geleit

Die Welt wird seit geraumer Zeit von grossen Krisen erschüttert. Dass dabei das Krisenmanagement – im weiten Sinne wie vorliegend anhand der 4C-Methode verstanden – eine entscheidende Rolle für die weitere Entwicklung spielt, wird immer dann schmerzlich erkennbar, wenn ein unzureichendes Krisenmanagement zu einer weiteren Verschlechterung der Situation führt.

Aber nicht nur die «grossen» Krisen, also die der Volkswirtschaften oder Grossunternehmen, stehen im Zentrum der Betrachtungen, sondern mindestens ebenso das Krisenmanagement bei kleineren und mittleren Betrieben – dem Rückgrat unserer Wirtschaft. Gerade hier entscheidet ein erfolgreiches Krisenmanagement nicht selten über die weitere Existenz einer Organisation. Damit eine solche im Ernstfall richtig agieren und reagieren kann, bedarf es aber einiger Vorarbeit, die in guten Zeiten leider oft vergessen geht.

Was heisst überhaupt gutes Krisenmanagement? Was bedingt und benötigt ein solches? Und was ist zu tun, wenn die Krise zu eskalieren droht? Allzu oft wird das Krisenmanagement in einem zu theoretischen Kontext, zu abstrakt und zu umfangreich dargelegt und taugt damit wenig für die Praxis. Darüber hinaus unterscheidet die Literatur nach wie vor die Gebiete Krisenmanagement (Command), Krisenkommunikation (Communication), Care und Compliance. In einer hoch vernetzten Welt sind diese Bereiche untrennbar miteinander verbunden. Das vorliegende Buch öffnet diesen Fächer. Es bietet eine Vielzahl von Tipps und Beispielen wie auch Checklisten, welche praxisnah, pragmatisch und integriert (4C-Methode) das Wissen und die Expertise vermitteln, um eine Krise erfolgreich zu managen.

Ich wünsche Ihnen eine spannende Lektüre.

Karin Keller-Sutter, Ständerätin
und ehem. Präsidentin der Justiz- und
Polizeidirektoren (KKJPD)

Danksagung

Wir danken allen Personen, die durch Fachgespräche, Tipps und interessante Ideen an der Entwicklung dieses Buches und der 4C-Methode beteiligt waren. Insbesondere gilt unser Dank all unseren Kunden, Partnern und Seminarteilnehmern, die uns mit ihren Fragen, Anregungen, Hinweisen und ihren Praxisfällen zu diesem Werk inspiriert haben.

Wir danken unseren Berufskolleginnen und -kollegen, die uns in fachlicher Hinsicht unterstützt haben, sei es mit Fotos, Folien, Ideen für Grafiken oder mit Einsichten aus ihrer eigenen Berufspraxis. Insbesondere gilt unser Dank dabei Christian Brauner.

Ein grosser Dank geht an unseren Grafiker Fulvio Musso, der mit Elan, Herzblut und einer gehörigen Portion Geduld alle unsere Wünsche erfüllt hat, an unseren Verleger Gregory Zäch, der als Sparringpartner zahlreiche Ideen zu diesem Werk eingebracht und andere kritisch hinterfragt hat, sowie an unsere beiden Lektoren Sandro Murchini und Thomas Hobi, die unser Manuskript auch inhaltlich mit wertvollen Inputs ergänzt haben.

Ein besonderer Dank gilt auch dem familiären Umfeld der Autorinnen und Autoren, das im letzten Jahr in vielen Situationen zurückstecken musste, um die Entstehung dieses Buches zu ermöglichen.

Kontakt zu den Autoren

Beda Sartory: GU Sicherheit & Partner AG, www.gu-sicherheit.ch, b.sartory@gu-sicherheit.ch

Bettina Zimmermann: GU Sicherheit & Partner AG, www.gu-sicherheit.ch, b.zimmermann@gu-sicherheit.ch

Patrick Senn: comexperts AG, www.comexperts.ch, p.senn@comexperts.ch

Prof. Dr. Sita Mazumder: PURPLE, www.purple-consult.ch, info@purple-consult.ch

EINLEITUNG

Über 25'000 Treffer listet die Schweizerische Medien-
datenbank zum Stichwort «Krise» auf. In über 25'000
Artikeln haben also Journalistinnen und Journalisten
über Krisen berichtet, vielleicht auch Krisen herbei-
oder abgeschrieben. Hinter diesen Krisen stehen viele Menschen, die Opfer geworden sind und Tragisches
erlebt haben. Manche aus eigenem Verschulden, andere, weil ihnen das Schicksal übel mitgespielt hat.
Hinter all diesen Krisen stecken aber auch viele Menschen, die in Krisenstäben ihre letzten Reserven mo-
bilisiert haben, um den Menschen in Not zu helfen.

Ihnen soll dieses Werk gewidmet sein, das versucht,
mit vielen konkreten Praxistipps Anregungen zu geben, wie Krisensituation professionell und schnell
bewältigt werden können.

Krisenmanagement hat heute im öffentlichen Leben seinen festen Platz, als Sammelbegriff zur Bewältigung von bedrohlichen Situationen aller Art. Das Thema wird in verschiedensten Formen und Ausprägungen gelehrt, u.a. in der Unternehmensführung, in militärischen Kaderschulen, an Führungskursen von Blaulichtorganisationen sowie an Universitäten und Fachhochschulen, vielfach im Zusammenhang beziehungsweise unter dem Oberbegriff Risikomanagement.

Immer geht es dabei um Sicherheit und damit um ein Grundbedürfnis der Menschen und folglich auch von Unternehmen und Gemeinschaften. Ein wirksames und auf die Unternehmensziele[1] ausgerichtetes Krisenmanagement basiert dabei in der Regel auf einem integrierten Risikomanagement.

Die Verantwortung für die Sicherheit in einem Unternehmen, einer Organisation oder auch bei den Institutionen der öffentlichen Hand ist heute weitgehend geregelt. Die nachfolgende Abbildung zeigt die Verantwortung für das Risikomanagement und in der Folge auch für das Krisenmanagement.

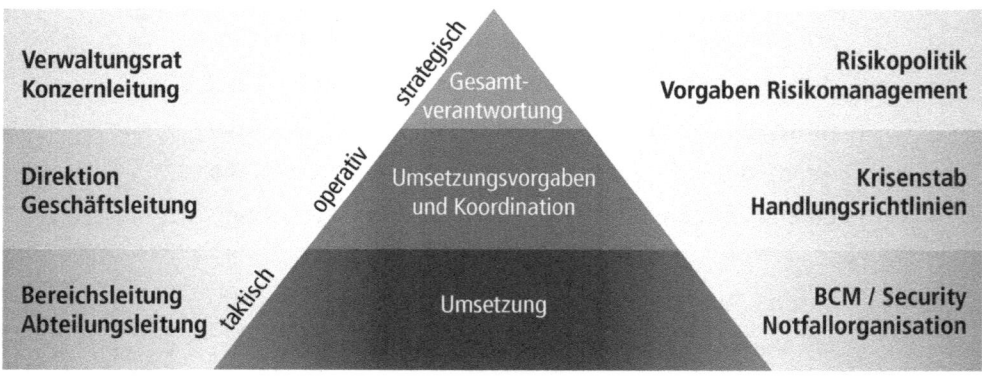

Abb. 1. Sicherheit im Unternehmen, hierarchisch aufgebaute Verantwortung

---

1   Unternehmen verwenden wir in der vorliegenden Publikation als Sammelbegriff für Firmen, Organisationen, Verbände und Institutionen der öffentlichen Hand.

Es existiert eine Vielzahl von Büchern und Publikationen, welche Themen wie Risikomanagement, Krisenmanagement, Krisenkommunikation, Care usw. teilweise sehr detailliert und abgestützt auf wissenschaftliche Studien behandeln.

Das vorliegende Werk behandelt das Thema Krisenmanagement ganz bewusst umfassend und vor allem aus einer rein praxisbezogenen Perspektive. Anhand unserer vielfältigen Erfahrungen in Krisenstäben zeigen wir auf, was es braucht, um in Unternehmen, Verbänden und Organisationen mit vertretbarem Aufwand ein ganzheitliches Krisenmanagement aufzubauen. Bewusst werden dabei Abstriche von der theoretischen Lehre und den formalen Abläufen in Kauf genommen.

Auch wenn Sie als Leser von unseren Erfahrungen und den Praxisbeispielen sowie den dargestellten Checklisten profitieren können und sollen, so ist doch wichtig, dass Sie sich bewusst sind, dass es sich bei den Buchinhalten und bei den aufgezeigten Systemen und Beispielen nicht um eine allein seligmachende Einheitslehre handelt, sondern um die Zusammenfassung von Erfahrungen aus der langjährigen Praxis.

Basierend darauf wissen wir, welche Methoden funktionieren und mit einem vertretbaren zeitlichen und finanziellen Aufwand die Erreichung eines minimal notwendigen Standards garantieren. Entstanden ist so ein Handbuch, das dem Motto «aus der Praxis für die Praxis» gerecht werden soll.

Das Praxishandbuch Krisenmanagement gliedert sich in die vier Hauptkapitel – gemäss unserer 4C-Krisenmanagement-Methode: **Command** (Krisenmanagement), **Communication** (Krisenkommunikation), **Care** (umfassendes Care) und **Compliance** (Regelkonformität).

Damit Sie sich schneller zurecht finden, hier einige Hinweise zur Leserführung.

Wenn Sie ein Krisenmanagement-System aufbauen wollen

Speziell für Sie gedacht sind die Kapitel 2 und 3 der einzelnen Hauptkapitel. In den Kapiteln 2 der Hauptkapitel diskutieren wir erst Mythen oder Vorurteile, mit denen Sie möglicherweise bei Ihrer Arbeit konfrontiert sein werden. In Kapitel 3 äussern wir uns zum Thema, was präventiv vorgekehrt werden sollte, um Krisen möglichst zu vermeiden oder aber um derart vorbereitet zu sein, dass Sie in einer Krise bestehen können. Dazu gehören auch Aussagen, wie Sie Ihre Organisation idealerweise «fit machen» für den Fall, der hoffentlich nie eintrifft.

Wenn Sie mitten in einer Krise stecken

Keine Sorge, auch daran haben wir gedacht. Sie finden zu allen 4Cs der Krisenmanagement-Methode alle wichtigen Handlungsanweisungen jeweils in Kapitel 4 der einzelnen Hauptkapitel. Es handelt sich um praktische Hinweise für die effektive Arbeit im Krisenfall. Den Rest können Sie gerne nachlesen, wenn das Gröbste überstanden ist.

Oder aber Sie benützen gleich die Checklisten im Serviceteil.

Übrigens: Wir verzichten im Nachfolgenden aus Gründen der Übersichtlichkeit darauf, überall sowohl männliche wie auch weibliche Sprachformen zu verwenden. Wo wir nicht explizit darauf hinweisen, sind immer sowohl Frauen wie Männer gemeint.

Folien und Auszüge aus diesem Buch dürfen für Referate und Schulungen nur unter folgender Quellenangabe verwendet werden:

Quelle: Praxishandbuch Krisenmanagement (2. Aufl.), Sartory, Senn, Zimmermann, Mazumder, © Midas Management Verlag AG, 2016.

Wir wünschen eine einsichtsreiche Lektüre.

Beda Sartory, Patrick Senn, Bettina Zimmermann, Sita Mazumder
Wil, Wallisellen, Bern und Zürich, im Sommer 2016

Zeichenerklärung

Zur Erleichterung der Lesbarkeit und für einen gezielten Nutzen des Buches werden systematische Lesehilfen zur Verfügung gestellt. Am Anfang jedes Kapitels werden ein paar typische Fragen aufgeworfen, die Sie in diesem Kapitel beantwortet finden.

 Dieses Zeichen finden Sie bei allen Checklisten. Diese sollen Ihnen eine systematische und vollständige Arbeitsweise erleichtern. Ausserdem leisten sie einen Beitrag, damit nichts vergessen geht.

 Dieses Symbol steht für geeignete Instrumente und Arbeitsabläufe, die Sie in der Praxis unverändert oder mit entsprechenden Anpassungen einsetzen können. Meistens handelt es sich um Arbeitsformulare aus der Praxis oder um Rasterdarstellungen etc.

 Dieses Symbol steht für Praxisbeispiele aus dem Bereich Krisenmanagement. Aus Diskretionsgründen wurden die Firmennamen weggelassen oder verfremdet.

 Dieses Symbol steht für wichtige Definitionen, wobei die Umschreibungen für den Praktiker gedacht sind. Die Definitionen erheben keinen Anspruch auf wissenschaftliche Gültigkeit.

C1

COMMAND

KRISENMANAGEMENT

Stellen Sie sich vor, Ihr Unternehmen oder Ihre Organisation steht plötzlich vor einer schwierigen Situation und ist vielleicht sogar in seiner/ihrer Existenz bedroht. Sei es durch unerwartet auftretende wirtschaftliche Einflüsse, durch einen Gebäudebrand mit verletzten Personen, einen plötzlich bekannt werdenden vermeintlichen Skandal, durch hoch sensible Firmendaten, die an die Öffentlichkeit gelangt sind, oder einen Amoklauf einer Ihrer Mitarbeitenden, womit Sie in Ihren schlimmsten Träumen nicht gerechnet haben. Sie sind gezwungen, sofort und umfassend zu handeln, um einen Reputationsverlust zu vermeiden und den Fortbestand zu sichern.

Nun sind Sie plötzlich an allen Ecken und Enden gefordert. Nicht nur die betriebsinternen Probleme verlangen nach einer raschen Beurteilung, Entscheidungen und Massnahmen, sondern auch die Medien, die Öffentlichkeit und andere Anspruchsgruppen erwarten rasche Antworten.

Was Sie jetzt brauchen, ist ein gut vorbereitetes und funktionierendes Krisenmanagement.

1   Szenen aus der Praxis

Warum sollte es ausgerechnet uns treffen? Oder: Ist das nicht alles etwas übertrieben? Diese Fragen hören wir oft, wenn wir zu einer Besprechung über allfällige Massnahmen zur Gefahrenabwehr oder die Vorbereitung auf den Krisenfall eingeladen werden. Dabei zeigt die Erfahrung, dass kein Unternehmen, kein öffentlich-rechtlicher Betrieb, keine Organsation und keine Verwaltungseinheit einer Behörde vor Situationen wie diesen gefeit ist.

Die nachfolgenden Fälle – aus unserer eigenen Einsatz- und Beratungspraxis – zeigen, wie vielfältig und verschiedenartig die Risiken und Ereignisse sein können, die Sie im schlechtesten Fall völlig unvorbereitet treffen können.

Das erschwerende und prägende Element, das alle Notfälle und Krisen gemeinsam haben, ist der hohe Zeitdruck und der dadurch entstehende ständige Kampf gegen den Zeitverlust.

Abb. 2. Zeitdruck. Das prägende Element im Krisenmanagement

1.1   Warmes Erwachen

Es ist 04.30 Uhr als Ihr Telefon schrillt und Sie aus dem Tiefschlaf reisst.
Die Stimme am andern Ende teilt Ihnen aufgeregt und in knappen
Worten mit, dass Ihr Firmengebäude am Hauptsitz in Vollbrand stehe.
(In diesem Gebäude sind neben dem Gros der Arbeitsplätze auch die
gesamten IT-Anlagen mit dem Hauptserver untergebracht). Feuerwehr
und Polizei seien vor Ort. Es gebe noch keine genauen Angaben über
die Ursache und das Ausmass. Es sehe aber nicht gut aus. Und es sei mit
einem längeren Gebäudeausfall zu rechnen.

Erste Gedanken schiessen Ihnen ungeordnet durch den Kopf:
- Heute haben wir doch diese wichtige Kundenpräsentation – was
  machen wir nun?
- Gibt es in unserer Firma eine Planung für diesen Fall?
- Was bedeutet der Ausfall des Gebäudes für unsere Firma und für
  unsere Kunden?
- Wie stark ist die IT-Infrastruktur betroffen? Haben wir unsere Daten
  ausreichend gesichert?
- Habe ich einen Krisenstab für solche Fälle definiert und ausgebildet?
- Von wo aus führen wir jetzt?
- Was sage ich den Medien, Kunden, Lieferanten, Mitarbeitenden?
- Wo gibt es Ersatzarbeitsplätze?
- Können die Mitarbeiterinnen und Mitarbeiter von zuhause aus
  arbeiten? Und wie viele von ihnen können das?

1.2   Gestörter Energiefluss

Sie sind mit einem Grosskunden in einem Meeting, als plötzlich das
Licht kurz flackert und dann ganz ausgeht. Auch der Beamer verab-
schiedet sich. Alle im Raum schauen sich fragend an. Stromausfall – was
nun? Nach kurzer Zeit stellen Sie fest, dass die öffentliche Stromzufuhr
im ganzen Quartier unterbrochen ist. Via Handy und Ihren Facility
Manager klären Sie ab, wie lange der Unterbruch dauern könnte. Der
gesamte Betrieb steht still, der Grosskunde wartet immer noch geduldig.
Es wird Ihnen mitgeteilt, man habe gerade Kenntnis erhalten, dass der

Ausfall durch einen Kurzschluss in einem Unterwerk entstanden und mit einem längeren Ausfall (1-2 Tage) zu rechnen sei.

Ihre Gedanken beginnen zu kreisen:

- Was mache ich mit dem Grosskunden, der immer noch wartet?
- Welches sind die Auswirkungen auf den Betrieb und die Produktion?
- Gibt es in unserer Firma einen Notfallplan für dieses Ereignis?
- Habe ich eine Krisenorganisation für solche Fälle definiert und ausgebildet?
- Gibt es eine funktionsbereite Führungsinfrastruktur?
- Gibt es für die Aufrechterhaltung des Betriebes oder Teilen davon eine Notstromversorgung? Und falls es keine gibt: Wo kann eine solche schnell organisiert werden?
- Welche Informationen sind notwendig (Medien, Kunden, Lieferanten, Mitarbeitende usw.)?

1.3   Eine CD kann Ärger bereiten

Sie kommen gerade von einem externen Meeting zurück und setzen sich im Büro an den Arbeitstisch. Der Produktionsleiter kommt aufgeregt ins Büro und informiert Sie über den Verlust einer CD mit wichtigen Firmengeheimnissen und Kundendaten. Diebstahl oder Sabotage durch einen unzufriedenen oder einen entlassenen Mitarbeiter sei wahrscheinlich.

Auch das noch! Ihre ersten Gedanken:

- Was genau war auf der CD?
- Was bedeutet das für unser Unternehmen?
- Haben wir diesen Fall schon einmal in Betracht gezogen oder gibt es dafür sogar ein entsprechendes Massnahmenkonzept?
- Habe ich einen Krisenstab oder eine Taskforce für solche Fälle definiert und ausgebildet?
- Welche Auswirkungen auf das Unternehmen und auf die Kunden kann das haben?
- Ist eine Entsperrung zu erwarten?
- Welche rechtlichen Aspekte sind zu berücksichtigen?

- Leidet unsere Reputation darunter (Vertrauensverlust, Verunsicherung usw.)?
- Welche Informationen sind notwendig (Medien, Kunden, Lieferanten, Mitarbeitende)?

1.4 Ein Amoklauf – bei uns?

Das ist doch bei uns nicht möglich, schiesst es Ihnen durch den Kopf, als die Assistentin ins Büro stürmt und völlig aufgelöst mitteilt, dass eine durchgedrehte Mitarbeiterin wild um sich geschossen, mehrere Mitarbeitende verletzt und sich in der HR-Abteilung mit zwei Geiseln verschanzt habe. Die Polizei sei bereits alarmiert und der Sicherheitsdienst habe damit begonnen, Teile des Bürogebäudes zu evakuieren.

Wirre Gedanken gehen Ihnen durch den Kopf:
- Wie konnte so etwas bei uns geschehen?
- Haben wir einen solchen Fall je in Betracht gezogen?
- Welche Auswirkungen auf die Mitarbeitenden und das Unternehmen kann das haben?
- Was geschieht mit den Angehörigen?
- Wer betreut die Mitarbeitenden?
- Welche weiteren Massnahmen im Care-Bereich sind notwendig?
- Leidet unsere Reputation darunter (Vertrauensverlust, Verunsicherung usw.)?
- Welche Informationen sind notwendig (Mitarbeitende, Angehörige, Verwaltungsrat, Medien, Kunden, Lieferanten)?

1.5 Reputation ade – Vertrauen tschüss!

Ein von Ihnen vertriebenes oder hergestelltes Produkt wird zur Zielscheibe der Medien. Es soll offenbar erhebliche Mängel aufweisen – Sie stehen plötzlich im Focus der Öffentlichkeit.

Nun sind rasche Entscheide gefragt.

Das Gehirn arbeitet und versucht die Gedanken zu ordnen:
- Haben wir einen solchen Fall je in Betracht gezogen?
- Handelt es sich um ein Produkt von uns oder um ein Konkurrenz-produkt?
- Welche Auswirkungen hat das auf unsere Reputation – leidet das Vertrauen der Kunden?
- Sollen/müssen wir reagieren und falls ja, wie (Produktrückruf, Abgrenzung, vertrauensbildende Massnahmen usw.)?
- Wie präsentiert sich die Rechtslage – Haftungsfrage?
- Welche Kosten können auf uns zukommen – sind wir versichert?
- Welche Informationen sind notwendig (Mitarbeitende, Verwaltungsrat, Medien, Kunden, Lieferanten)?

2 Krisenmanagement – Mythen und Hypes

Wir treffen in unserer Beratungspraxis vorwiegend auf zwei Typen von Unternehmern und Managern. Da sind zum einen die, welche bereits durch das Stahlbad einer Krisenbewältigung gegangen sind. Mehr oder weniger gut vorbereitet haben sie am eigenen Leib erlebt, wie der Zeitdruck zusetzt, wie Erwartungshaltungen der verschiedenen Stakeholder kaum miteinander in Einklang zu bringen sind und oft genug einzelne Interessensgruppierungen ihre Partikulärinteressen über das grosse Ganze gestellt haben. Für die gestandenen Krisenmanager ist so oder so klar, dass ein Krisenmanagement-System eine Notwendigkeit ist für jede Organisation und jedes Unternehmen, die für die aktuellen Herausforderungen aufgestellt sein wollen.

Andere sehen sich heute vor allem aufgrund der neuen gesetzlichen Vorgaben damit konfrontiert, sich Gedanken über das Krisenmanagement machen zu müssen. Nicht selten stellen Unternehmer und Manager von KMU die Notwendigkeit in Frage. Sie sehen darin allenfalls einen Bedarf für grössere Unternehmen, die auch international im Rampenlicht stehen. Szenarien, wie die erwähnten, wischen sie erst gerne als Utopien oder übertriebene Bedenken weg, oft mit einem Verweis auf die Versicherungen, die in einem solchen Fall schon das Ihre zur Bewältigung tun würden.

Die Erfahrung aus unserem Alltag bestätigt indes immer wieder, dass es unvorbereiteten Krisenteams ohne gewisse Grundkenntnisse und gezielter funktionsbezogener Schulung schwer fällt, in Krisen oder Notfällen richtig zu reagieren und, fast noch wichtiger, rechtzeitig zu erkennen, welches die möglichen Auswirkungen und Folgen sein könnten.

Hier besteht klar Regelungs- und Handlungsbedarf. Neben vielen Unternehmen, die ihre Risiken ermittelt, Krisenmanagementstrukturen aufgebaut und sich gezielt auf eine allfällige Krisenbewältigung vorbereitet haben, gibt es auch immer noch eine grosse Zahl von Unternehmen und öffentlichen Institutionen, die für sich in Anspruch nehmen, ohne eine solche Vorbereitung auszukommen. Sei es, weil sie denken, für den Krisenfall auch ohne grosse Vorbereitung gerüstet zu sein oder weil es ja sowieso «unwahrscheinlich» sei, dass es gerade sie treffen wird. Letzteres ist genauso unlogisch wie ein Strassenverkehrsteilnehmer, der auf eine Versicherung verzichtet, weil er glaubt, er werde nie in einen Verkehrsunfall verwickelt werden.

Jeder vorausschauende Firmenchef, Verwaltungsratspräsident oder Verwaltungsrat muss sich seiner Verantwortung bezüglich Notfall- sowie Krisenvorsorge bewusst sein und diese ernst nehmen.

Für einige Unverbesserliche ist dies jedoch nicht so wichtig. Sie verdrängen es mit Sprüchen wie «Das Thema wird doch immer wieder von irgendwelchen Schwarzsehern hochgespielt und übertrieben dargestellt» oder «Wir haben so viele Krisen im Alltag, dass wir genügend krisenerprobt sind». Die Überraschung kommt früher oder später bestimmt und kann aus verschiedenen Gründen sehr ernüchternd oder sogar fatal sein.

Wir halten demgegenüber fest:
- Durch das verschärfte Firmenrecht stehen Verwaltungs- und Aufsichtsräte ebenso wie CEOs stärker in der Verantwortung.
- Firmen stehen heute durch die Medien, Öffentlichkeit und Interessenverbände deutlich stärker unter Beobachtung.
- Der Reputationsverlust durch negative Schlagzeilen ist kaum abschätzbar und kann existenzbedrohende Ausmasse annehmen, sei es z.B. durch die Abwendung der Kundinnen und Kunden von den Produkten oder durch Schwierigkeiten, sich auf dem Kapitalmarkt finanzieren zu können.

Unsere Erfahrung zeigt: Eine Organisation, die gut aufgestellt sein will, muss über ein professionelles Managementmodell für den Krisenfall verfügen. Ein solches Modell umfasst, wie wir mit diesem Werk zeigen, vier verschiedene Managementbereiche, die alle wie ein Räderwerk ineinander greifen. Ein Krisenmanagement ohne Krisenkommunikation funktioniert ebenso wenig, wie Krisenkommunikation ohne fundiertes Krisenmanagement wenig erreichen kann.

Der Bereich «Umfassendes Care» hat beim Krisenmanagement sehr oft immer noch einen zu geringen oder gar keinen Stellenwert. Dabei gilt auch hier, dass Care nur umfassend greifen kann, wenn es als Teil des Krisenmanagements verstanden wird und auf dieses abgestützt ist.

«Wer nicht hören will, muss fühlen», heisst ein altes deutsches Sprichwort. Was im Zusammenhang mit unvorbereitetem Krisenmanagement absolut zutreffend ist und wovon einige Firmen ein Lied singen könnten. Was heisst das nun für verantwortungsbewusste Unternehmen, Verbände, Organisationen und die öffentliche Hand? – Der Umgang mit Risiken und Gefahren sowie die Vorbereitungen auf das Krisenmanagement müssen aktiv angegangen werden. Dazu gehören:

- Aufbau eines integrierten Risikomanagements
- Regelmässige Strategiechecks hinsichtlich Chancen und Risiken
- Installieren eines praxisbezogenen, ganzheitlichen Krisenmanagement-Modells, z.B. nach der 4C-Methode
- Allenfalls der gezielte Beizug von krisenerfahrenen Spezialisten (siehe Serviceteil A, Know-how einkaufen, Ziffer 5 Coaching im Ereignis)

Das operative Element für ein wirksames Krisenmanagement ist ein gut vorbereiteter Krisenstab mit einem Führungsunterstützungs- oder Supportteam. Was alles notwendig ist, damit das Krisenmanagement im Ereignisfall funktioniert, wird in den nachfolgenden Kapiteln in einer ganzheitlichen Art und ausgerichtet auf die Krisenbewältigung beschrieben.

3   Krisenprävention aus der Sicht des Krisenmanagements

Ein Blick in die Literatur zeigt ebenso wie die Praxisberatung draussen bei Unternehmen, Blaulichtorganisationen und Behörden: Jeder kennt das Wort «Krise», die konkreten Vorstellungen darüber, was unter dem Begriff genau zu verstehen ist, gehen aber weit auseinander.

Nicht selten ist eine Krisensituation unnötig eskaliert, weil beispielsweise in der Präventionsphase nicht präzise genug definiert worden ist, welche Kriterien gegeben sein müssen, um das Krisenmanagement mit seinen spezifischen Strukturen und Prozessen auszulösen. Überlegungen zur Prävention von Krisen sollten deshalb immer mit einer Begriffsklärung beginnen.

Dass in Literatur und Praxis die verschiedenen Begriffe mit unterschiedlichen Vorstellungen verknüpft werden, sollte dabei nicht beunruhigen. Zentral ist vielmehr, dass die Mitarbeiterinnen und Mitarbeiter einer Organisation unter den einzelnen Begrifflichkeiten dasselbe verstehen. Die Begriffe, die wir im Nachfolgenden verwenden (und die sich auch im Glossar wiederfinden), haben sich in der Praxis als tauglich erwiesen, erheben aber keinen Anspruch darauf, das einzig Richtige darzustellen.

3.1   Krise – Management – Krisenmanagement

Der Begriff «Krise» stammt aus dem Griechischen, wo Krise so viel bedeutet wie «trennen», «scheiden», «beurteilen», «Kritik» und auf eine schwierige Situation mit ungewisser Entwicklung hindeutet.

Je nachdem in welchem Umfeld (Medizin, Wirtschaft, Soziologie usw.) der Begriff verwendet wird, hat er unterschiedliche Bedeutungen. Viele verwenden den Begriff hin und wieder im persönlichen Alltag, um schwierige Situationen zu beschreiben.

Interessant ist vielleicht auch der Hinweis auf den Bedeutungsinhalt des Wortes «Krise» im Chinesischen. Es besteht dort aus zwei Schriftzeichen; das eine bedeutet «Gefahr», das andere «Chance». Eine Krise muss also nicht per se schlecht sein, sie kann sich auch zum Guten entwickeln oder eben Chancen eröffnen.

Krise

Gefahr   **Chance**

Abb. 3. Das chinesische Wort für «Krise» besteht aus der Kombination der beiden Schriftzeichen für Gefahr und Chance

Für das Krisenmanagement ist ein prozessorientiertes Verständnis des Begriffs «Management» wichtig.

Als passend empfinden wir diese Definition: «Management ist die allgemeine Bezeichnung für die Organisation und Führung von Menschen und Mitteln, um bestimmte Ziele zu erreichen. Zentraler Inhalt des Managements ist die Vorbereitung, Organisation und Durchführung von Entscheidungen»[1].

---

1   Vgl. Enzyklo Online Enzyklopädie, 2013

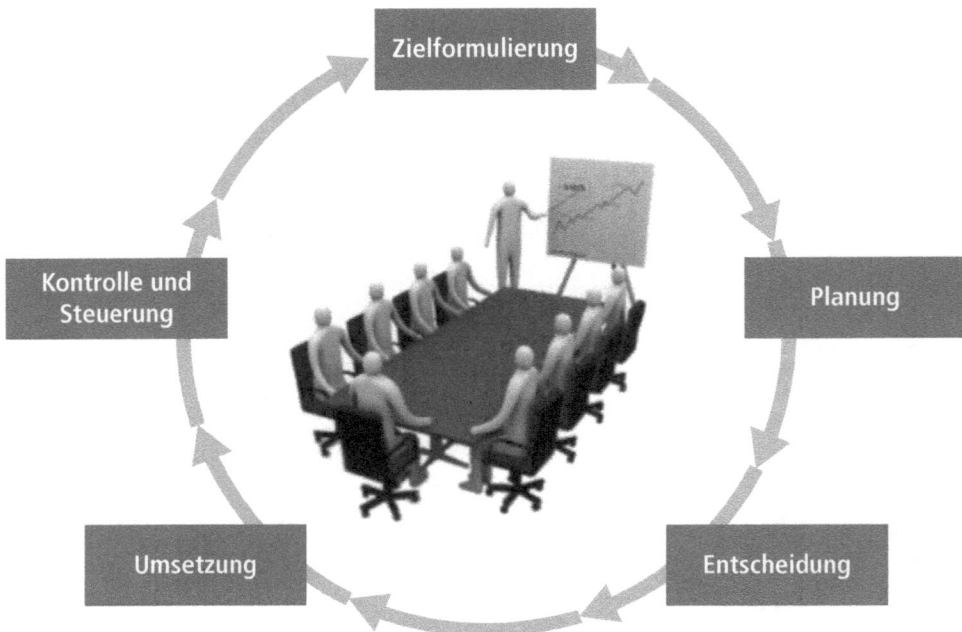

Abb. 4. Darstellung Managementprozess

Wo der Begriff des «Krisenmanagements» erstmals verwendet wurde, ist nicht ganz klar. Im Politischen wird der Begriff mehrheitlich John F. Kennedy zugeschrieben, der ihn während der Kubakrise 1962 geprägt hat.[2] Seither entwickelten sich die unterschiedlichsten Bedeutungen. Eine treffende und für die weitere Arbeit in diesem Buch hilfreiche Umschreibung findet sich in der grossen Enzyklopädie der Wirtschaft:

«Krisenmanagement ist eine besondere Form der Führung von höchster Priorität, deren Aufgabe es ist, alle jene Prozesse in der Unternehmung zu vermeiden oder zu bewältigen, die ansonsten in der Lage wären, den Fortbestand der Unternehmung substantiell zu gefährden oder sogar unmöglich zu machen.»[3]

---

2   Vgl. Gabler, 2013

3   Vgl. Die grosse Enzyklopädie der Wirtschaft, 2009

Berichte im Zusammenhang mit Krisenmanagement erhalten für uns eine ganz andere Bedeutung, wenn wir uns unserer Rolle als Verantwortungsträger in einem Unternehmen, Verwaltungsrat, Chief Exective Officer (CEO), Chief Security Officer (CSO), Leiter Krisenstab, Business Continuity Management (BCM)-Verantwortlicher oder Sicherheitsbeauftragter bewusst werden und wir uns mit dem Thema Sicherheit auseinander setzen.

3.2   Ereignisfall, Notfall oder Krise

Die Frage nach der Situierung der Begriffe taucht immer wieder auf und sollte einleitend geklärt sein. Sehr oft werden die Begriffe Krisenmanagement und Notfallmanagement im gleichen Atemzug genannt. Das ist verständlich, weil die Prozesse für die Bewältigung in den meisten Fällen identisch sind. Unterschiede gibt es in der Ausrichtung.

Im Notfallmanagement[4] steht die Handlungsfähigkeit im Vordergrund und im Krisenmanagement die Entscheidungsfähigkeit. Die zwei nachfolgenden Grafiken zeigen die Unterschiede und die Gemeinsamkeiten sowie den fliessenden Übergang.

---

4   In gewissen Kontexten wird statt des Begriffs «Notfallmanagement» auch der Begriff «Ereignisfallmanagement» verwendet.

Notfallmanagement	Krisenmanagement
Handlungsfähigkeit	**Entscheidungsfähigkeit**
des Systems unter allen Bedingungen sicherstellen beziehungsweise wiederherstellen	des Systems unter allen Bedingungen sicherstellen beziehungsweise wiederherstellen

Abb. 5. Notfall- und Krisenmanagement. Unterschiede, Gemeinsamkeiten & fliessender Übergang (Quelle: Christian Brauner, Risk Management)

Folgendes Beispiel verdeutlicht den Unterschied:

Wenn ein Büro- oder ein Produktionsgebäude brennt, wird es umgehend geräumt. Alle sich im Haus befindenden Personen werden evakuiert und treffen sich an einem vorausbestimmten Sammelplatz. Feuerwehr und Polizei werden aufgeboten, um das Gebäude zu löschen und die Umgebung abzusichern. Bei diesen Aktionen und Massnahmen handelt es sich um Notfallmanagement. Gefragt ist in erster Linie rasches Handeln – folglich steht die Handlungsfähigkeit im Vordergrund.

Sobald die Personen das Gebäude verlassen haben und am Sammelplatz eingetroffen sind, beginnt das Krisenmanagement. Es muss entschieden werden, was weiter zu geschehen hat, ob die Mitarbeitenden nach Hause gehen können, ob sie warten müssen, wer wofür in den nächsten Stunden benötigt wird, wie sie über weitere Entscheide informiert werden usw. Gefragt ist nun rasches Entscheiden – folglich steht die Entscheidungsfähigkeit im Vordergrund.

Bei den Merkmalen gibt es zwischen Notfall und Krise gewisse Unterschiede. Diese sind beim Notfall- und Krisenmanagement zu beachten und entsprechend zu gewichten.

Notfall	Krise
Ereignis, Situation, Prozess Was tun?	Befinden, mentaler Zustand Wie soll es weitergehen?
hohe Unsicherheit akute Existenzbedrohung erfordert schnelles handeln	Unentschiedenheit Ungewisse Zukunft erfordert (rasches) Entscheiden

Abb. 6. Merkmale Notfall und Krise. Mentale Unterschiede.
(Quelle: Christian Brauner, Risk Management)

Speziell ist, dass Krisen vor allem kopflastige Situationen sind und die Gefahr besteht, dass Orientierungslosigkeit und Unentschlossenheit vorherrschen. Dazu muss man wissen:

Krisen entstehen im Kopf:[5]
- Krisen werden im Kopf bewältigt;
- Krisenbewältigung ist eine mentale Aufgabe;
- Krisenmanagement ist – vor allem anderen – Denkarbeit.

Das Vorgehen im Notfall- und Krisenmanagement sowie die Führungstätigkeit bei der Bewältigung sind jedoch in beiden Fällen grundsätzlich gleich. Unterschiedlich zu gewichten sind vor allem die Zeitverhältnisse für die Problemerfassung, die Beurteilung, das Treffen der dringendsten Massnahmen und die Ausarbeitung eines Vorgehensplans.

---

5   Vgl. Brauner, o.A.

In unserer langjährigen Praxis haben wir festgestellt, dass wir das Training und die Prozesse so vereinheitlichen können, dass wir grundsätzlich mit dem gleichen Vorgehen sowohl Notfallmanagement als auch Krisenmanagement in der Mehrzahl aller Fälle erfolgreich angehen können. Dass diese provokative Aussage möglicherweise zu akademischen Diskussionen führen kann, nehmen wir aufgrund unserer praktischen Erfahrung bewusst in Kauf.

Eines aber ist ganz klar: In Notfall- und in Krisensituationen kann nur bestehen, wer darauf praxisbezogen vorbereitet ist. Und glauben Sie es, Krisenmanagement ist ein anspruchsvolles Thema, das sogar Grosskonzerne sehr oft überfordert. Dabei ist es äusserst interessant festzustellen, dass es fast immer die gleichen Probleme und Stolpersteine sind, welche das Krisenmanagement häufig scheitern lassen.

3.3   Krisenstab

Zur Bewältigung von Krisensituationen oder grossen Notlagen wird in der Regel ein Führungsstab oder Krisenstab gebildet, welcher Massnahmen plant, koordiniert und umsetzt. Wikipedia definiert diese wie folgt:

«Ein Führungsstab ist der Teil einer Organisation, der grundlegende (strategische) Entscheidungen trifft und mit Personen in leitender Funktion besetzt ist. Beispiele hierfür sind die Geschäftsführung eines Unternehmens oder der Generalstab bzw. die Stabsabteilungen im Militärwesen. Ein Stab ist eine Organisationseinheit in einer hierarchischen Verwaltung oder militärischen Einheit. Er kann aus mehreren Unterabteilungen bestehen.»[6]

Demgegenüber wird in der Literatur unter einem Krisenstab eine Organisation verstanden, welche insbesondere zum Notfall- oder Kata-

---

6   Vgl. Wikipedia, 2012a

strophenschutz bzw. zur Bewältigung von Notfall- oder Katastrophen-situationen eingesetzt ist:

«Als Krisenstab bezeichnet man eine Gruppe Personen innerhalb einer Organisation zum Notfall- oder Katastrophenschutz. Der Krisenstab selbst übernimmt nicht die Führung, sondern funktioniert nur unter einem führungserfahrenen und alleinverantwortlichen Leiter. Dies stellt sicher, dass auch unter hohem Druck Entscheidungen schnell getroffen und mit vereinten Kräften umgesetzt werden können.»[7]

Bezüglich der Aufgabenstellung gilt für die meisten Krisenstäbe, dass sie ein zeitlich befristetes Gremium darstellen, das nach Entspannung der Lage durch eine andere Organisationsform oder -einheit ersetzt wird.

«Im Notfall muss der Krisenstab entsprechend der Gefahr zusammen-gestellt werden, Kontakt zu Behörden (Behörden und Organisationen mit Sicherheitsaufgaben), Polizei und Feuerwehr unterhalten, über Hilfsmittel und Arbeitsunterlagen verfügen und die Öffentlichkeit informieren.»[8]

Ähnlich wie bei den verwandten Begriffen Notfall- und Krisenmanage-ment kann auch hier abgeleitet werden, dass beide Stabstypen grund-sätzlich die gleichen Aufgaben übernehmen und die gleiche Zielsetzung verfolgen. Basierend auf Letzterem werden wir uns in der Folge auf den Begriff Krisenstab beschränken.

Der Aufbau eines Krisenstabs mit den dazu notwendigen Infrastruktu-ren und Prozessen, ist eine der wichtigsten Aufgaben einer umfassend verstandenen Krisenprävention. Immer noch machen wir die Erfah-rung, dass viele Betriebe und kleinere Verwaltungseinheiten oder Gre-mien sich erst bewusst werden, dass sie ein Manko in der Krisenbewäl-tigung haben, wenn es schon zu spät ist und die Krise mit voller Wucht anrollt. Dann müssen ad hoc Krisenstabsmitglieder zusammengetrom-

---

7   Vgl. Wikipedia, 2012b

8   Vgl. ebenda

melt werden, welche nur zu häufig nicht vertraut sind mit den Prozessen des Krisenhandwerks. Die Folge ist oft die völlige Überforderung mit der Situation.

Krisenprävention zu betreiben heisst deshalb auch, sich in ruhigen Zeiten zu überlegen, wie in der Krise geführt werden soll. Wie sich ein Krisenstab zusammensetzt und wer darin vertreten sein soll, hängt stark von der Unternehmensstruktur ab. Auch die Rolle der Unternehmensleitung ist zu klären.

Eine wichtige Frage ist, wer den Krisenstab führen soll. In kleineren Unternehmen nimmt oftmals der CEO persönlich diese Aufgabe wahr und bringt damit auch klar geregelte Entscheidungskompetenzen mit. In grösseren Organisationen wird der Krisenstab oft durch einen Stabschef geführt, der meist Mitglied des oberen Kaders oder der Geschäftsleitung ist, nicht aber mit der obersten operativen Entscheidungskompetenz ausgestattet ist. Hier gilt es, die entsprechenden Kompetenzen und Entscheidungswege für den Krisenfall zu definieren. In jedem Fall sollte der Krisenstab nahe an die bestehende Organisations- und Entscheidungsstruktur angelehnt werden.

Wir weisen aber auch darauf hin, dass es das «einzig richtige Modell» nicht gibt. So unterschiedlich wie Unternehmensstrukturen und Entscheidungswege definiert sind, so unterschiedlich können auch Krisenstäbe zusammengesetzt sein. Welche Funktionen nötig und zweckmässig sind, variiert je nach Tätigkeitsgebiet. In Kapitel 4.1 geben wir einige Hinweise, welche Zusammenstellungen und Strukturen sich grundsätzlich bewährt haben.

Wer in einem Krisenstab einen substantiellen Beitrag leisten will, muss einige Voraussetzungen mitbringen (vgl. Checkliste «Hinweise für die Auswahl von Krisenstabsmitgliedern»). Eine rasche Auffassungsgabe ist ebenso notwendig wie die Fähigkeit, sich auf die wesentlichen Punkte konzentrieren und Unwesentliches beiseite lassen zu können. Perfektionisten tun sich in Krisenstäben regelmässig schwer. – Was nicht zu verwechseln ist mit der Fähigkeit, genau arbeiten zu können: diese Eigenschaft ist in Krisenstäben sehr wohl gefragt. Die Fähigkeit, kom-

plexe Fragestellungen strukturiert anzugehen und in eine überschauba-
re Anzahl einzelner Problemstellungen aufzugliedern, ist eine weitere
wichtige Kompetenz.

Das Handwerk des Krisenmanagements verlangt aber auch nach der
Fähigkeit, mit hohen Belastungen umgehen zu können. Wie im Kapitel «Care» noch zu zeigen sein wird, kann auch ein Krisenstabsmitglied
an seine Belastungsgrenze kommen. Daher sollte eine Organisation
bestrebt sein, im Krisenstab auf diejenigen Kräfte zu vertrauen, die per
se über eine vergleichsweise hohe persönliche Belastbarkeitsgrenze verfügen.

Oftmals unterschätzt wird das kreative Potenzial, das ein Krisenstab
mitbringen muss: Wenn es darum geht, nach der Problemerfassung
Lösungsansätze zu entwickeln, sind Menschen, die «out of the box»
denken können, in Krisenstäben sehr gefragt. Aus diesem Grund ist es
entscheidend, in einem Krisenstab Menschen zusammenzubringen,
deren Kompetenzen sich gegenseitig ergänzen. Dafür ist kaum ein allgemeines Rezept abzugeben, vielmehr sollte bei der Bildung eines Krisenstabs individuell darauf geachtet werden, dass alle notwendigen
Kompetenzen vorhanden sind.

Als geradezu zwingend erachten wir es, im Rahmen einer Krisenstabsübung das Konzept und die Zusammenstellung des Teams zu
überpüfen. Nur so können gruppendynamische Prozesse erkannt und
eine einigermassen verlässliche Prognose erstellt werden, ob ein be-
stimmter Krisenstab im Eintretensfall die Chance hätte, zu reüssieren
– oder ob dies aufgrund der personellen Konstellation schon von vornherein praktisch auszuschliessen ist.

Die Praxis kennt viele Beispiele, bei denen anhand einer konkreten
Übungssituation entschieden worden ist, den Krisenstab um einzelne
Persönlichkeiten zu ergänzen oder einzelne Krisenstabsmitglieder mit
anderen Aufgaben zu betrauen. Dazu gehört auch die Erkenntnis, dass
Führungspersönlichkeiten, die eine Organisation im Alltag umsichtig
und erfolgreich leiten, im Krisenfall möglicherweise nicht die geeigneten Personen an der Spitze eines Krisenstabes oder Fachgebietes sind

und deshalb die Leitung sinnvollerweise einer anderen, besser geeigneten Person überlassen.

3.4   Häufigste Probleme im Krisenmanagement

Bei unserer täglichen Arbeit mit Krisenstäben wie auch bei der Auswertung von Ereignissen stellen wir fest, dass es immer wieder dieselben sechs Schwachpunkte sind, die ein wirksames Krisenmanagement stören oder verhindern. Dieselben Schwachpunkte gelten auch für das Notfallmanagement.

1 Mangelhafte Erfahrung im Umgang mit Notfällen / Krisen

2 Wenig Kenntnisse in der Stabsarbeit

3 Mangelhafte Unterlagen bzw. Kenntnisse über deren Inhalte

4 In der Vorbereitung nur rudimentäre Auseinandersetzung mit Fragen des Krisenmanagements

5 Suboptimale Wahl und Ausstattung des Führungsraums

6 Fehlen oder ungeeignete Besetzung der Führungsunterstützung

Abb. 7. Die sechs häufigsten Schwachpunkte beim Krisenmanagement

Viele Unternehmen vergessen, dass zwischen der Führungsarbeit im Alltag und der Führung in Krisen oder Notfällen wesentliche Unterschiede bestehen. Und oft wird nicht verstanden, warum eine Organisation, die sich einem kooperativen Führungsstil verschrieben hat, im Ereignisfall plötzlich nicht mehr funktionieren soll. Viele Organsationen sind in den letzten Jahren zu flachen Hierarchien übergegangen. Dieses Prinzip nach dem Motto «Team mit Spitze» mag im Alltag auch durchaus wirksam sein und für die Mitarbeiterinnen und Mitarbeiter motivierend wirken. Im Notfall- und Krisenmanagement allerdings ist eine klare hierarchische Organisation nach dem Prinzip «Spitze mit Team» gefragt bzw. notwendig.

Gerade bei Grundausbildungen in Krisenmanagement, wie wir sie an höheren Fachschulen, Fachhochschulen, Universitäten oder Business-Schulen betreiben, machen wir immer wieder die Erfahrung, dass junge Menschen rasch realisieren, dass einem partizipativen Führungsstil im Notfall- und Krisenmanagement enge Grenzen gesetzt sind und unter dem Eindruck eines hohen Führungsrhythmus Führungsentscheide unumgänglich sind.

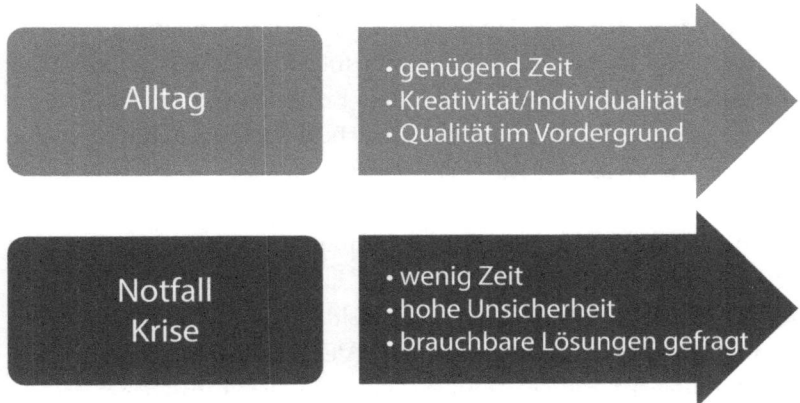

Abb. 8. Unterschiedliche Rahmenbedingungen und Erwartungen im Alltag und bei Notfällen/Krisen

3.5   Kompetenzregelung

Damit ein Krisenstab zur Lösung der Krise beitragen kann und das Problem nicht noch verschärft, müssen gewisse Grundvoraussetzungen gegeben sein. Nötig sind eine klare Grundlage als Basis für den Aufbau und die Existenz, die Aufgaben und Kompetenzen, die Vorbereitungen, die Festlegung der benötigten Infrastruktur sowie der Aufgebots-, Führungs- und Kommunikationsabläufe. Aber oft machen sich bereits bei der Festlegung dieser Punkte erste Kompetenzgerangel bemerkbar. Solche sind jedoch meistens die Folge fehlender Fachkenntnisse, mangelnden Vertrauens oder ganz einfach fehlgeleiteten Machtgehabes. Zu wenig und/oder unklar geregelte Verantwortlichkeiten und Kompetenzen sowie unscharfe Schnittstellen können im Ereignisfall entweder zu Blockaden oder zu massiven Kompetenzüberschreitungen durch die Funktionsinhaber führen. Dabei muss aber auch gesagt sein, dass nicht jede Kompetenzüberschreitung negativ ausgehen muss.

Ein sehr prominentes Beispiel dafür ist alt Bundeskanzler Helmut Schmidt, der als Innensenator von Hamburg bei der grossen Sturmflut von 1962 mit über 300 Toten eigenmächtig und ohne verfassungsrechtliche Abstützung die Bundeswehr zur Hilfe geholt hatte. Durch den Einsatz der Bundeswehr konnte der Not in Hamburg rascher begegnet und den Menschen in der Stadt wirksame Hilfe und Linderung gebracht werden. Dem Einsatz der Bundeswehr folgten z. T. heftige politische Diskussionen und Vorwürfe. Dank dem Erfolg der Aktion schadete der an sich widerrechtlich getroffene Entscheid Helmut Schmidt nicht, sondern machte ihn gar zum «Volkshelden».

Allerdings gibt es auch Beispiele von Kompetenzüberschreitungen mit negativem Ausgang. Beim Attentat auf US-Präsident Ronald Reagan am 30. März 1981 war dessen Vizepräsident George Bush gerade im heimischen Texas und Aussenminister Alexander Haig übernahm wenige Stunden nach dem Anschlag vor laufenden Fernsehkameras im Weißen Haus die Kontrolle. Als ehemaligem Stabschef in der Spätphase der Watergate-Affäre hätte ihm eigentlich bewusst sein müssen, dass der Aussenminister in der «Thronfolge» erst wesentlich weiter hinten rangierte (zum Beispiel nach dem Sprecher des US-Repräsentantenhauses). Haigs Vorpreschen löste sowohl innerhalb der US-Regierung als auch in der Öffentlichkeit erhebliches Befremden aus. Die Situation wurde dadurch bereinigt, dass Bush am Abend desselben Tages die Amtsgeschäfte bis zu Reagans Genesung übernahm.[9]

---

9 Vgl. Wikipedia, 2012c

Erkenntnis: Es macht sich bezahlt, die Kompetenzen klar und unmiss-
verständlich zu regeln, und das auch für den Fall, dass der Stellvertreter
des Stellvertreters übernehmen muss – Krisen zeichnen sich ja gerade
dadurch aus, dass kein Normalzustand mehr herrscht. In der Praxis zeigt
sich zudem, dass es ratsam ist, die Kompetenzregelungen grosszügig zu
bemessen und den Verantwortlichen damit genügend Handlungsspiel-
raum einzuräumen. Bei Unsicherheit oder Diskussionen darüber, wo
denn nun das richtige Mass liege, lohnt es sich, einen erfahrenen Fachmann oder ein Team beizuziehen oder die bereits bestehenden Grundlagen einem Check durch externe Praktiker zu unterziehen (vgl. Serviceteil ab Seite 232).

4 Drei Hauptkomponenten erfolgreichen Krisenmanagements

Basierend auf den in Kapitel 3 aufgezeigten Grundlagen und Regelungen können der Aufbau eines Krisenstabes sowie die Vorbereitungen für den Einsatz erfolgreich angegangen werden. Drei Hauptkomponenten sind nötig, damit ein Krisenstab funktionstüchtig wird. Eine auf das Unternehmen und dessen Führungsstruktur angepasste Führungsorganisation, eine rasch verfügbare und bedürfnisgerechte Führungsinfrastruktur sowie klar geregelte und den Beteiligten bekannte, krisentaugliche Führungsprozesse.

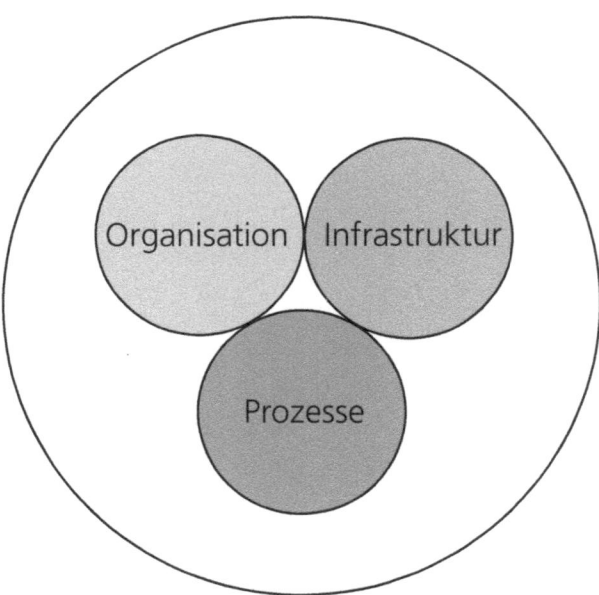

Abb. 9. Die drei Hauptkomponenten für ein funktionierendes Krisenmanagement

4.1   Organisation

Die Organisation eines Krisenstabes inkl. Führungsunterstützungsteam
(oder Supportteam) umfasst:

- Klärung der Aufgaben und Erwartungen an den Krisenstab und
  seine Mitglieder sowie an das Führungsunterstützungsteam.
- Aufbau und Gliederung, abgestimmt auf die Organisation und
  Struktur eines Unternehmens oder einer Organisation.

4.1.1   Aufgaben und Erwartungen

Das Ziel des Krisenmanagements und damit die Aufgabe des Krisenstabes ist es, die Handlungs- und Entscheidungsfähigkeit des Systems unter
allen Bedingungen sicherzustellen bzw. wiederherzustellen (siehe dazu
Abb. 5 in Abschnitt 3.2 Ereignisfall, Notfall oder Krise).

Die Aufgaben für den Leiter, den Stab und die Mitglieder des Führungsunterstützungsteams sind in der nachfolgenden Abbildung allgemein
und stichwortartig umschrieben. Für die einzelnen Funktionen ist es
jedoch sinnvoll, die Aufgaben ergänzend und in knapper Form funkti-
onsbezogen im Sinne eines Pflichtenheftes zu formulieren.

Die personelle Besetzung des Krisenstabes sowie des Führungsunterstützungsteams ist für das spätere Funktionieren ein ganz zentraler
Punkt. Wir machen häufig die Erfahrung, dass die Bedeutung einer
seriösen Evaluation des Krisenstabsleiters und der richtigen Teammit-
glieder unterschätzt wird. Weil viele Organisationen letztlich doch nicht
mit dem Ernstfall rechnen, werden da und dort Mitglieder in die Krisenstäbe delegiert, welche die spezifischen Anforderungen an diese Tätigkeit nicht erfüllen. Das kann sich im Krisenfall rächen.

Um die richtige Auswahl geeigneter Mitglieder zu treffen, ist es sehr zu
empfehlen, die Erwartungen bzw. Voraussetzungen für die einzelnen
Funktionen aufgaben- und teambezogen zu umschreiben.

Leiter

• führt und entscheidet

Stab

• unterstützt und entlastet den Leiter
• vertritt sein Fachgebiet
• plant längerfristige Massnahmen
• überlegt Varianten
• erarbeitet Entscheidungsgrundlagen
• koordiniert angeordnete Aktionen
• stellt Ablösungen sicher

Führungsunterstützung (Support)

• Führungsstandort einrichten
• Telefonbedienung
• Journalführung / Protokollierung
• Nachrichtenbeschaffung und -aufbereitung (Visualisierung, Plakate usw.)
• Nachführung und Dokumentierung der Arbeitsunterlagen sicherstellen
• Infrastruktur und technische Hilfsmittel bedienen
• Mithilfe bei der Vorbereitung von Rapporten
• Kommunikationsvorbereitungen unterstützen
• Infrastruktur für Medienkonferenz vorbereiten
• Versorgung und Verpflegung sicherstellen

Abb. 10. Generelle Aufgabenumschreibung für den Leiter, den Stab und die Führungsunterstützung

Die in der Abbildung 11 stichwortartig beschriebenen Erwartungen an die Mitglieder eines Krisenstabes sowie des Führungsunterstützungsteams haben allgemeine Gültigkeit. Zusätzlich sollte, wenn immer möglich, auch die Teamzusammensetzung beachtet werden.

4.1.2 Aufbau Organigramm Krisenstab

Abgestützt auf die Aufgaben und Erwartungen ist die Führungsorganisation zu planen, festzulegen und eine Kompetenzregelung zu treffen. Dazu zählt auch, die finanziellen, personellen und materiellen Ressourcen zu definieren, welche dem Krisenstab zur Verfügung stehen sollen. Zusätzlich gilt es auch die wichtigsten Schnittstellen zu anderen Stäben, Partnern, Behörden usw. zu klären.

Stab

- initiativ - denkt mit - gibt Impulse
- berät den Leiter
- denkt und handelt im Sinn des Ganzen
- beurteilt laufend Situation im Fachgebiet
- erarbeitet zeitgerecht brauchbare Lösungen
- plant Varianten
- flexibel, belastbar und loyal
- löst seine Aufträge - schafft nicht zusätzliche Probleme

Führungsunterstützung

- initiativ - denkt mit
- selbständig in der Ausführung von Aufträgen
- gute Kenntnisse von Infrastruktur und Prozessen
- teamfähig und loyal
  - auch wenn Entscheide anders als erwartet
  - auch wenn einmal nicht alles optimal läuft
  - auch im Stress (unter dem wir alle stehen)
- flexibel und belastbar
- übernimmt auch ungewohnte Aufgaben
- löst ihre Aufträge - schafft nicht zusätzliche Probleme

Abb. 11. Allgemeine Erwartungen an die Mitglieder von Stab und Führungsunterstützung

Die Gliederung eines Krisenstabes ist stark von den Unternehmensstrukturen abhängig. Hier gibt es kein Richtig oder Falsch. Experten für Krisenmanagement, aber auch Fachverbände, die sich in Sachen Krisenmanagement professionell aufgestellt haben, können hier aber helfen und Know-how weitergeben.

Zwei grundlegende Systeme für den Aufbau und die Gliederung von Krisenstäben sind im deutschsprachigen Raum weit verbreitet. Das eine System bildet im Krisenstab die verschiedenen Aufgabengebiete ab. Bei Armee, Blaulichtorganisationen und Behördenstäben werden diese Aufgabengebiete oft auch Führungsgrundgebiete (FGG) genannt.

«Der Begriff Führungsgrundgebiet wird in der Schweizer Armee und in der Bundeswehr als Bezeichnung für eine Stabsabteilung verwendet. Sie umschreibt eine Funktionseinheit in Stäben verschiedener Streitkräfte sowie im Rettungsdienst (Katastrophenschutz), die von einem Offizier oder Stabsoffizier geleitet wird und ab der Bataillonsebene aufwärts dem Kommandant bzw. kommandierenden General bei der Führung zur Seite steht.»[10]

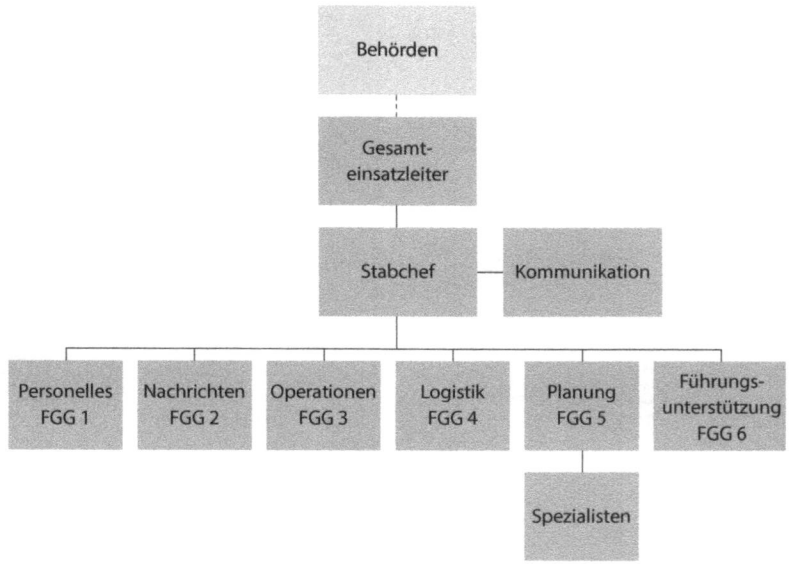

Krisenstab gegliedert nach Führungsgrundgebieten (FGG)

Abb. 12. Beispiel einer Stabsgliederung nach Führungsgrundgebieten, wie sie bei Einsatzorganisationen und Städten vorkommt

Die Aufgaben der einzelnen Führungsgrundgebiete können bei diesem System unterschiedlich definiert sein.

Das zweite System lehnt sich an die Gliederung nach Fachgebieten an, wie sie in Unternehmen auch im normalen Arbeitsalltag funktioniert, z. B. ausgerichtet auf die Firmenstruktur und Geschäftsbereiche oder einzelne Divisionen.

---

10   Vgl. Wikipedia, 2013a

Krisenstab gegliedert nach Fachgebieten

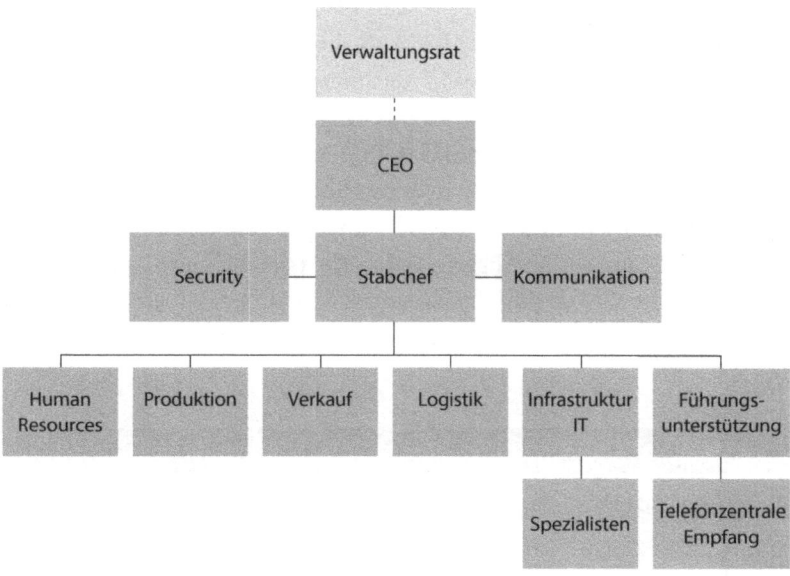

Abb. 13. Beispiel einer Stabsgliederung nach Fachgebieten, wie sie bei Unternehmen vorkommt

Beide Systeme funktionieren in der Praxis und haben ihre Vor- und Nachteile. Die Gliederung nach Führungsgrundgebieten hat sich bei gut ausgebildeten und trainierten Stäben mit viel Einsatzerfahrung als sehr praxistauglich herausgestellt. Eine Organisation wie etwa eine private Firma, deren Krisenstab selten zum Einsatz kommt, ist aber mit der gewohnten Gliederung nach Geschäftsbereichen besser beraten.

4.1.3 Organisation Führungsunterstützung

Die Menge der zu bewältigenden Aufgaben während einer Krise wird von vielen Krisenstäben nach wie vor unterschätzt. Es ist deshalb enorm wichtig, dass neben dem Stab ein Führungsunterstützungsteam für alle anfallenden Unterstützungstätigkeiten zur Verfügung steht. Das reibungslose Funktionieren eines Krisenstabes kann nur gewährleistet werden, wenn auch ein funktionierendes und gut geschultes Führungsunterstützungsteam zur Verfügung steht, das personell auch stark genug dotiert ist. Die Grösse und die Zusammensetzung des Teams hängen in erster Linie von den Aufgaben und der zu betreibenden Infrastruktur ab.

Organisation	Team 1	Team 2	Team 3
Standort des Teams	Führungsraum	Nachrichtenbüro	nach Bedarf
Zusammensetzung (Minimalbestand für den Betrieb kleinerer Krisenstäbe)	1 Chef FU 1-2 Personen	1 Stv Chef FU 2-3 Personen	1 Stv Chef FU 2-3 Personen
Aufgaben	• Journalführung im Führungsraum und Protokollierung der Rapporte (Beschlussprotokoll) • Laufende Visualisierung des Gesagten während der Rapporte • Ergänzung und Aktualisierung aller Plakate und Informationen vor und nach jedem Rapport • Bedienung der technischen Geräte und Kommunikationsmittel im Führungsraum • Unterstützung der Stabsmitglieder nach Bedarf	• Führungsraum einrichten und betreiben • Bedienung Kommunikationsmittel (Telefon, Funk, E-Mail) • Journalführung und Dokumentierung • Aufarbeitung und Visualisierung der Lage • Aktive Informations- und Nachrichtenbeschaffung • Überwachung der elektronischen Medien nach Bedarf • Unterstützung der Stabsmitglieder nach Bedarf	• Betrieb der Infrastruktur technisch sicherstellen • Zutrittskontrolle betreiben(*) • Verpflegung sicherstellen • IT-Support gewährleisten • Unterstützung der Stabsmitglieder nach Bedarf (*) sofern nicht mit Security oder Werkschutz geregelt

Abb. 14. Mögliche Organisation eines Führungsunterstützungsteam für einen kleineren Krisenstab

Die Dienstleistungen, die ein gut eingespieltes Führungsunterstützungsteam erbringt, sind sehr vielfältig und hängen stark von der Zusammensetzung, dem Bestand und den Bedürfnissen sowie vom Einbezug durch die Mitglieder des Krisenstabes ab. Wir machen allerdings immer wieder die Erfahrung, dass diese Entlastungsmöglichkeiten zu wenig erkannt und genutzt werden.

Wie soll ein Führungsunterstützungsteam gegliedert werden? Die Abbildung 14 zeigt eine mögliche Lösung, die sich in der Praxis bewährt hat.

4.2   Infrastruktur

Eine wichtige Voraussetzung, damit ein Krisenstab seine Aufgabe erfüllen kann, ist eine zweckmässige, den Bedürfnissen angepasste und rasch verfügbare Führungsinfrastruktur. Diese ist auf die Grösse des Krisenstabes, die Aufgaben sowie die räumlichen Möglichkeiten abzustimmen. Es empfiehlt sich, den Führungsstandort in firmeneigenen Gebäuden zu wählen, mit Zugriffsmöglichkeit auf die Firmendaten. Der Datenzugriff ist heute für ein wirksames Krisenmanagement fast unverzichtbar geworden. Deshalb ist er auch für einen allfälligen Ersatzstandort zu gewährleisten.

Zentral ist der Führungs- und Rapportraum (siehe Abb. 15). Ein geeigneter Führungs- und Rapportraum erfüllt folgende Anforderungen:
- Genügend gross für Führungsstab
- Hilfsmittel für Präsentationen
- Genügend Wände zum Anbringen von Führungshilfen

Neben dem Führungs- und Rapportraum benötigt der Krisenstab am Führungsstandort weitere Räumlichkeiten für die Stabsarbeit:

Lage-/Nachrichtenbüro:
- Ausrüstung analog Rapportraum (bei kleinen Stäben in Ausnahmefällen im gleichen Raum möglich)

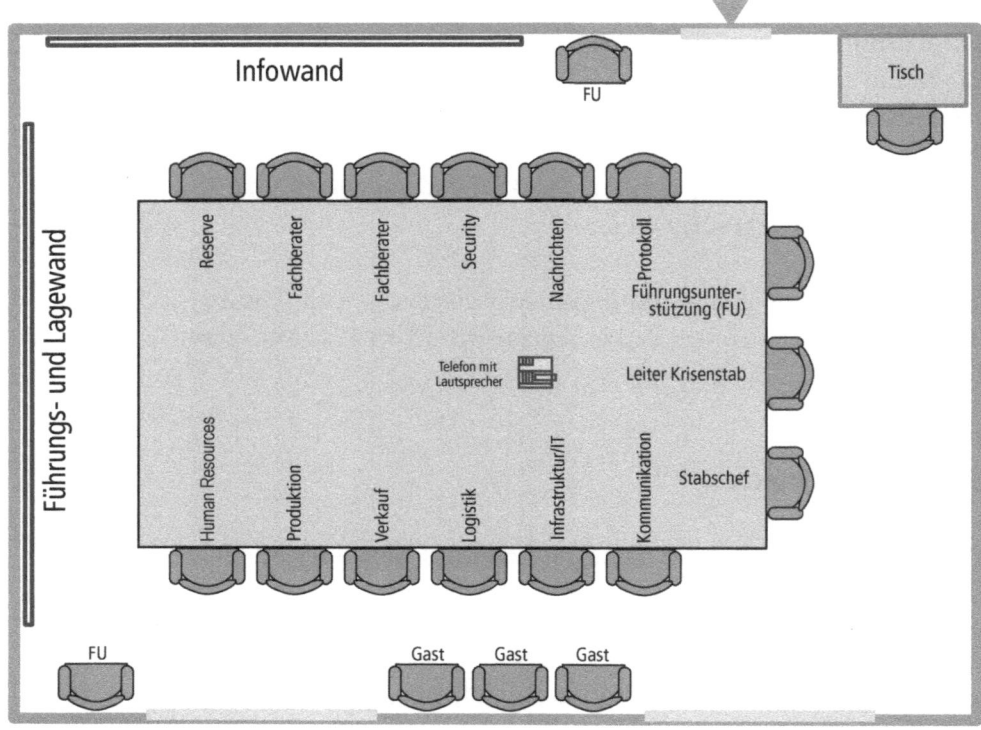

Abb. 15. Schematische Darstellung eines Führungsraums eines Unternehmens

Telefonraum/Triageraum:
- evtl. im gleichen Raum wie Lage-/Nachrichtenbüro möglich

Räume mit Arbeitsplätzen für Mitglieder Krisenstab sowie für Teilstäbe
- Ausrüstung analog Rapportraum

4.2.1 Ausstattung von Führungs-/Stabsarbeitsräumen

Die Einrichtung des Führungsraumes und der Stabsarbeitsräume sind den Bedürfnissen, den betrieblichen sowie den räumlichen Verhältnissen anzupassen.

Folgendes sollte an Infrastruktur vorhanden sein:

- Genügend Wandfläche oder Pinnwände zum Anbringen von Plakaten
- Flipcharts
- Vorbereitete Plakate zur Visualisierung der Führungs-, Lage- und Infowand
- Battlebox (Notfallkoffer) mit Formularen, Zeichnungs- und Kleinmaterial
- Beamer und Leinwand
- IT-Anschlüsse
- Möglichkeiten zum Abspielen von Fernsehberichten
- Radio
- Checklisten für das Einrichten und die Inbetriebnahme der technischen Hilfsmittel

Aus der Praxiserfahrung heraus können wir gar nicht genug unterstreichen, wie wichtig eine bedürfnisgerecht vorbereitete Infrastruktur für die erfolgreiche Arbeit eines Krisenstabes ist. Von zentraler Bedeutung sind dabei vor allem auch die Führungshilfsmittel sowie die Mittel und Möglichkeiten für eine übersichtliche Visualisierung.

4.2.2 Führungshilfsmittel

Battlebox (Notfallkoffer)

Ohne Battlebox geht gar nichts. Sie können jeden Stab lahmlegen, wenn Sie ihm Karten, Papier, Schreibmaterial (und heute zusätzlich noch die ICT[11]-Geräte wie Laptops, Drucker und Smartphones) wegnehmen. Diese alte «Stabs-Weisheit» wird oft vergessen, und insbesondere Unternehmen gehen davon aus, dass es im ansonsten als Sitzungszimmer genutzten Führungsraum ja in der Regel einen Moderationskoffer hat. Nur ist dieser genau dann, wenn wir ihn am dringendsten brauchen, nicht vollständig: Die dicken Marker sind ebenso ausgetrocknet wie der Klebestift. Die Anstecknadeln schon nach dem Anpinnen der ersten Karte aufgebraucht. Murphys Law schlägt überall zu.

11 ICT = Informations- & Kommunikations-Technik

Zeichnungs-/Schreibmaterial	Geräte	Poster/Formulare/Checklisten

• Schreiber für Flipcharts, Whiteboard, Hellraumprojektor
• Kugelschreiber, Bleistifte
• Schreibblöcke
• Klebestreifen
• Abdeckband (Malerband)
• Post-it Kleber
• Bostich
• Büroklammern
• Magnete (verschiedene Farben)
• Filzstifte (verschiedene Farben)
• Stecknadeln (verschiedene Farben)
• 2 Scheren
• Leuchtstifte
• Plastikfolien
• Packpapierrolle
• Reinigungsmittel Whiteboard
• Flipchart-Ersatzpapier
	• FM-Radio (Batterie/Netz, inkl. Ersatzbatterien)
	• Verlängerungskabel
	• Doppelstecker
	• Stromschiene
	• Taschenlampe, inkl. Ersatzbatterien
	• Ladegerät für gängige Handys
		• Inhaltsverzeichnis Battlebox
		• Checklisten für das Einrichten der Arbeitsräume des Krisenstabes (sinnvollerweise mit Fotos der richtigen Anordnung)
		• Formulare:
		  - Ereignisjournal
		  - Meldeformulare
		  - Zutrittskontrolle
		  - Beschriftung der Arbeitsräume
		  - Telefonlisten
		• Poster für Führungs-, Lage- und Infowand:
		  1-4 Problemerfassung
		  5 Pläne
		  6 Massnahmenliste
		  7 Traktandenlisten
		  8 Organigramm
		  9 Zeitplanung
		  10 Reserve
		  11 Tel. Nr. Hotline
		  12 Tel. Nr. Krisenstab
		  13 Nächste Medienorientierung
		  14 Nächster Rapport

Abb. 16. Inhalt einer Battlebox, wie sie heute bei verschiedenen Firmen besteht

Wir raten deshalb, das für den Stab und für das Führungsunterstützungsteam benötigte Kleinmaterial (siehe Abb. 16) in einer sog. «Battlebox» bereitzustellen. Darin sollten Schreib-, Zeichnungs- und Befestigungsmaterial, Kleingeräte sowie Plakate und Formulare enthalten sein. Es empfiehlt sich, mindestens zwei solche Battleboxes am vorgesehenen Führungsstandort zu platzieren. Verschiedene Unternehmen verwenden dazu einen normalen Reisekoffer. Was gehört hinein?

In der Praxis hat sich gezeigt, dass es heikel ist, Laptops in der Battlebox für den Krisenfall bereitzuhalten. Solche Geräte benötigen eine monatliche Wartung, ansonsten sie im Ereignisfall oft nur mit Schwierigkeiten und Verzögerungen in Betrieb genommen werden können. Wir haben es mehr als einmal erlebt, dass im Krisenfall ein eigens für den Krisenstab vorgesehener PC erst eine Stunde lang Software-Updates aufspielte – und das liess sich natürlich, weil von der IT-Abteilung entsprechend programmiert, nicht manuell abbrechen. Auch Krisen-Handys, zu denen niemand den PIN und geschweige den PUK kennt, helfen in der Praxis wenig. Unter Umständen ist es deshalb die bessere Lösung, wenn die Mitglieder von Stab und Führungsunterstützung ihre persönlichen Firmen-Laptops mitbringen. – Der Nachteil dieser Lösung wiederum liegt darin, dass in einer Krise, die über längere Zeit anhält und Schichtbetrieb nötig macht, die Ablösungen immer wieder an alle involvierten Kreise kommuniziert werden müssen. Grosse Alarmorganisationen arbeiten deshalb mit funktionsbezogenen Mitteln.

Kommunikationsanschlüsse

Für die reibungslose Arbeit eines Krisenstabes ist es zwingend notwendig, geeignete Kommunikationsanschlüsse in genügender Zahl bereitzuhalten. Solche sind in den Unternehmen zwar in aller Regel durchaus vorhanden – nur meist nicht an den richtigen Orten (z.B. in den für die Führung definierten Sitzungszimmern), oder sie sind nicht fix geschaltet und bekannt. Deshalb muss aufgrund von Erfahrungen abgeschätzt werden, wie viele Anschlüsse und Geräte von welcher Art bereitzustellen sind.

Es darf auch nicht ausser Acht gelassen werden, dass Kommunikationsverbindungen je nach Situation und Ereignis ausfallen, Mobiltelefon-Netze beispielsweise überlastet sein können. Eine vorausschauende Planung evaluiert deshalb genau, welche Redundanzen allenfalls nötig sind, um auch beim Ausfall eines Systems arbeitsfähig zu bleiben. – Notabene: die meisten Systeme arbeiten nicht ohne Elektrizität. Deshalb sollte jede Organisation, die sich das Thema Krisenmanagement vornimmt, überlegen, ob sie im Krisenfall auch ohne die öffentliche Elektrizitätsversorgung arbeitsfähig bleiben müsste. Das kann entweder mittels einer eigenen Notversorgung erreicht werden – oder mittels eines Ausweichstandorts.

Telefonie

Mobiltelefone sind im Krisenfall für die Kommunikation nur bedingt geeignet. Aber sie werden leider häufig verwendet. Sie absorbieren und stören die Stabsmitglieder extrem, weil die Mobiltelefone nicht nur für ausgehende Anrufe verwendet werden, sondern die Stabsmitglieder in der Folge mit eingehenden Anrufen zunehmend stärker gestört werden. Ausserdem erschweren Mobiltelefone einen geordneten Meldefluss, weil Gesprächsinhalte aus Mobiltelefon-Anrufen oft nicht schriftlich festgehalten, registriert und gezielt weiterverbreitet werden.

Sinnvoll ist es ausserdem, die Anzahl Telefonapparate pro Arbeitsraum zu definieren.

- Führungsraum: 1 Apparat mit Freisprechtaste
- Nachrichtenbüro: 2-3 Apparate mit Freisprechtaste
- übrige Arbeitsräume: 1-2 Apparate mit Freisprechtaste

IT-Anschlüsse

Der Führungsraum und die Arbeitsräume des Krisenstabes müssen heute zwingend über genügend IT-Anschlüsse oder Wireless-LAN-Zugang verfügen.

Auch der Zugang bzw. Zugriff auf Social Media wie Twitter, Facebook und Co. muss gewährleistet sein (d.h. er darf nicht gesperrt sein). Für das Kommunikationsmanagement in der Krise ist es unabdingbar, dass diese Nachrichtenkanäle verfolgt und bearbeitet werden können.

E-Mail-Adresse

Es ist zweckmässig, für den Krisenfall eine spezielle E-Mail-Adresse für den Krisenstab einzurichten, die im Ereignisfall ohne Verzögerung sofort genutzt und nach Bedarf herausgegeben werden kann. Je nach Grösse und Einsatzgebiet des Krisenstabs kann es auch sinnvoll sein, für die einzelnen Funktionsträger je eigene E-Mail-Accounts einzurichten. Werden solche auf einem IMAP-Server bereitgestellt, können die verschiedenen Personen, die sich in einer Funktion ablösen, den E-Mail-Zugang je auf ihrem Computer installieren und so einerseits auf ihrem eigenen Gerät arbeiten, andererseits doch jederzeit nachverfolgen, was während den Phasen gelaufen ist, in denen sie abwesend waren.

Fernsehen/Radio

Die Möglichkeit, im Führungsraum und im Nachrichtenbüro TV-Bilder empfangen zu können, ist heute ein Muss. Je nach Situation und Aufgabenstellung des Krisenstabes kann es notwendig sein, mehrere Kanäle gleichzeitig zu beobachten. Das kann entweder über mehrere Kabel-TV-Anschlüsse erreicht werden oder aber auch über eine Internetverbindung mit hoher Bandbreite.

Ein einfacher Radioempfänger sollte mindestens im Nachrichtenbüro und im Führungsraum vorhanden sein (mit Batterie- und Strombetrieb).

Weitere Mittel

Speziell zu prüfen sind die Möglichkeiten für Videokonferenzen, den Einsatz von Skype usw., unter Berücksichtigung der erforderlichen Sicherheit.

Poster, Formulare und Checklisten

Als einfache und mit wenig Trainingsaufwand zu realisierende Möglichkeit, eine komplexe Lage übersichtlich darzustellen, bieten sich vordefinierte Plakate, Formulare und Checklisten an. Diese sind sehr einfach in der Handhabung. Sie verhelfen dem Stab zu einer besseren Übersicht über das gesamte Geschehen und die laufenden Veränderungen. In der Praxis hat sich diese Arbeitsweise tausendfach bewährt. Darüber, welche Poster, Formulare und Checklisten in einem Krisenstab notwendig und sinnvoll sind, gibt es verschiedene Philosophien. Eine Auswahl von Plakaten, die sich in der Praxis bewährt haben, zeigen wir Ihnen im nachfolgenden Abschnitt 4.2.3 Visualisierung.

Oft wird die Diskussion geführt, ob es sinnvoll ist, heute noch mit Postern, Papierformularen und -checklisten zu arbeiten, wo man doch das alles auch elektronisch, modern und platzsparend haben kann. Die Fragestellung ist berechtigt. An verschiedenen Orten werden heute elektronische Lagedarstellungs- und Informationssysteme verwendet und haben sich in der Praxis bewährt. Allerdings muss man sich auch bewusst sein, dass solche Systeme praktisch ausschliesslich bei Profi-

Organisationen wie Polizei, Feuerwehr, Armee usw. und nur vereinzelt bei Grosskonzernen im Einsatz stehen. Alle diese Organisationen haben für die Wartung und die Sicherstellung des Betriebs dieser Systeme professionelle Teams, welche das reibungslose Funktionieren sicherstellen. Für Milizorganisationen, die nicht regelmässig und intensiv mit solchen Systemen arbeiten, haben sie sich als zu anspruchsvoll und in der Praxis wenig sinnvoll erwiesen.

4.2.3 Visualisierung

Wie die Führungs- und Lagewand gestaltet werden soll, zeigt die Abbildung 17. Die genaue Gestaltung ist nicht in Stein gemeisselt. Wichtig ist, die Plakate übersichtlich anzuordnen.

Auf zwei Besonderheiten sei speziell hingewiesen. Die Plakate sind durchnummeriert, was das Anbringen und die Bezeichnung bei der praktischen Arbeit erleichtert. Die Plakate 1-4 sind konzipiert für eine

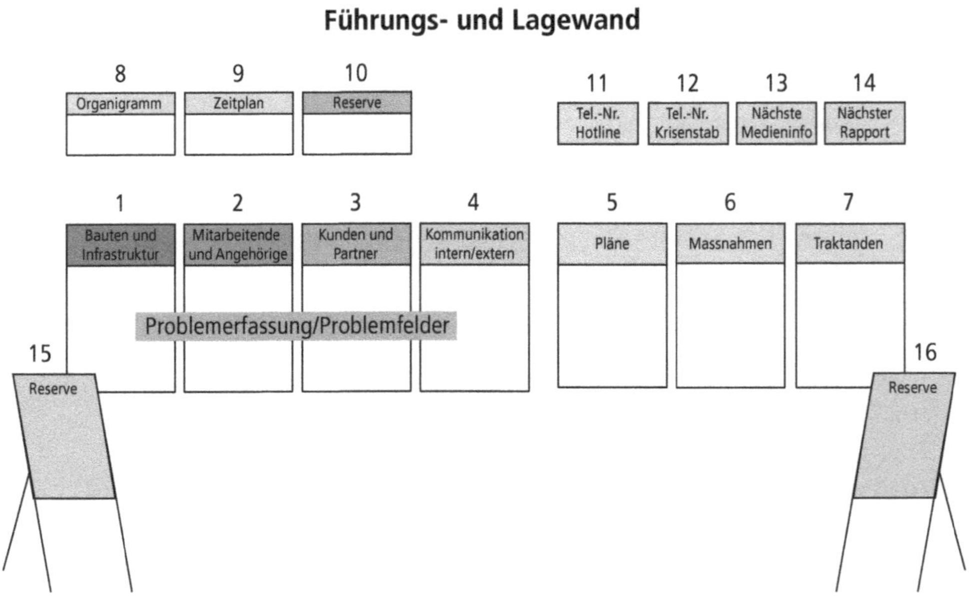

Führungs- und Lagewand

Abb. 17. Beispiel einer Führungs- und Lagewand mit vier Problemerfassungsfeldern (1-4)

standardisierte, auf das Unternehmen zugeschnittene Problemerfassung. Praktisch alle Situationen lassen sich in vier oder fünf Problemfelder gliedern und anschliessend in dieser Gliederung auch bearbeiten.

Wer unter Zeitdruck steht und Entscheidungen treffen muss, will wichtige Informationen rasch und möglichst auf den ersten Blick erfassen können. Deshalb kommt einer übersichtlichen Darstellung von Informationen eine hohe Bedeutung zu. Visualisierung ist ein wirksames Mittel, um abstrakte Daten und Zusammenhänge zu veranschaulichen.

Die Visualisierung ermöglicht den Mitgliedern des Krisenstabes ein besseres Bild über die Situation und die Zusammenhänge. Das heisst, dass die enorme Fülle an Informationen in einer Krise komprimiert und in einer übersichtlichen, klar strukturierten Art und Weise dargestellt werden muss.

Komplizierte oder umfangreiche Sachverhalte können mittels Zeichen, Karten, Formen einfach und schnell verständlich gemacht und wahrgenommen werden. Dass eine gute Visualisierung hilft, rasch mehr Informationen aufzunehmen, ist wissenschaftlich erwiesen.

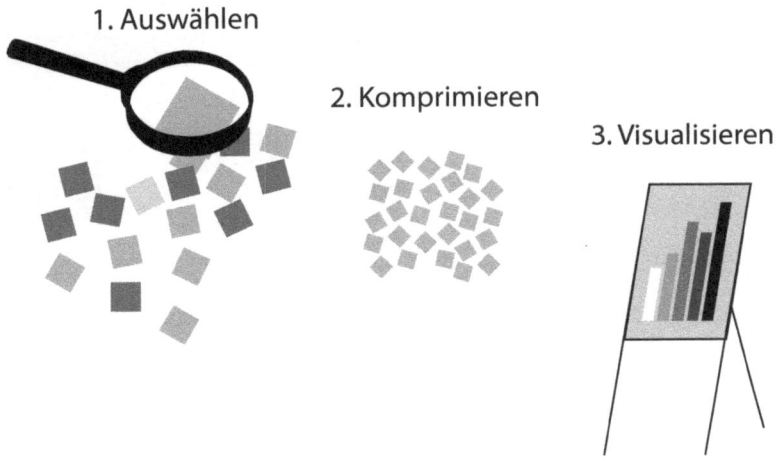

Abb. 18. Visualisierung heisst, Texte und Prozesse strukturiert und in knapper Form darzustellen

- **Ein Bild sagt mehr als 1000 Worte.**
  ➜ Der Mensch nimmt 83 % aller Informationen sehend auf!

- **Bildinformationen werden schneller erfasst.**
  ➜ Aussagestarke Bilder komprimieren längere Aussagen

- **Bildinformationen können besser gelernt werden**
  ➜ Der Mensch behält 20 % von dem, was er hört; 30 % von
  dem, was er sieht und 50 % von dem, was er sieht und hört

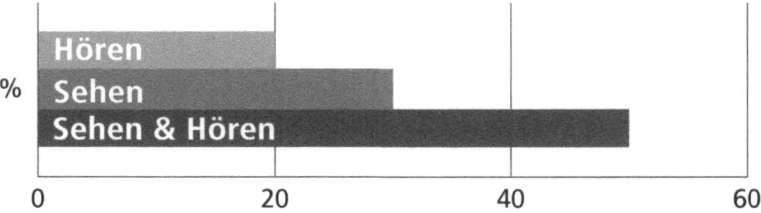

Abb. 19. Bilder und Grafiken werden besser wahrgenommen als Texte und Worte

In der Krise steht nicht die Schönheit von Lagedarstellungen und Plakatbeschriftungen im Vordergrund, sondern die Lesbarkeit und das Darstellen von Informationen kurz und knapp!

KISS = Keep It Short and Simple!

- Einfach und klar
- Erlaubt ist, was
  zielführend ist

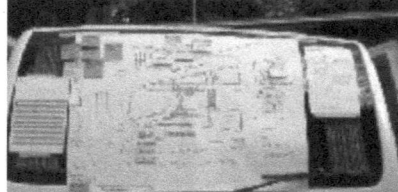

Abb. 20. Einfache Visualisierung, gesehen bei einer Blaulichtorganisation im Einsatz

Es ist wichtig, dem Thema Visualisierung im Rahmen des Krisenstabes und auch beim Training die nötige Aufmerksamkeit zu schenken. Es lohnt sich, die wichtigsten Grundregeln sowie die gebräuchlichsten Signaturen und Darstellungsvarianten kennen zu lernen. Als Mitglied des Krisenmanagements sollte man diese kennen. Als Mitglied des Führungsunterstützungsteams sollte man sie trainieren und beherrschen. In der Praxis stossen wir immer noch gelegentlich auf Vorbehalte und gewisse Ängste, Visualisierungstechniken seien nur für zeichnerisch talentierte Krisenstabsmitglieder geeignet. Die Erfahrung lehrt hingegen, dass sich auch ohne grosses zeichnerisches Talent oder Geschick rasch erste Erfolge einstellen – und damit auch die Vorbehalte dem Thema gegenüber ausgeräumt sind.

Es gibt eine Vielzahl guter Möglichkeiten zur Darstellung einer Situation, einer Ereignisabfolge oder eines Prozesses. Wichtig ist, dass das Dargestellte möglichst selbsterklärend ist. Das nachfolgende, fiktive Beispiel stellt eine solche Ereignisabfolge dar.

Darstellung möglicher Ereignisabfolge

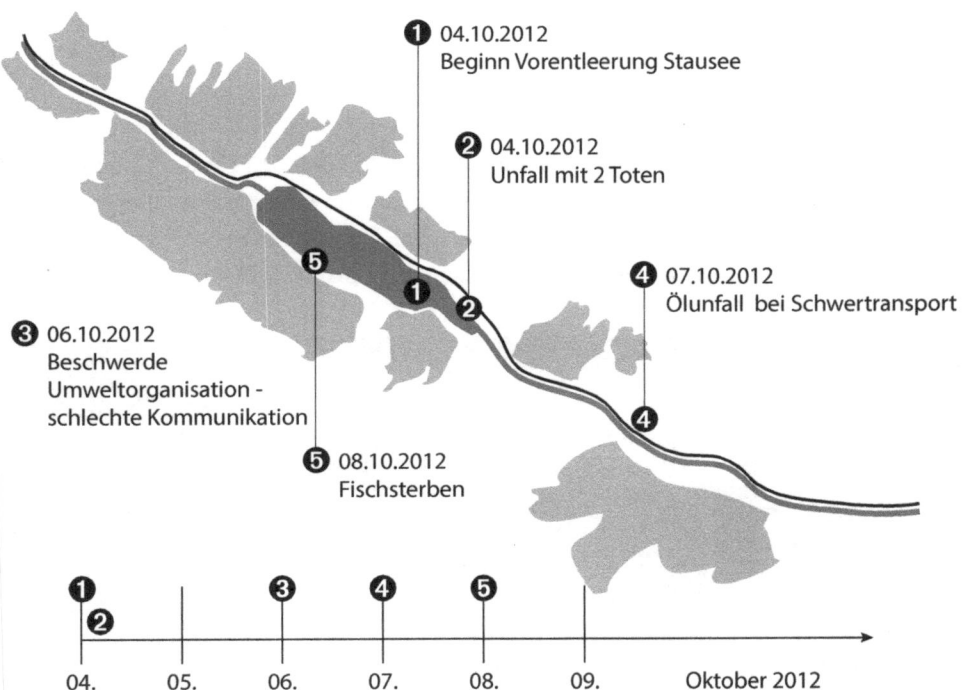

Abb. 21. Einfache, selbsterklärende Darstellung einer Ereignisabfolge

Wichtig ist auch die Wahl des richtigen Mediums. Fragen Sie sich dabei, ob es notwendig ist, eine Darstellung dauerhaft (längerfristig sichtbar) präsent zu haben, weil die dargestellte Information verschiedene Entscheide immer wieder beeinflussen wird. Oder genügt es, einzelne Bilder in einem zusammenhängenden Ablauf zu zeigen, der danach nicht mehr dauernd sichtbar bleiben muss? Oder geht es darum, persönliche Informationen für bestimmte Empfänger zu vermitteln?

- **Kurzfristmedien → wechselnder Inhalt**
  - Hellraumprojektor
  - Powerpoint-Slides
  - Videosequenzen

- **Dauermedien → Inhalt während ganzer Zeit für alle sichtbar**
  - Flipcharts, Plakate
  - Pinnwand
  - Whiteboards / Tafeln / Smartboard

- **Handouts → persönliche Unterlagen**
  - Fotokopien
  - Konzeptvorträge
  - Medienberichte

Abb. 22. Unterschiedliche Eignung der einzelnen Medien

Vorbereitete Führungsräume und klare Vorgaben für die Visualisierung sind ein Muss für jeden Krisenstab. Jede grössere Notfallorganisation und jedes verantwortungsbewusste Unternehmen verfügt heute über eine vordefinierte, funktionsbereite Führungsinfrastruktur.

Abb. 23. Blick in verschiedene Führungsräume mit unterschiedlicher technischer Ausstattung

4.3 Prozesse

Das dritte wichtige Element für das Funktionieren eines Krisenstabes bilden die Führungsprozesse (auch Führungsverfahren genannt). Wie wird im Krisenstab gearbeitet? Sind die Abläufe geregelt? Haben alle Mitglieder des Stabes und der Führungsunterstützung eine einheitliche Vorstellung von den Arbeitsprozessen?

Diese Fragen sind im Rahmen der Vorbereitungen zu klären und die Umsetzung im Training zu schulen.

Je früher das Krisenmanagement in einem Ereignisfall einsetzt, desto grösser sind erwiesenermassen seine Erfolgschancen. Das heisst: als Erstes gilt es die Indikatoren und die Grundsätze für die Einberufung des Krisenstabes im Unternehmen zu regeln. Im Zweifelsfall ist es ratsam, den Krisenstab einzuberufen und mit einer ersten Krisendiagnose zu beauftragen. Basierend darauf kann dann der definitive Entscheid getroffen werden, ob der Krisenstab zum Einsatz kommt oder nicht.

In vielen Unternehmen stellen wir immer wieder Vorbehalte fest und eine gewisse Hemmschwelle, den vorhandenen Krisenstab frühzeitig zu aktivieren. Warum dies vielerorts so ist, ist eigentlich nur schwer verständlich. Hat doch die frühzeitige Aktivierung verschiedene gewichtige Vorteile:

- Die Beurteilung der Risiken und Gefahren erfolgt frühzeitig und umfassend durch das dafür geschulte Gremium.
- Der Krisenstab und mit ihm alle wichtigen Unternehmensbereiche sind rasch, umfassend und aus erster Hand über die Krisensituation und deren Beurteilung informiert.
- Sollte es nicht zu einem Einsatz des Krisenstabes bei der Bewältigung der angenommenen Bedrohung kommen, so hat er ein wertvolles Training unter Einsatzbedingungen erhalten.

Vielleicht bestärkt Sie ja auch das Wissen darum, dass professionelle Krisenstäbe und Alarmierungsorganisationen (Polizei, Feuerwehren, nationale Alarmzentralen) die Regel verfolgen, im Zweifelsfalle zu alarmieren. Die Aussicht, die Krisenstabsmitglieder nach einer Lagebeurteilung wieder nach Hause zu schicken, wird als weit unproblematischer betrachtet, als sich später dem Vorwurf ausgesetzt zu sehen, eine Krise durch eine zu späte Alarmierung verschleppt zu haben.

Anlehnung an Blaulichtorganisationen

Vorbild für die Führungstätigkeit[12] in einem zivilen oder Unternehmens-Krisenstab sind die Reglemente und Richtlinien für Stäbe, wie sie bei Blaulichtorganisationen und Armeen etabliert sind. Die Prozesse dieser Einsatzorganisationen, für die das Notfall- und Krisenmanagement quasi das Kerngeschäft darstellt, hat sich auch im zivilen Bereich bewährt. Sie wurden ergänzt und weiterentwickelt unter dem Eindruck vieler praktischer Erfahrungen, die wir in unserer Tätigkeit bei der Bewältigung verschiedener Ereignisse gesammelt haben.

Dabei sei an dieser Stelle nochmals deutlich darauf hingewiesen, dass Firmen heute durch die Medien, Öffentlichkeit und Interessenverbände deutlich stärker unter Beobachtung stehen als früher. Durch die heute fast in Echtzeit über Ereignisse und deren Verlauf berichtenden Medien droht bei verspäteter Kommunikation und intransparentem Handeln, intern wie extern, ein oft schwer abschätzbarer Reputationsverlust. Dieser kann rasch auch existenzbedrohende Ausmasse annehmen. Deshalb muss eine wirksame Krisenkommunikation in enger Abstimmung und abgestützt auf das Krisenmanagement erfolgen.

Krisenmanagement ohne Krisenkommunikation funktioniert ebenso wenig wie Krisenkommunikation, die sich nicht auf ein fundiertes Krisenmanagement abstützen kann. Ein weiterer wichtiger Hinweis betrifft den Bereich «umfassendes Care». Diesem wird leider im Rahmen des Krisenmanagements in vielen Unternehmen noch immer wenig Beachtung geschenkt. Dabei gilt auch hier, dass Care nur umfassend greifen kann, wenn es als integrierter Teil des Krisenmanagements verstanden wird und auf dieses abgestützt ist.

---

12   je nach Organisation und/oder Land sind auch die Begriffe Führungsrhythmus und Führungsverfahren gebräuchlich.

Krisenmanagement ohne Berücksichtigung der Faktoren des umfassenden Care ist halbe Arbeit. Jeder verantwortungsbewusst funktionierende Krisenstab stellt sicher, dass die Care-Massnahmen Teil des ganzheitlichen Krisenmanagements und auf dessen Entscheide abgestimmt sind.

Verlauf eines Ereignisses

Der Verlauf eines Ereignisses kann in verschiedene Phasen unterteilt werden. Natürlich ist es besser, mögliche Krisen frühzeitig zu erkennen und präventiv zu reagieren. Oft ist dies jedoch nicht möglich und ein Krisenstab wird unerwartet mit einem Ereignis konfrontiert.

Wichtig ist in diesem Fall, das Ereignis und deren mögliche Auswirkungen rasch zu beurteilen und entsprechende Massnahmen zur Bewältigung und zur Wiederherstellung der Alltagssituation einzuleiten. Dabei beginnt die Arbeit für den Krisenstab in der Chaosphase und dauert bis zum Ende der Phase Notsituation. Der Einsatz soll von der Dauer her gesehen so kurz wie möglich, aber so lange wie nötig sein. Sobald als möglich, spätestens in der Konsolidierungsphase, soll aber die Krisenstabsorganisation wieder in die Alltagsorganisation überführt werden.

Es ist wichtig zu wissen, dass meistens zu Beginn eines Ereignisses Chaos herrscht. Diese Phase gilt es raschmöglichst zu überwinden und in einen geordneten Führungsrhythmus zu überführen.

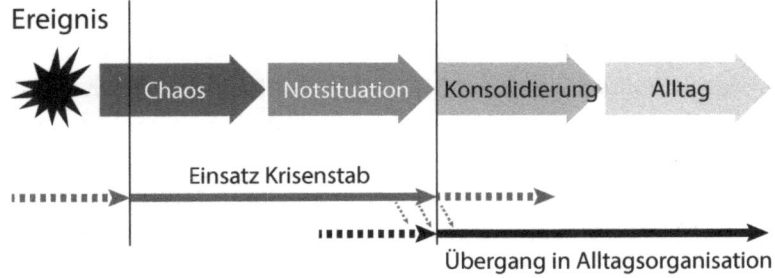

Abb. 24. Ablauf der Ereignisbewältigung in verschiedenen Phasen

4.3.1 Führungsrhythmus im Überblick

Ein systematisches Vorgehen nach einem klar geregelten Führungspro-zess ist Voraussetzung für eine effiziente und strukturierte Arbeitsweise in einem Krisenstab. Die beschriebenen Schritte zeigen das Führungs-verfahren als strukturierten und systematischen Denk- und Handlungs-ablauf. In ähnlicher Form wird dieses Verfahren bei vielen Armeen, Blaulichtorganisationen, zivilen Führungsstäben der öffentlichen Hand, Verwaltungsstäben sowie Krisenstäben in Unternehmen angewendet. Dies hat sich dabei tausendfach bewährt.

Die Führungstätigkeit erfolgt in den immer gleichen sechs Arbeits- oder Verfahrensschritten und wird als wiederkehrender, kreisförmiger Ablauf dargestellt.

1. Die **Problemerfassung** beinhaltet ein Aufzeigen der wichtigsten Probleme und eine Gliederung in Gruppen. Sie enthält meist auch erste Lösungsansätze.
2. Die **Lagebeurteilung** erfordert vertiefte Abklärungen und eine um-fassende Beurteilung der Probleme. Es sind die Schwerpunkte zu ermitteln.
3. Der **Entschluss** zeigt die Idee auf (was – wo – mit welchen Mitteln erreicht werden soll). Für die Entschlussfassung sind mögliche Lösungsvarianten mit kurzem Beschrieb der Vor- und Nachteile aufzuzeigen.
4. Das **Ausarbeiten des Einsatzplans** (Vorbereiten der Auftragserteilung) zeigt auf, welche Absicht die Führung verfolgt, wie die Lösung aussieht und mit welchen Mitteln ein Krisenstab sie erreichen will. Im Einsatzplan sind auch die Details und die Rahmenbedingun-gen der Massnahmen zu regeln.
5. Die konkrete **Auftragserteilung** erfolgt an den/die Ausführenden. Sie enthält eine Orientierung, die Absicht, den Auftrag, die besonderen Bestimmungen (Rahmenbedingungen) sowie weitere Eckwerte.
6. Die **Kontrolle und Steuerung** umfassen das Ablaufcontrolling bzw. die Überwachung durch die Führung (Zwischenberichterstattung, Korrekturmassnahmen, Veränderung Rahmenbedingungen usw.).

Abb. 25. Strukturierte Führungstätigkeit in sechs klar definierten Arbeitsschritten

Die **Sofortmassnahmen** («SOMA») können in jeder Phase des Führungsprozesses nach Bedarf angeordnet werden. Sie haben zum Ziel, möglichst
keine Zeit zu verlieren, Übersicht zu gewinnen und Ordnung zu halten.
Sie dürfen spätere Entschlüsse und Entscheide nicht präjudizieren.

Der **Zeitplan** regelt den zeitlichen Ablauf. Er sollte spätestens bei der
Befehlsgebung (Auftragserteilung) festgelegt sein. Beim Erstellen des
Zeitplans ist immer vom Zeitpunkt auszugehen, zu dem eine Massnah-
me oder Aktion wirksam werden muss. Ab diesem Zeitpunkt sind die
Vorbereitungs- und Umsetzungsmassnahmen rückwärts zu rechnen.

Schritt 1: Problemerfassung

Die Problemerfassung ist der erste und wohl wichtigste Schritt jeder Ereignisbewältigung. Zu klären ist die Frage, worum es geht. Es lohnt sich, die Problemerfassung strukturiert und möglichst umfassend durchzuführen. Nur ein Problem, das ich kenne, kann ich auch lösen!

Die Teilschritte, welche sich über mehrere Phasen der Führungstätigkeit erstrecken können, sind Problementdeckung, Problemklärung und Problembeurteilung.

Die **Problementdeckung** ist mit den Fragen verbunden:

- Worum geht es?
- Welches sind die Aufgaben und das zu erreichende Ziel?
- Chancen und Gefahren?
- Komplexität und Zeitverhältnisse?

Sie führt zur Problemgruppierung und zu einer ersten Aufgabenformulierung.

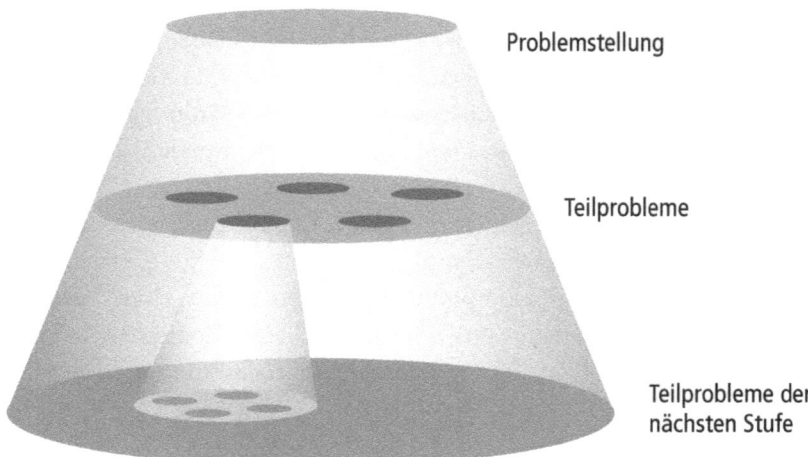

Problemstellung

Teilprobleme

Teilprobleme der
nächsten Stufe

Abb. 26. Problemerfassung und Unterteilung in Teilprobleme

Die **Problemklärung** hat zum Ziel, die Probleme in Teilprobleme zu zerlegen und die zur Bearbeitung nötigen Aufgaben bzw. Aufträge zu formulieren.

Die **Problembeurteilung** führt zur Klärung der Bearbeitungs-Zuständigkeit, der Bedeutung im Gesamtrahmen, zum Abschätzen des Bearbeitungsaufwands sowie der Bearbeitungsdringlichkeit.

Um die Problemstrukturierung einfacher durchführen zu können, hat es sich bewährt, die Problemerfassung anhand einer vordefinierten Unterteilung in die wichtigsten vier bis fünf Problemfelder vorzunehmen. Die Problemfelder sind auf die Bedürfnisse des Unternehmens abzustimmen. Obwohl dieses Vorgehen nicht 100% aller denkbaren Ereignisse in einem Unternehmen abdecken kann, ist es doch eine in der Praxis bewährte 80%-Methode, wie sie in angepasster Form bei vielen Blaulichtorganisationen zur Anwendung gelangt.

Beispiel vordefinierter Problemfelder

❶	❷	❸	❹
Bauten und Infrastruktur	**Mitarbeitende und Angehörige**	**Kunden und Partner**	**Kommunikation intern/extern**
• Bauten • Infrastruktur • Kommunikations-anschlüsse • Prozesse • Server/ Applikationen • Zusätzliche Sicherheitsmass-nahmen • Weitere Problem-felder	• Info über Ereignis • Zugang zum Arbeitsplatz • Verhaltensregeln • Umfassendes Care / psychische Betroffenheit • Weitere Problem-felder	• Kunden und Lieferanten-termine • Auswirkungen • Schlüsselkunden • Vertrauensbildung • Aufsichtsorgane • Weitere Problem-felder	• Mitarbeitende • Medien • Kunden • Hotline • Weitere Problem-felder

Abb. 27. Problemstrukturierung und Unterteilung in Teilprobleme

Schritt 2: Lagebeurteilung

Die Lagebeurteilung bildet den zweiten Schritt. Es geht darum, die strukturierten und zur Bearbeitung an die verschiedenen Teilstäbe zugewiesenen Problemfelder zu analysieren, vertiefte Abklärungen vorzunehmen und zu beurteilen. Dabei sind die Teilprobleme einzeln zu bearbeiten, d.h. sie zu erfassen, zu analysieren, zu bewerten und Folgerungen zu ziehen. Dies immer auch unter Berücksichtigung des Gesamtrahmens, innerhalb dessen der Krisenstab arbeitet. Dazu gehört auch die Beurteilung der für die Lösung zur Verfügung stehenden oder benötigten Ressourcen, der Umfeldbedingungen und natürlich der Machbarkeit.

Daraus entstehen Lösungsvorschläge (mit Varianten), wie dem Problem mit welchen Massnahmen (inkl. Kommunikationsbedürfnisse) und mit welcher Dringlichkeit begegnet werden kann. Diese sind mit Vor- und Nachteilen zu bewerten. Das Ergebnis ist ein Massnahmenplan mit Varianten und einem Antrag an den Leiter des Krisenstabes.

Die Präsentation der Varianten und Anträge vor dem Krisenstab ist gut vorzubereiten und verständlich zu visualisieren.

Schritt 3: Entschlussfassung

Die Entschlussfassung durch den Leiter des Krisenstabes basiert in der Regel auf den vom Stab erarbeiteten Entscheidungsgrundlagen und Lösungsvorschlägen. Dazu werden die in den verschiedenen Fachbereichen vorgenommenen Beurteilungen und die darauf abgestützten Lösungsvarianten im Stab vorgetragen, kurz diskutiert und nach Bedarf hinterfragt.

Der Vortrag erfolgt kurz und in gestraffter Form, gut verständlich und visualisiert. Bei Bedarf sind die Vor- und Nachteile der verschiedenen Varianten aufzuzeigen. Der Lösungsvortrag endet mit einem Antrag an den Leiter des Krisenstabes, welche Variante zu wählen bzw. weiterzuverfolgen ist.

Nach Anhören der verschiedenen Vorträge aus den Fachbereichen und den gestellten Anträgen entscheidet der Leiter des Krisenstabes. Er formuliert seine Absicht unter Berücksichtigung der Gesamtbetrachtung und legt damit die Richtung und die Prioritäten fest. Zusätzlich erteilt er Handlungsrichtlinien für das weitere Vorgehen und regelt die Freigabe allfälliger zusätzlicher Ressourcen.

Schritt 4: Ausarbeitung Einsatzplan

Das Ausarbeiten des Einsatz- oder Vorgehensplans ist ein sehr wichtiger Schritt, der oft unterschätzt wird. Krisenstabsleiter mit wenig Erfahrung und/oder Training verfallen dem Irrglauben, der Auftrag sei bereits erteilt und verstanden, wenn sie erst ihre Absicht bekannt gegeben haben. In der Praxis zeigt sich dann oft, dass ein nicht vollständig durchdachter oder unklar formulierter Auftrag zu viel Freiraum gibt und zu Missverständnissen führt. Die Folge ist ein Zeitverlust, weil aufwändige Korrekturen vorgenommen werden müssen.

Deshalb ist es wichtig, die Auftragserteilung minuziös zu überlegen und auch aus der Sicht des Ausführenden zu überdenken. In dieser Phase werden alle mit dem Auftrag oder einer Aktion verbundenen Aspekte koordiniert. Wichtig sind insbesondere ausreichende Informationen, klare Rahmenbedingungen, Schnittstellen und klar verständliche Handlungsrichtlinien. Auch die (Kommunikations-)Verbindungen werden in dieser Phase geklärt. Bei anspruchsvollen Aufträgen ist es ratsam, den Vorgehensplan schriftlich und/oder grafisch darzustellen. Es werden alle wichtigen Einzelheiten der Umsetzung geregelt. Es empfiehlt sich, sich für die Auftragsformulierung an den bewährten 5-Punkte-Raster, wie er bei den Blaulichtorganisationen und bei den militärischen Stellen verwendet wird, zu halten.

> «Die beste Lösung nützt nichts, wenn sie zu spät kommt!»
> Alte Führungsweisheit

Der 5-Punkte-Raster umfasst:

1. Orientierung/Lagedarstellung
Ausgangslage, Art und Umfang des Ereignisses, Betroffene, kurze Beurteilung der möglichen Auswirkungen und besonderen Risiken, wer ist (ausser uns) mit welchem Auftrag an der Ereignisbewältigung beteiligt

2. Absicht/Zielsetzung
Lösungsansatz (Marschrichtung), wie wird die Ereignisbewältigung generell angegangen, was soll mit welchen Mitteln, in welchem Zeitraum erreicht werden

3. Auftrag
Auftragsart, Umfang, Mittel, Ziel (allenfalls Teilziele) und Handlungsrichtlinien

4. Besondere Anordnungen
Spezielle organisatorische und technische Regelungen z.B. bezüglich Unterstützungsmassnahmen, Melderhythmus, rechtliche Aspekte, Schnittstellen, logistische Massnahmen, zu beachtende Weisungen usw.

5. Standorte und Verbindungen
Standorte, Telefonnummern und Adressen, Erreichbarkeiten

Schritt 5: Auftragserteilung
Bei der Auftragserteilung werden die Endprodukte der Planung, d.h. alle bisher erfolgten Überlegungen, zusammengefasst und in einfacher, klarer und präziser Form an die Auftragsempfänger weitergegeben. Bei der Übermittlung oder anlässlich der Auftragserteilung werden die Absicht, die Gründe, auf welchen die Entschlussfassung basiert, erörtert, damit die Auftragsempfänger die Überlegungen verstehen und im Gesamtrahmen denken und handeln können.

Je länger die Ausführung eines Auftrages oder eine Aktion dauert und je höher Unsicherheit und Komplexität sind, umso eher müssen die erarbeiteten Pläne und Anordnungen im Verlauf ihrer Ausführung angepasst werden.

Es ist auch möglich und oft sogar nötig, die Auftragserteilung gestaffelt durchzuführen.

Schritt 6: Kontrolle und Steuerung

Die Kontrolle und Steuerung sind spätestens nach der Auftragserteilung zu planen. Die Fragen dazu sind:

- Werden die Aufträge und Aktionen im Sinn der Führung zielführend und zeitgerecht umgesetzt?
- Welches sind die kritischen Prozesse oder wo gibt es hohen Koordinationsbedarf?
- Funktioniert der Meldefluss wie geplant?
- Verlangt die Lageentwicklung gegebenenfalls eine Anpassung der Aufträge oder der laufenden Aktionen?

Der Stab wird mit der ständigen Überwachung der Umsetzung der Aufträge und Aktionen betraut. So wird allfälliger Handlungsbedarf frühzeitig erkannt und erlaubt der Führung rechtzeitiges Handeln.

Sofortmassnahmen

Die Sofortmassnahmen («SOMA») sollen helfen, Zeitverlust zu vermeiden und die Vorbereitungsdauer zu verkürzen. Sie werden sowohl nach der Problemerfassung als auch während der nachfolgenden Führungstätigkeiten getroffen. Sie dürfen weder dem Entschluss vorgreifen, noch die Entschlussfreiheit einschränken.

Wir begegnen immer wieder Stäben, die glauben, ausschliesslich über Sofortmassnahmen führen zu können. Wir raten davon allerdings ab, denn zu häufig führt ein solches Vorgehen dazu, dass keine seriöse Lagebeurteilung stattfindet und stattdessen hektische «Schnellschüsse» aus der Hüfte erfolgen.

Oft wird vergessen, dass auch Sofortmassnahmen Zeit und Manpower beanspruchen. Deshalb ist es sinnvoll, das Instrument Sofortmassnahmen gezielt und auf wenige ganz dringende Massnahmen zur Vermeidung von Zeitverlusten zu beschränken. Erfahrungsgemäss ist es in der Praxis sinnvoll, sich auf zwei bis drei Sofortmassnahmen zu beschränken.

Grundsatz für die Anwendung von Sofortmassnahmen

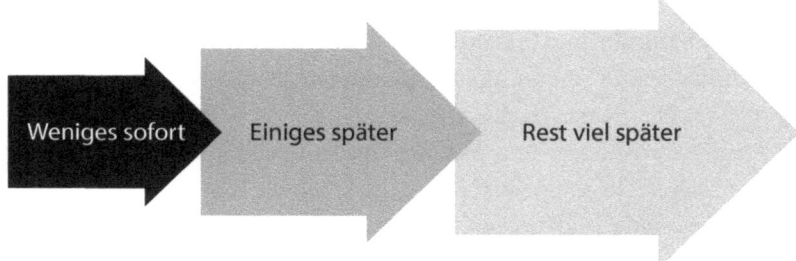

Schwergewichte setzen!

Abb. 28. Sofortmassnahmen dienen der Vermeidung von Zeitverlust bei der Vorbereitung von dringen-
den Aktionen und Massnahmen

Dazu eignen sich z.B. Anordnungen wie:

- Orientierung der Mitarbeitenden
- Gezielte Informationsbeschaffung
- Ankündigung des Zeitpunktes der Auftragserteilung
- Vorbereitungsaufträge
- Bereitstellung von Personalressourcen
- Logistische Vorbereitungen

Zeitplanung

Die Zeitplanung umfasst das Erarbeiten der zeitlichen Vorstellung für
die Vorbereitung und Umsetzung einer Massnahme oder Aktion sowie
das Festhalten von Fixpunkten und Meilensteinen.

Die Zeitplanung muss nach der Erstellung laufend der Lage angepasst
werden und so Erkenntnisse über den Vorbereitungsstand der verschiedenen Aktionen liefern und aufzeigen, zu welchem Zeitpunkt die einzelnen Tätigkeiten abgeschlossen sein sollen.

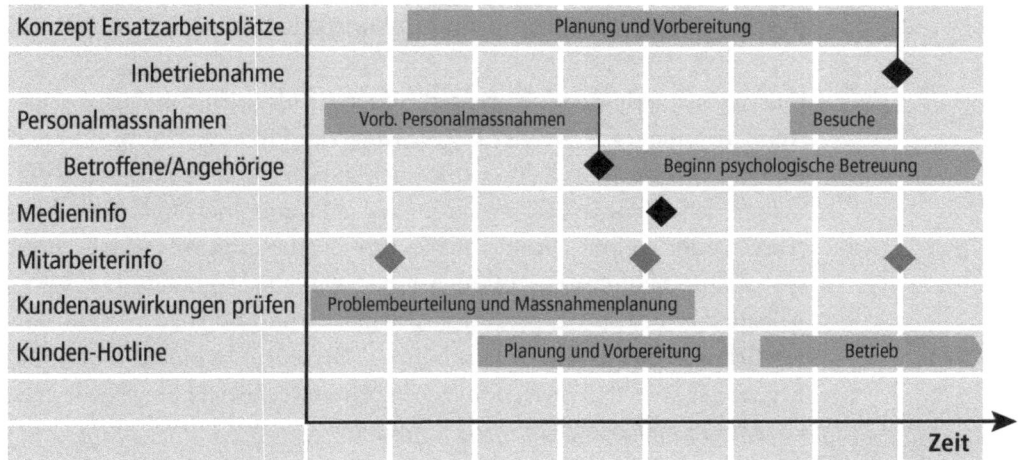

Abb. 29. Schema für die Darstellung eines Zeitplans

Dabei ist es wichtig, die Vorbereitungs- und Bearbeitungszeit für die Umsetzung der Massnahmen realistisch zu berücksichtigen und festzuhalten. Daraus ergibt sich der Zeitpunkt, wann die Auftragserteilung spätestens zu erfolgen hat, um eine Aktion zu einem geplanten Zeitpunkt abschliessen zu können. Nicht zu vergessen ist dabei auch die Zeit, welche für die Übermittlung der Anordnungen benötigt wird.

Der Zeitbedarf für die einzelnen Schritte einer Aktion lässt sich in der Regel nur abschätzen. In der Praxis zeigt sich immer wieder, dass es wenig erfahrenen Krisenstäben z.T. erhebliche Schwierigkeiten bereitet, nicht beeinflussbare Faktoren realistisch einzuschätzen (z.B. Vorlaufzeiten, Abhängigkeiten von Dritten, Kompetenzschwierigkeiten usw.). Oft kann für komplexe Massnahmen auch nur der Beginn, nicht aber die Dauer der Aktionen festgelegt werden. Zu empfehlen ist deshalb, immer auch eine angemessene Reservezeit einzuplanen.

4.3.2   Arbeitsmethodik im Führungsstab

Die Arbeitsmethode im Krisenstab unterscheidet sich von der Arbeitsweise im Alltag, z.B. bei der Bearbeitung von Projekten. Aufgrund der Problemerfassung und der zu bearbeitenden Problemfelder wird der Stab in verschiedene Teilstäbe gegliedert. Die einzelnen Teilstäbe erhalten ein oder mehrere Problemfelder zur Bearbeitung zugewiesen, entsprechende Handlungsrichtlinien sowie zeitliche Vorgaben. Diese Arbeitsmethodik lässt ein paralleles Arbeiten zu und führt zu einer kürzeren Bearbeitungszeit im Gesamtrahmen. Bei jedem Rapport werden die Ergebnisse synchronisiert, d.h. Informationsgleichstand hergestellt und ein Schnittstellenabgleich vorgenommen.

Alltag ➜ normales Projektumfeld ➜ serielles Arbeiten

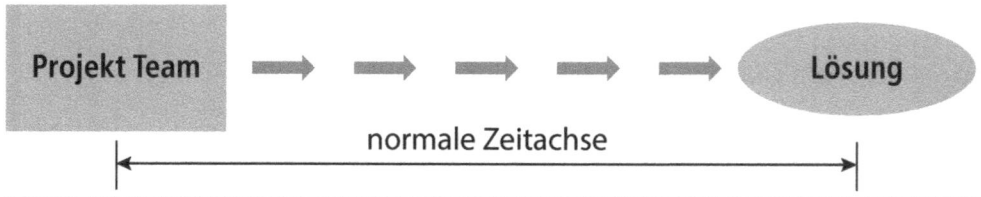

Notfall ➜ Krisenstab ➜ paralleles Arbeiten und Synchronisieren

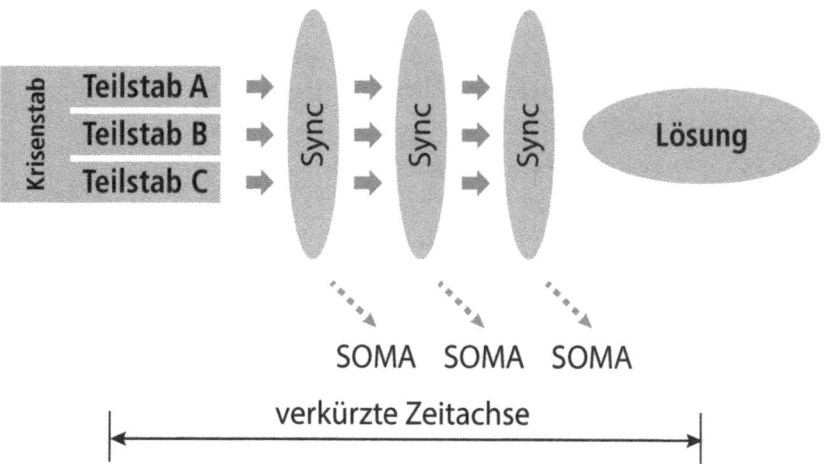

Abb. 30. Arbeitsmethodik Alltag – Krisenstab (Sync = Synchronisieren)

In der Stabsarbeit kennen wir grundsätzlich die folgenden drei Arbeitsformen:

- Einzelarbeit (Einzelauftrag) zur Lösung von Fachaufgaben und das Treffen von Abklärungen.
- Gruppenarbeit (Auftrag für Teilstab) zur Lösung von fachübergreifenden Problemen oder komplexen Teilaufgaben.
- Rapporte[13] (in der Regel für den ganzen Krisenstab) zur Lösung von umfassenden Problemen, das Herstellen des Informationsgleichstandes, zur Regelung des strukturierten Arbeitens sowie der Auftragserteilung.

Rapporte

Rapporte sind ein zentrales Instrument im Führungsverfahren. An Rapporten werden wichtige Entscheide getroffen und die gesamte Tätigkeit des Krisenstabes koordiniert. Professionelle Einsatzorganisationen unterscheiden verschiedenste Arten von Rapporten:

Bezeichnung:	Zielsetzung:
Orientierungsrapport	Wissensgleichstand und erste Problemerfassung
Entschlussrapport	Entscheide des Chefs/Leiters Krisenstab
Auftragserteilungsrapport	Umsetzung der Auftragserteilung
Lagerapport	Lageübersicht und Auftragserteilung/-anpasssung

---

13 Rapport ist in der Schweiz der gängige Begriff bei den Blaulichtorganisationen, zivilen Führungsstäben und der Armee für die Durchführung eines gestrafften und mit klaren Verhaltensregeln belegten Meetings der Führungsorganisation. Dabei geht es um Berichterstattung und Lenkung der Führungstätigkeit.

Wir haben in der Praxis immer wieder feststellen müssen, dass die weniger einsatzerfahrenen Führungs- und Krisenstäbe – insbesondere in Unternehmen – mit den verschiedenen Rapportbezeichnungen Mühe bekunden. Dies hat sich rasch geändert, nachdem wir ihnen empfohlen haben, sich auf zwei Rapportarten zu beschränken:

- den Orientierungsrapport, der bei jedem Ereignis und jeder neuen Lage am Anfang steht und den Beurteilungsprozess und die Problemerfassung einleitet und
- den Lagerapport (idealerweise fortlaufend nummeriert), verbunden mit der klaren Bezeichnung der Zielsetzung, z.B. Entschlussfassung und Vorgaben für die Vorbereitung der Auftragserteilung oder die Auftragserteilung selbst usw.

Unabhängig davon, wie ein Rapport formal genannt wird, ist es wichtig, ein klares Ziel für jeden Rapport festzulegen.

Damit ein Rapport möglichst effizient und strukturiert abläuft, kommt einer guten Vorbereitung und standardisierten Abläufen eine zentrale Bedeutung zu. Wegen des in Krisensituationen meistens herrschenden hohen Zeitdrucks dürfen Rapporte nicht zu «never ending»- Veranstaltungen werden.

Wie wird ein Rapport vorbereitet?
- Zeitpunkt des Rapportes festlegen
- Einladung/Aufgebot an die Teilnehmenden
- Ziel definieren
- Traktanden festlegen (diese werden grundsätzlich durch die Führungstätigkeit vorgegeben)
- Verantwortliche für die einzelnen Traktanden festlegen
- Redezeiten und Zeitbudget vorgeben
- Rapport-Zeitbudget überprüfen (in der Regel <30 Minuten)
- Zeitpunkt des nächsten Rapportes überlegen

Orientierungsrapport

Nach der Einberufung eines Krisenstabes wird in der Regel als Erstes möglichst rasch ein Orientierungsrapport durchgeführt. Die Mitglieder bereiten sich nach Eintreffen am Führungsstandort individuell darauf vor, indem sie sich sofort über die Situation informieren, zusätzliche Informationen aus dem eigenen Fachbereich beschaffen und sich auf die Problemerfassung vorbereiten. Mit dem Beginn des Orientierungs-rapportes muss nicht unbedingt zugewartet werden, bis der Krisenstab

Orientierungsrapport

Traktanden:	Wer	Dauer
1. **Begrüssung / Appell / Zielsetzung**	…….	…….
2. **Orientierung / Lage**	…….	…….
• Was ist geschehen?		
• Was wurde bereits gemacht / angeordnet?		
• Wer ist bereits informiert / alarmiert?		
3. **Problemerfassung**	…….	…….
• Worum geht es? Was ist unser Problem?		.
• Welches sind die wesentlichen Teilprobleme?		
• Zuständigkeiten / Dringlichkeiten (Problembeurteilung)		
1 Bauten u. Infrastruktur		
2 Mitarbeitende u. Angehörige		
3 Kunden u. Partner		
4 Kommunikation intern/extern		
4. **Sofortmassnahmen**	…….	…….
5. **Stabsgliederung** (Teilstäbe, Verantwortlichkeiten)	…….	…….
6. **Aufträge an Teilstäbe** (z.B. Infobeschaffung, Lösungskonzepte)	…….	…….
7. **Zeitplan**	…….	…….
8. **Umfrage**	…….	…….
9. **Nächster Rapport**	…….	…….

Abb. 31. Beispiel einer Traktandenliste eines Orientierungsrapportes

vollständig anwesend ist. Es genügt, wenn die wichtigsten Funktionen und das Gros der Mitglieder anwesend sind. Auf jeden Fall lohnt es sich aber dafür zu sorgen, dass die Führungsinfrastruktur von Anfang an für einen geordneten Betrieb bereit ist.

Am Schluss des Orientierungsrapports muss allen das momentane Lagebild, die ermittelten Hauptprobleme, die ereignisbezogene Gliederung des Stabes, die Aufträge und die Handlungsrichtlinien, die getroffenen Sofortmassnahmen und das weitere Vorgehen sowie die zeitlichen Vorgaben für die nächsten Schritte bekannt sein.

Nach dem ersten Rapport beurteilt der Leiter des Krisenstabes die Situation für sich nochmals aus der Gesamtsicht und überlegt sich die nächsten Schritte. Nach Bedarf informiert er nach jedem Rapport seine vorgesetzte Stelle oder das Aufsichtsorgan (z.B. CEO, VR, evt. Behörden etc).
Während die verschiedenen Teilstäbe ihre Aufträge bearbeiten, legen der Leiter des Stabes und der Stabschef, unter Einbezug des Leiters des Führungsunterstützungsteams, die Traktandenliste und die Ziele für den nächsten Rapport fest und regeln die Vorbereitung und die Informationen an die Teilnehmenden.

Lagerapport
Die Arbeit in den Teilstäben löst sich mit regelmässig stattfindenden Lagerapporten zum Abgleich der Informationen und zur Koordination der Arbeit des Krisenstabes ab. Dabei wird ein Rhythmus angestrebt, der trotz hohem Zeitdruck noch ein vernünftiges Arbeiten in den Teilstäben zulässt. Das heisst, dass die Zeit zwischen zwei Rapporten mindestens zwei Stunden betragen sollte (vgl. Abbildung 32).

Lagerapport

Traktanden:		Wer	Dauer
1.	Begrüssung / Appell / Zielsetzung	....	....
2.	Lageentwicklung seit letztem Rapport	....	....
3.	Getroffene Massnahmen		
	1 Bauten u. Infrastruktur		
	2 Mitarbeitende u. Angehörige		
	3 Kunden u. Partner		
	4 Kommunikation intern/extern		
4.	Stand der Arbeiten / Konzepte	....	....
5.	Entscheide / Aufträge für weiteres Vorgehen	....	....
6.	Umfrage	....	....
7.	Nächster Rapport	....	....

Abb. 32. Beispiel einer Traktandenliste eines Lagerapportes

4.3.3 Arbeit der Führungsunterstützung

Die Unterstützung durch das Führungsunterstützungs- oder Support-team ist von Beginn weg von zentraler Bedeutung. Sinnvollerweise wird das Führungsunterstützungsteam frühzeitig aufgeboten, d.h. wenn immer möglich mindestens 30 Minuten vor dem Krisenstab. Damit kann bis zum Eintreffen des Stabes die Betriebsbereitschaft der Führungsinfrastruktur hergestellt werden und eine erste Visualisierung, inkl. Lagedarstellung, erfolgen.

Dies bedingt aber auch eine entsprechende Vorbereitung beziehungsweise Bereitstellung der erforderlichen Hilfsmittel und Einrichtungen (siehe dazu Kapitel 4.2 Infrastruktur).

Entscheidend für den guten Start eines Krisenstabs ist es, sofort einen Rahmen für ein geordnetes Arbeiten zur Verfügung zu haben. Dazu zählt, dass die Führungsräume innerhalb kürzester Zeit betriebsbereit gemacht werden können. Es lohnt sich auch hier, die wichtigsten Tätigkeiten nach einer Prioritätenliste anzugehen.

- Räume öffnen
- Räume beschriften
- Eingangskontrolle und Erfassung der Eintreffenden im Organigramm sicherstellen
- Material aus Battlebox bereitstellen
- Personal beschriften mit Name und Funktion
- Inbetriebnahme der Verbindungsmittel
- Journalführung und Dokumentation regeln
- Informieren der Hauszentrale und Meldefluss absprechen
- Nachrichten und Informationsbeschaffung beginnen
- Führungsraum vorbereiten
- Führungs- und Lagewand visualisieren (Plakate und bekannte Infos)
- Lagebild erstellen
- Vorbereitung Orientierungsrapport unterstützen

Im Betrieb übernimmt das Führungsunterstützungs- oder Supportteam eine Assistenzfunktion, d.h. es unterstützt die Arbeit des Stabes. Wichtigste Aufgaben sind dabei das Zusammentragen und Aufarbeiten sämtlicher Informationen, die der Stab zur Entscheidungsfindung braucht. Dazu gehören u.a. Journalführung, laufende Visualisierung der Lagewand, Bereinigung der Plakate nach den Rapporten, Protokollführung, Bedienung der Kommunikationsmittel während der Rapporte usw.
Zu den weiteren Aufgaben gehören in vielen Krisenorganisationen auch die Zutritts- und Präsenzkontrolle, die Sicherstellung der Verpflegung und Weiteres mehr.

Wichtig:

- Im Ereignisfall ist auch die Hauszentrale in den Meldefluss einzubeziehen und mit dem Führungsunterstützungsteam zu verknüpfen.
- Der permanenten Beschaffung von Informationen kommt eine hohe Bedeutung zu. Das Führungsunterstützungsteam ist diesbezüglich speziell zu sensibilisieren.
- Die Erfassung der ein- und ausgehenden Meldungen und das Dokumentieren der Entscheide sind von zentraler Bedeutung. Sie tragen dazu bei, dass keine Informationen verloren gehen.
- Je nach Organisation des Krisenstabs kann auch das Medienmonitoring zu den Aufgaben des Führungsunterstützungsteams gehören.

Journalführung

Eines der zwingenden Hilfsmittel ist das Ereignisjournal. Dieses wird heute, trotz einer Vielzahl von elektronischen Angeboten, in vielen Krisenstäben noch immer von Hand geführt. Sicher werden elektronisch geführte Journale in den kommenden Jahren vermehrt zum Einsatz kommen, es empfiehlt sich aber, die Praxistauglichkeit einer solchen Software gut zu überlegen. Nicht alle angebotenen Systeme genügen. Der Teufel liegt wie so oft im Detail, und die folgenden Fragen sollten geklärt sein, bevor Sie eine Software-Lösung für die Journalführung in Betracht ziehen:

- Wie ist die Nutzung und Handhabung bei der Datensuche während des Ereignisses?
- Kann ich an mehreren Orten gleichzeitig geführte Journale «mischen»?
- Wie ist die Übersichtlichkeit?
- Kann das System von jedermann rasch bedient werden?

Ereignisjournal

Zeit	Von	An	Meldung	Besonderes

Ereignisjournal:

Auflisten aller gemeldeten Ereignisse
- Zeitpunkt der Meldung
- Von: Absender / An: Adressat
- Meldung: Stichwortartiger Inhalt
- Besonderes: Weitergeleitet an / Zeit / Schlüsselmeldung usw.

Abb. 33. Beispiel eines Ereignisjournals

Meldefluss- und Lageverarbeitungsprozess

Das Führungsunterstützungsteam muss die zur Verfügung stehenden Verbindungs- und Nachrichtenbeschaffungsmittel und -möglichkeiten kennen und bedienen können. Aus Erfahrung wissen wir, dass oft die einfachsten und naheliegendsten vergessen gehen.

Zu diesen Mittel gehören:
- Telefon
- Funk
- E-Mail
- Fax
- Internet
- Social Media
- Fernsehen
- Radio
- Zeitungen
- Einzelmeldungen
- Meldeläufer
- usw.

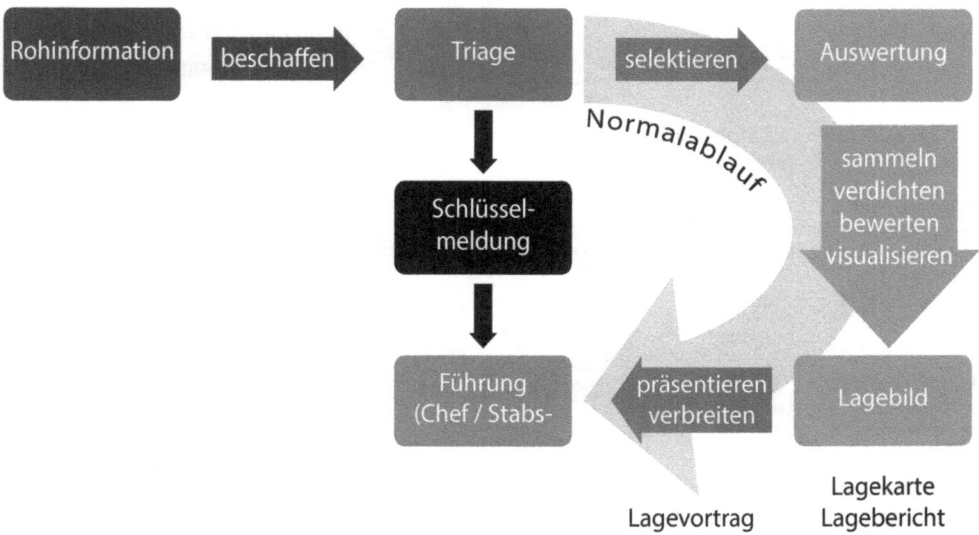

Abb. 34. Ablauf des Lageverarbeitungsprozesses

Alle Informationen müssen erkannt, gesammelt, beurteilt, bewertet, lagegerecht aufbereitet und weiterverbreitet werden. Ein geordneter und eintrainierter Lageverarbeitungsprozess ist Voraussetzung für das Funktionieren im Ereignisfall.

4.3.4 Zusammenspiel Rapporte und Prozesse

Alle beschriebenen Prozesse und Abläufe müssen im Ereignisfall ineinander greifen, die Rapporte müssen in die Führungstätigkeit eingegliedert werden. Die Führungsunterstützung muss die Abläufe und ihren Part im ganzen Räderwerk ebenfalls kennen. Nur so können alle Beteiligten die richtigen Leistungen zur rechten Zeit und in der geforderten Qualität erbringen.

Abb. 35. Durchführung von Rapporten im Rahmen der Führungstätigkeit

Zusammenfassend kann das Führungsverfahren als strukturierter und systematischer Denk- und Handlungsablauf bezeichnet werden – als ein zielgerichteter und dynamischer Kreislauf in festgelegten Phasen zur Erreichung einer vorgegebenen Zielsetzung. Das Führungsverfahren regelt die einzelnen Phasen und die Abläufe in der Stabsarbeit. Es ist grundsätzlich von allen Notfall- und Krisenstäben und auf allen Führungsebenen anzuwenden. Inhalt, Umfang und Reihenfolge sind allerdings der Führungsebene, der Lage und dem Auftrag entsprechend anzupassen.

In unserer Beratungstätigkeit sind wir häufig mit Krisenstäben konfrontiert, die alle anfallenden Tätigkeiten zu 100% richtig machen wollen. Dies ist bei der Arbeit im Alltag unbestritten richtig. Im Krisenfall ist dies leider, sei es wegen mangelnder Information oder extremen Zeitdrucks, oft nicht möglich. Gesucht sind deshalb brauchbare Lösungen, die sich rasch realisieren lassen.

5 Praxisbeispiel

Und plötzlich war alles anders…

Wie fast jeden Morgen bin ich um 06.15 Uhr unterwegs zur Arbeit. Da ich diese Woche kein Führungspikett habe, sitze ich noch etwas schlaftrunken in der Bahn und hänge meinen Gedanken nach. Als Mitglied der Geschäftsleitung einer grösseren Katastrophenschutzorganisation wartet für einmal ein eher ruhiger Bürotag mit nur gerade zwei geplanten Meetings auf mich. Ich überfliege die Schlagzeilen der heutigen Pendlerzeitung, lese einige Zeilen, blättere weiter, dann beginne ich zu lesen: «Alptraum wird wahr: Lift stürzt ab – 10 Tote!

Der Alptraum eines jeden Hochhaus-Bewohners: Beim Absturz eines Lifts aus 100 Metern Höhe sind im Osten Chinas sieben Bauarbeiter getötet worden. Der Unfall ereignete sich an einem Neubau in der Stadt Wuxi in der Provinz Jiangsu …» Das muss ja schrecklich sein, denke ich so für mich …

Mein Handy vibriert – es ist 06.35 Uhr – ich erkenne die Nummer meines Stellvertreters. Mit adrenalingeladener Stimme fragt er knapp: «Hast du schon gehört, in der Nacht ist ein Mitarbeiter von uns bei einem Einsatz tödlich verunfallt. Ich habe dies soeben telefonisch erfahren.» «Bist du sicher?», fragte ich fast ungläubig. Und ohne die Antwort abzuwarten: «Wo? Bei was für einem Einsatz?» – Plötzlich ist meine Schlaftrunkenheit verflogen, ich bin voll präsent und mein Puls ist um mindestens 20 Schläge höher. In meinem Gehirn beginnt automatisch der für unvorhergesehene Ereignisse hundertfach eingeübte und bewährte Denk- und Handlungsablauf für Not- und Krisenfälle zu greifen.

Mit gezielten Fragen an meinen Stellvertreter versuche ich, wichtige erste Informationen zu erhalten und tausche erste Überlegungen aus:

- Ist die Meldung bestätigt?
- Weiss man schon Genaueres?
- Ich gehe davon aus, dass bereits erste Massnahmen an unserem Hauptsitz am Laufen sind.
- Wo bist du im Moment, wann triffst du im Büro ein?
- Ich bin in etwa 20 Minuten im Büro.

Wir überlegen gemeinsam die ersten möglichen Sofortmassnahmen und was beim Eintreffen im Büro zu tun ist und beenden das Gespräch.

Wie so oft lehrt uns auch dieser Fall, dass Krisen sich meistens nicht ankündigen, obwohl die konkreten Risiken bekannt sind. Was nun zählt, sind die Vorbereitung, das Training und die Erfahrung. Jetzt wird sich zeigen, ob wir bereit sind, auch ungewohnte Krisen wirksam zu meistern.

Am Eingang zum Hauptsitz spüre ich, dass heute alles anders ist. Die Mitarbeitenden, denen ich begegne, laufen mit gesenktem Kopf, grüssen knapp und mit leiser Sprache, die Luft «kann fast mit dem Messer geschnitten» werden. Ich begebe mich kurz in mein Büro, melde meine Anwesenheit, die Assistentin grüsst und sagt knapp: «Heute in der Früh ist bei einem Einsatz einer unserer Mitarbeiter tödlich verunfallt und mehrere sind verletzt worden – bitte sofort ins Büro des Direktors.» Aufgrund der vorgängig erhaltenen Informationen sage ich: «Lassen Sie durch meinen Stellvertreter die Führungsinfrastruktur hochfahren. Er soll die Vorbereitungen gemäss eingeübtem Standard für das Krisenmanagement treffen. Ich bin beim Direktor.» Ich nehme den Führungsbehelf und begebe mich in sein Büro.

Am runden Besprechungstisch sitzen neben dem Direktor bereits die Verantwortliche der politischen Exekutive sowie die Vertreter der Bereiche Operationen, Human Resources und der Leitende Notarzt unserer Organisation. Bei meinem Eintreffen werde ich als Verantwortlicher für das Krisenmanagement und die Führung bei Grossereignissen kurz über die Geschehnisse der letzten Stunden und die getroffenen Sofortmassnahmen informiert.

Bei einem Einsatz mittlerer Grösse, wie er jährlich über 100 Mal vorkommt, ist in der Nacht beim plötzlichen Einsturz eines Gebäudeteils ein Feuerwehrmann tödlich verunfallt. Fünf Feuerwehrleute sind dabei verletzt und mit dem Rettungsdienst ins Spital überführt worden. Der Einsatz läuft weiter. Die im Einsatz stehenden rund 100 Feuerwehrleute werden beim Schichtwechsel abgelöst und durch frische Einsatzkräfte ersetzt. Die Angehörigen der Betroffenen sind durch die Polizei verständigt worden. Als Sofortmassnahme wurde für die Betreuung der

Familie des Verstorbenen ein Careteam aufgeboten. Als weitere Massnahme wurden die Fortsetzung des Einsatzes vor Ort durch die Einsatzleitung (Notfallmanagement) und die Bewältigung der Folgen des Todesfalls und der verletzten Feuerwehrleute durch den Führungsstab des
Unternehmens (Krisenmanagement) getrennt. Wir alle sind tief betroffen und spüren, welche Verantwortung nun auf uns lastet.

Mir wurde als Stabschef die Koordination des gesamten Krisenmanagements übertragen. Nun musste sich einmal mehr zeigen, ob das vorbereitete Krisenmanagement auch in einem solchen, bisher in der über
hundertjährigen Geschichte unseres Unternehmens noch nie eingetretenen Ereignisses, Bestand haben wird. Nachfolgend werden einige der
Massnahmen und Erfahrungen in knapper Form und teilweise stichwortartig wiedergegeben.

Aufgeboten wurde das Gros des Krisenstabes. Das bereits vorgängig
angeordnete Aufgebot des Führungsunterstützungsteams wurde formell
bestätigt. Verbunden mit dem Aufgebot des Stabes wurden erste Vorbereitungsaufträge bezüglich Informationsbeschaffung, Problemerfassung
und verfügbare Ressourcen erteilt. Eine Stunde später war das Krisenmanagement vollumfänglich am Laufen.

Problemerfassung/Problemerkennung

Wir erkannten rasch, dass wir für die optimale Bewältigung der erforderlichen Massnahmen massiv Ressourcen benötigten. Damit bestätigte sich auch, dass es richtig ist, im Zweifelsfall zu Beginn eines Ereignisses immer den ganzen Krisenstab aufzubieten.

Von Anfang an hielten wir uns an die eingespielte Führungstätigkeit.
Erste Priorität hatte eine ganzheitliche Problemerfassung. Dabei zeigte
sich rasch, welches die Hauptproblemfelder waren: die Betreuung und
der Schutz der Betroffenen, Angehörigen und Mitarbeitenden sowie die
interne und externe Kommunikation. Damit waren die Stabsbereiche
Human Resources, Operationen und Kommunikation am stärksten
gefordert. Wir erkannten rasch, dass ein umfassendes Care besondere
Bedeutung erhalten und einen wesentlichen Faktor für die Vertrauens-
bildung darstellen wird.

Einsatz Stab

Der Stab stand plötzlich vor ungewohnten internen Problemstellungen, weil das Training bisher wenig auf eigene Verluste ausgerichtet war und weil die persönliche Betroffenheit die Arbeit extrem belastete. Gleichzeitig war jedoch eine weit überdurchschnittliche Leistungsbereitschaft spürbar und die Arbeit war von einem starken Willen getragen, helfen zu wollen.

Mitarbeitende

Die Mitarbeitenden beobachteten das Verhalten der Geschäftsleitung und die Mitarbeit des Krisenstabes mit höchster Aufmerksamkeit. Bei jeder Medienberichterstattung versammelten sich Trauben von Mitarbeitenden vor den Fernseh- oder Radiogeräten und erhofften sich Antworten, die es zum jetzigen Zeitpunkt noch gar nicht geben konnte.

Das Informationsbedürfnis der Mitarbeitenden war enorm und wurde anfänglich unterschätzt. Die Mitarbeitenden saugten Informationen aller Art, über das Ereignis, die Arbeit des Krisenstabes, den Umgang mit und die Massnahmen für die Betroffenen usw. förmlich auf. Auch die Wiederholungen von Informationen waren wichtig, man wollte einfach etwas hören. Rasch wurde erkannt, dass es zwingend war, dass ein Mitglied aus dem Krisenstab regelmässig, d.h. nach jedem Stabsrapport, ca. alle zweieinhalb Stunden im Haus persönlich informierte. Auch die Aussenstellen des Unternehmens wurden mit regelmässigen Bulletins (interne Informationen) versehen.

Die am frühen Morgen abgelösten Dienstfreien wurden vom Stabschef im Verlauf des Nachmittags spontan für 18.30 Uhr zu einer als erste Einsatz-Nachbesprechung bezeichneten, freiwilligen Information eingeladen. Es erschienen über 90%. Die Besprechung wurde vom Stabschef geleitet und dauerte nur rund 35 Minuten. Zur Unterstützung waren auch mehrere Mitglieder der internen Care-Organisation anwesend. Die Besprechung hatte folgende Ziele: die Mitarbeitenden über die Arbeit des Krisenstabes zu informieren und ihnen zu zeigen, dass uns die Mitarbeitenden wichtig sind und «alles» für die Betroffenen und die Angehörigen getan wird. Gleichzeitig wurde die interne Sprachregelung vermittelt, Fragen beantwortet und auf das interne Care-Angebot hingewiesen. Als besonders wertvoll erwies sich der kurzfristig organisierte kleine Stehimbiss, welcher anschliessend den Teilnehmenden angeboten wurde. Die Möglichkeit, sich über das Erlebte und den gemeinsamen Verlust eines Kameraden auszutauschen, war sehr wertvoll und dauerte vier Mal so lange wie die offizielle Information.

Angehörige

Die Personalabteilung nahm umgehend mit den Angehörigen Kontakt auf. Es wurden eine persönliche Ansprechperson mit Telefonnummer zur Verfügung gestellt und umfassende Unterstützung angeboten, um allfällige persönliche Probleme zu lösen, die durch die Unfälle entstanden waren.

Care/Betreuung

Der frühzeitige Beizug gut geschulter Careteam-Mitglieder für die Betreuung von Betroffenen, Angehörigen und Einsatzkräften erwies sich als echtes Bedürfnis und entlastete ausserdem das Management. Es brachte aber auch wichtige Informationen und zeigte Bedürfnisse auf, welche rasch in Massnahmen umgesetzt werden konnten.

Schutz- und Abschirmmassnahmen für die Verletzten

Sehr früh, bereits anlässlich des ersten Rapportes, wurde angeordnet, dass die Familie des Verstorbenen und alle verletzten Mitarbeitenden im Spital durch uniformiertes Personal vor aggressiven Journalisten und Neugierigen abgeschirmt wurden. Dies erfolgte selbstverständlich in Absprache mit den Betroffenen.

Alle Verletzten erhielten bis spätestens am frühen Nachmittag persönlichen Besuch von einem Mitglied der Geschäftsleitung. Diese Geste der Wertschätzung wurde von den Mitarbeitenden enorm geschätzt und steigerte das bereits vorhandene hohe Vertrauen noch mehr.

Eine besondere Betreuung kam der Familie des Verstorbenen zu. Sie erhielt eine umfassende und langfristig ausgerichtete Betreuung. Zusätzlich stand ihr eine Kontaktperson zur Lösung kurzfristiger Probleme zur Verfügung, welche sie nach besten Kräften entlastete. Für die Vorbereitung der Trauerfeierlichkeiten wurde eine spezielle Gruppe gebildet, welche die Organisation in enger Absprache mit den Angehörigen und mit viel Fingerspitzengefühl unterstützte. Und zu guter Letzt wurde auch nicht vergessen, der Familie für die kurzfristigen finanziellen Verpflichtungen formlos einen Geldbetrag zur Verfügung zu stellen.

Natürlich war auch der Kondolenzbesuch durch die Spitze des Unternehmens minuziös vorbereitet und den Angehörigen rechtzeitig angekündigt worden.

Kondolenz-Link

Es ist allgemein bekannt, dass sich Einsatzorganisationen und deren Mitglieder aus dem In- und Ausland bei schweren Unfällen ihre gegenseitige Anteilnahme mitteilen. Dies führte zu einem unerwarteten Mehraufwand und kurzzeitig zu einer Überlastung der Haustelefonzentrale. Abhilfe bot eine gegen Mittag eingerichtete Kondolenzadresse auf der Webpage.

Medien

Die Medienarbeit stellte eine besondere Herausforderung dar. Bereits seit den Morgenstunden trafen viele Anfragen von elektronischen Medien aus dem In- und Ausland ein und mussten beurteilt und beantwortet werden. Dabei machte es sich bezahlt, dass schon frühzeitig eine klare interne und externe Sprachregelung festgelegt wurde. Für 13.00 Uhr wurde ausserdem eine grosse Medienkonferenz mit anschliessender geführter Besichtigung der Unfallstelle einberufen.

Eine besondere Herausforderung bot die permanente Abstimmung und Koordination der Krisenkommunikation mit dem Krisenmanagement. Das so erzielte gute Ergebnis bestätigte die Notwendigkeit eines wirkungsvollen Zusammenspiels. So konnte nicht nur extern das Vertrauen erhalten werden, sondern die Informationen konnten auch mit den internen Bedürfnissen und mit jenen der vorgesetzten Stellen optimal abgestimmt werden.

Defusing Einsatzkräfte

Die Nachbearbeitung des Ereignisses und der erkannten Schwachstellen erwies sich als äusserst wichtig. Es lohnt sich, aus jedem Ereignis Lehren zu ziehen und allfällige Mängel rasch zu beheben.

Feststellungen

Wir sind uns bewusst, dass hier nur einige wichtige Aspekte der Krisenbewältigung wiedergegeben werden konnten.

42 Mitglieder des Krisenstabes und des Führungsunterstützungsteams waren während der ersten rund zwölf Stunden für das Krisenmanagement eingesetzt. Nach zehn Stunden begann die gestaffelte Ablösung des Krisenstabes und des Führungsunterstützungsteams. Gleichzeitig konnte der Bestand auf knapp ein Drittel reduziert werden. Ein grosszügiges Aufgebot und die in genügender Anzahl vorhandenen Ressourcen trugen wesentlich zur erfolgreichen Bewältigung bei.

Entscheidend war das richtige Vorgehen in der Startphase. Die rasche Verfügbarkeit und das gut eingespielte Führungsunterstützungsteam haben wesentlich zu einer raschen Überwindung der Chaosphase beigetragen.

Es hatte sich gelohnt, den Krisenstab praxisbezogen vorzubereiten und intensiv zu trainieren. Dabei war insbesondere auch die vorhandene Einsatzerfahrung der Stabsmitglieder wertvoll.

Krisen sind auch Chancen. Bei aller Tragik, welche das Ereignis in sich hatte, wurde auf der anderen Seite auch festgestellt, dass die Mitarbeitenden näher zusammenrückten und das Vertrauen in die Führung sowie die Identifikation mit dem Unternehmen gesteigert wurden.

Der wohl entscheidende Faktor für das erfolgreiche Krisenmanagement war aber sicher die umfassende Betrachtungsweise nach der 4C-Methode «Command» – «Communication» – «Care» und nicht zuletzt «Compliance».

C2

COMMUNICATION

KRISENKOMMUNIKATION

Krisenkommunikation ist ein Hauptelement des Krisenmanagements. Die wichtigste Aufgabe ist, die Kommunikation nach aussen und innen für den Krisenstab und die Führungsgrundgebiete zu koordinieren. Erfahrene Krisenmanager sprechen davon, dass richtige Krisenkommunikation die Hälfte eines erfolgreichen Krisenmanagements ausmacht.

In den meisten Krisenstäben liegt die Kommunikation in Händen von Spezialisten, die nicht nur die besonderen Anforderungen der Krisenkommunikation kennen, sondern auch mit der Arbeitsweise im Krisenstab vertraut sind. Eine Kommunikationsausbildung alleine reicht für diese anspruchsvolle Tätigkeit nicht aus; ebenso wichtig sind Kenntnisse der Stabsarbeit, wie sie im Hauptkapitel «Command» vorgestellt worden sind. Dies anzumerken ist uns nicht zuletzt deshalb wichtig, weil an den meisten Institutionen, an denen heute Kommunikationsfachleute ausgebildet werden, die Arbeit im Krisenstab nicht gelehrt wird und der «Praxisschock» dann häufig tief sitzt.

1 Szenen aus der Praxis

Was ist Krisenkommunikation? Ganz allgemein formuliert sicherlich die Schadensabwehr mit den Instrumenten der Kommunikation. Es ist in Mode gekommen, dabei in erster Linie von Reputationsschäden zu sprechen. Dabei kann trefflich darüber gestritten werden, ob der Reputationsschaden für sich bereits ein Problem darstellt oder ob erst die in der Folge auftretenden Schäden das Problem darstellen. Etwa dann, wenn Reputations- oder Imageschäden dazu führen, dass der Aktienwert eines Unternehmens sinkt oder wenn die negative Berichterstattung dazu führt, dass sich Kundinnen und Kunden von einem Unternehmen abwenden. Bei Politikerinnen und Politikern kann ein Reputationsschaden aufgrund einer Krise im argsten Fall zu einem Rücktritt führen. Allerdings gibt es auch hier viele Praxisbeispiele von Magistratspersonen oder auch Parlamentariern, die sich trotz des schlechten Images und Dauerkrisen über Jahre in ihren Positionen halten konnten. Der italienische Ex-Premier Silvio Berlusconi mag dafür genau so gut als Beispiel dienen wie der ehemalige amerikanische Präsident George W. Bush.

1.1 Vom Fleck weg verhaftet

Der Samstagnachmittag neigte sich schon gemächlich seinem Ende zu, als das Telefon klingelte. Die Adressdatenbank konnte die Handynummer keinem bekannten Kontakt zuordnen. Am anderen Ende meldete sich Rechtsanwalt M. Er rufe im Namen seines Mandanten W. an, der gestern Nachmittag während seines militärischen Wiederholungskurses (WK) vor der ganzen Truppe verhaftet worden sei. Die Beschuldigung betreffe eine private Angelegenheit: Die Schwiegermutter werfe dem Mann vor, er habe seine Kinder sexuell missbraucht. Es würde sich wohl um einen leidigen Rosenkrieg handeln, denn das Ehepaar stünde vor der Scheidung. Eine Sonntagszeitung habe von der Verhaftung Wind bekommen und wolle morgen über den Vorfall berichten. Die Journalistin möchte Auskunft darüber, was dem Mann denn vorgeworfen werde. Sie überlegen:

- Kann die Berichterstattung verhindert werden? Gar mit einem richterlichen Beschluss?
- Kann zumindest erwirkt werden, dass nicht auch noch ein Bild publiziert wird, mit dem W.s Identität preisgegeben wäre?
- Wie kann einer virulenten Vorverurteilung begegnet werden?
- Was ist den Kollegen von W. zu raten, die von der Journalistin bereits kontaktiert worden waren, aber nicht so recht wussten, ob sie überhaupt etwas sagen sollten und falls ja, was?

1.2   Belastende Ungewissheit

V. ist Geschäftsleiter einer renommierten Stiftung in der Schweiz, die sich für Menschen mit Handicaps einsetzt. Die Stiftung finanziert sich vorab durch Beiträge der öffentlichen Hand, den Erlös aus erbrachten Dienstleistungen sowie durch Spenden. Dazu gehören auch gelegentliche Legate in grösserem Umfang. Ein solches umfasste eine Liegenschaft an prominenter Lage in der Berner Innenstadt. In dem Wohnhaus waren seit vielen Jahrzehnten dieselben Mieter untergebracht; die meisten von ihnen ältere Menschen, die dankbar waren, dass die Stiftung in der Vergangenheit keine teuren Luxussanierungen vorgenommen hatte wie so manche andere Liegenschaftenbesitzer im Quartier. Einen Mietzins von um die CHF 1600.- konnten sie sich schliesslich gerade noch leisten. Weil nach den Jahren nun aber doch erheblicher Sanierungsbedarf besteht und die Stiftung feststellen muss, dass sie weder das Knowhow noch die Managementkapazitäten besitzt, um eine umfassende Liegenschaftensanierung selbst durchzuführen, hat sie sich entschlossen, das Gebäude in einem Bieterverfahren zu veräussern. Heute schon zeichnet sich ab, dass nach einer Sanierung die Mietpreise massiv ansteigen werden und während der Total-Renovation alle Mieterinnen und Mieter ausziehen müssen. Natürlich macht sich V. Sorgen darüber, wie diese Massnahmen in der Öffentlichkeit wahrgenommen werden und fragt sich:

- Wie können wir der Öffentlichkeit erklären, dass wir als Stiftung für Menschen mit Handicaps keine Liegenschaftenverwalter sind und deshalb diese Liegenschaft veräussern wollen?

- Wie kann verhindert werden, dass die betroffenen Mieterinnen und Mieter in den Medien Vorwürfe erheben, die Stiftung würde sich nicht sozial verhalten und ihre eigenen Ideale verraten?
- Was antworten wir auf den Vorwurf, dass es uns nur um Profitmaximierung gehe und wir ungeachtet der menschlichen Schicksale einen hohen Verkaufserlös erwirtschaften wollten?

1.3   Gewerkschaft instrumentalisiert TV

In der Filiale eines Grossisten wurde ein Mitarbeiter entlassen. Der Grossist glaubt, gute Gründe dafür zu haben: Mehrere Abmahnungen wegen unpünktlichen Erscheinens, mangelnder Einsatz und einiges mehr. Kaum hatte der Mitarbeiter seinen letzten Tag, ruft eine Konsumentenschutz-Sendung an. Der Mitarbeiter, von der Gewerkschaft entsprechend gebrieft, behauptet, unrechtmässig gekündigt worden zu sein. Das erzählt er unter voller Namensnennung in die TV-Kamera. Die Personalverantwortliche überlegt zusammen mit der Pressesprecherin des Grossisten:

- Dürfen wir überhaupt über Personalfälle in der Öffentlichkeit Auskunft geben, ohne dass wir die Persönlichkeitsrechte des ehemaligen Mitarbeiters verletzen?
- Welche Chancen hat er noch auf dem Arbeitsmarkt, wenn er erst in aller Öffentlichkeit über seinen letzten Arbeitgeber herzieht und dieser dann noch öffentlich kundtäte, dass er sich zu viel und für den Betrieb zu wenig geleistet hatte?
- Welche Erfolgsaussichten hätte eine Attacke auf die Gewerkschaft, die offensichtlich ihre Eigeninteressen über diejenigen des ehemaligen Mitarbeiters stellt und ihm nicht sagt, dass er sich mit einem solchen Auftritt seine berufliche Zukunft verbaut?

1.4   Druck auf Gummiboot-Veranstalter

Jungunternehmer, die eine Online-Plattform zur Vermittlung von Events betreiben, haben letztes Jahr einen Weltrekord durchgeführt und die grösste Gummi-Boot-Veranstaltung organisiert. Dieses Jahr wollen sie den alten Weltrekord brechen. Um die Sicherheit der Insassen auf den Gummibooten zu gewährleisten, haben sie eine Fachorganisation um Hilfe gebeten. Die gewünschte Hilfe haben sie zwar nicht erhalten, dafür macht die Fachorganisation kurz vor der Veranstaltung Stimmung gegen den Weltrekordversuch und bezichtigt die Jungunternehmer via Medien-Communiqué des unprofessionellen Verhaltens. Die Jungunternehmer fragen sich:

- Welche Chancen haben wir als junge Firma gegen die Fachorganisation, eine längst etablierte Stiftung?
- Hört uns überhaupt jemand zu, wenn wir unsere Seite der Geschichte erzählen?
- Was, wenn tatsächlich etwas passiert sollte?
- Kann eine objektive Berichterstattung im Abenteuer-Event-Bereich überhaupt erwartet werden?

Wie die Beispiele zeigen, führen Krisensituationen in Unternehmen und Betrieben der öffentlichen Hand schnell zu schwierigen Situationen und unberechenbaren Reputationsrisiken, die ganz schnell auch massive finanzielle Folgen haben können. Deshalb gilt für jede Krisensituation: Lassen Sie keine offene Flanke, indem Sie die Kommunikation nicht professionell und sorgfältig angehen.

2   Krisenkommunikation – Mythen und Hypes

Auch die Diskussion um die Krisenkommunikation ist geprägt von einigen Mythen und Hypes, die sich in der Öffentlichkeit halten, auch wenn sie höchstens als Faustregeln funktionieren und im Einzelfall immer wieder geprüft werden müssen. Denn wenn es in der Krisenkommunikation eine Regel gibt, dann die, dass es (fast) keine allgemeingültigen Regeln gibt.

Das One-Voice-Prinzip

Die Idee des One-Voice-Prinzips («Eine Organisation – eine Stimme») ist eine nachvollziehbare: Damit in einer Krisensituation nicht aufgrund unterschiedlicher Wissensstände vermeintliche oder reale Widersprüche in der Information der Öffentlichkeit auftreten, soll möglichst nur ein Sprecher/eine Sprecherin (eben «one voice») nach aussen kommunizieren. Der Gedanke stammt aus einer Zeit, als sich die Kommunikation als eigenständige Disziplin gerade eben zu etablieren begann und, wie in solchen Situationen üblich, das Abstecken des eigenen Territoriums eine wichtige makropolitische Rolle spielte.

Unterdessen – und nicht zuletzt durch das Aufkommen der neuen Medien und der Social Media[1] hat sich das «One Voice»-Prinzip sehr stark relativiert. Grosse Krisen, die möglicherweise noch über eine lange Zeit dauern, zeigen, dass es schlicht nicht möglich ist, alle Kommunikation auf einen Sprecher zu konzentrieren. Auch die Rolle der Kommunikationsführung hat sich damit gewandelt: Krisenkommunikation heisst heute in einer modernen Interpretation nicht mehr primär,

---

[1]   Die Begriffe neue Medien und Social Media werden häufig synomym verwendet. Wir verstehen unter den Social Media diejenigen Online-Plattformen, welche durch Interaktivität insbesondere dialogische Kommunikation ermöglichen. Zu den neuen Medien, die quasi einen Überbegriff darstellen, zählen auch Online-Plattformen, die wenig dialogische («social») Elemente umfassen. Beispiele für neue Medien sind die iTunes-Plattform, die diversen Online-TV-Anbieter und -Programme etc.

die Kontrolle über die Kommunikation auf eine Person zu konzentrieren. Hingegen ist sicherzustellen, dass innerhalb der Organisation nur diejenigen Personen zur Sache sprechen, die in der Sache auch kompetent sind. Diese auf die Kommunikationsaufgaben vorzubereiten und in der Komunikation zu begleiten, ist hingegen sehr wohl die vornehme Aufgabe der Kommunikationsabteilungen.

Ist Krisenkommunikation immer Chefsache?

Wir sagen: Es kommt auf die Situation an. Wenn Menschen zu Schaden gekommen sind, wenn eine Krise zu Verletzten oder Toten geführt hat, wenn Kinder durch Übergriffe traumatisiert worden sind – in all diesen Situation gebieten es Pietät und Respekt, dass die obersten Verantwortungsträger der Organisation, welche sich den Schaden zurechnen lassen muss, sich der Öffentlichkeit stellen und einerseits den betroffenen Personen gegenüber direkt und persönlich ihr Mitgefühl ausdrücken. Und andererseits auch gegenüber einer breiteren Öffentlichkeit Stellung nehmen. Es gilt hier der Grundsatz: Verantwortung lässt sich nicht delegieren.

Der Auftritt der obersten Verantwortungsträger in der Krise signalisiert gegenüber der Öffentlichkeit: Die Angelegenheit ist Chefsache! Die Organisation misst ihr hohe Bedeutung zu. Nicht in allen Krisen ist das allerdings die gewünschte Botschaft. Wichtig ist hier, wie so oft in der Kommunikation, die Erwartungshaltung der Öffentlichkeit richtig einzuschätzen (wobei Öffentlichkeit nicht gleichzusetzen ist mit dem Mediensystem). Gegen die öffentliche Erwartungshaltung zu agieren, stellt auf jeden Fall eine hochriskante Strategie dar.

Krisenkommunikation ist proaktiv und offensiv

Es ist der vermutlich grösste Mythos der Krisenkommunikation, dass in Krisen immer proaktiv und offensiv kommuniziert werden soll. Gerade wenn ein Unternehmen es verpasst, proaktiv zu informieren und sich nachher unangehme Fragen gefallen lassen muss, ist der Vorwurf schnell erhoben, das Unternehmen hätte besser proaktiv informieren sollen. – Das mag ja auch tatsächlich zutreffend sein in diesen konkreten Fällen. Nur, Fakt ist auch: Es geschehen täglich in unserer Gesellschaft Vorgänge, die in der betroffenen Organisation zu einer Krise führen oder die das Potenzial hätten, skandalisiert und zu einer Krise hochgepusht zu werden. Unsere Mandantendossiers sind voll von solchen Fällen. Viele von ihnen haben aber nie den Weg an die Öffentlichkeit gefunden und konnten in aller Ruhe intern abgearbeitet werden, und zwar durchaus im Interesse aller involvierten Parteien.

Andererseits stellt es Ihrer Organisation ein schlechtes Zeugnis aus, wenn öffentlich der Vorwurf erhoben wird, Sie hätten versucht, Vorgänge von öffentlichem Interesse zu vertuschen oder zu verschleiern.

Ausschlaggebend sind deshalb zwei Kriterien: Spielt sich der Ereignisfall oder die Krise in der Sphäre des öffentlichen Interesses ab, gilt als Faustregel, dass eine offensive Kommunikation Ihnen viel Negativpublizität verhindern kann. Stellt sich die Frage, was in die Sphäre des öffentlichen Interesses gehört. Hierzu sind beispielsweise Vorgänge zu zählen, welche sich im Rahmen der Tätigkeit des staatlichen Apparates abspielen: Fragwürdige Vergabepraktiken von Bundesministerien, Nebentätigkeiten von Magistratspersonen gehören ebenso dazu wie Fehlverhalten von privaten Organisationen, die aber im Auftrag des Staatswesens mit hoheitlichen Aufgaben betraut werden. Öffentliches Interesse wird heute ebenfalls rasch bejaht bei Unregelmässigkeiten innerhalb von kotierten, grossen Publikumsgesellschaften. Gilt öffentliches Interesse aber auch für den Suizid eines CEOs eines mittelständigen Familienunternehmens, der mutmasslich in die eigene Tasche gewirtschaftet hat? Gerade in diesem Bereich wird oftmals öffentliches Interesse mit öffentlicher Neugierde verwechselt. Je nach Ausgangslage bieten hier die Rechtsordnungen durchaus auch die Möglichkeit, mit juristischen Mitteln eine Publikation zu verhindern. Die Rechtsprechung und Rechtsentwicklung hat hier in den letzten Jahren im gesamten deutschsprachigen Raum die Spiesse der Betroffenen gegenüber denjenigen der Medien eher verlängert und in vielen Redaktionen ist heute der Verlagsanwalt regelmässiger bis ständiger Gast, um abzuschätzen, was noch publiziert werden darf und wo die Grenze zu einem justiziablen Verhalten der Medienschaffenden überschritten wäre.

Als zweites Kriterium muss deshalb abgeschätzt werden, mit welcher Wahrscheinlichkeit ein Thema den Weg an die Öffentlichkeit finden wird. Je höher diese Wahrscheinlichkeit, umso eher bietet sich an, eine proaktive Strategie zu wählen und dadurch eine bessere Möglichkeit zu haben, die Richtung der Berichterstattung durch eigenes Agendasetting mindestens mitzusteuern.

Ein guter Gradmesser dafür, welchen Nachrichtenwert und welches Potenzial eine Geschichte hat, sind die verschiedenen Nachrichtenfaktoren, welche die Publizistik herausgearbeitet hat. Diese Faktoren sind kumulativ, d.h. je mehr von ihnen auf einen Ereignisfall oder eine Krise zutreffen, umso grösser ist das zu erwartende Medienecho.

Solche Nachrichtenfaktoren sind beispielsweise:
- Grosse Relevanz/Bedeutung
- Grosse Zahl betroffener Menschen
- Persönliche Betroffenheit/Menschliches Schicksal
- Geografische und kulturelle Nähe
- Involvierte Prominenz
- Erotik
- Spannung
- Kriminelles Verhalten
- etc.

Die Wahrheit und nichts als die Wahrheit

Die Wahrheitsfrage lässt sich aus einer ethisch-moralischen und aus einer pragmatischen Sicht stellen. Ethisch-moralisch ist die Sache (fast) klar: Ganz definitiv gilt für die Kommunikation in der Krise – wie auch ganz generell in der Kommunikation: Was Sie sagen, muss wahr sein. Wahr sein heisst in diesem Zusammenhang: als Fakt belegt. Wir gehen sogar noch weiter und sagen: gerichtsfest. Will heissen: Sie können nötigenfalls für Ihre Aussagen Belege beibringen, welche auch in einem Gerichtsverfahren Bestand hätten. Diese Anforderung schliesst Äusserungen «vom Hörensagen» aus. Ein gut funktionierender Krisenstab wird per se bei allen einlaufenden Informationen dokumentieren, woher sie stammen. Dadurch lässt sich im Zweifelsfall oder bei (vermeintlichen oder tatsächlichen) Widersprüchen nachprüfen, ob eine Information tatsächlich stimmt oder nicht. Bevor Sie als Kommunikator Informationen weitergeben, sollten Sie die Fakten noch einmal genau checken.

Stellt sich später heraus, dass Ihre Informationen nicht richtig waren, ist es um Ihre Glaubwürdigkeit oder die der gesamten Organisation geschehen – und oft bleibt nichts anderes, als personelle Wechsel vorzunehmen, um die Glaubwürdigkeit wieder herzustellen. Die Liste der Wahrheitsopfer ist lang. Als einer der prominentesten Vertreter aus letzter Zeit gilt der ehemalige deutsche Verteidigungsminister Theo von und zu Gutenberg, der öffentlich versicherte, er habe seine Doktorarbeit selbst geschrieben. Über das Internet haben dann Blogger und andere im Nu gleich dutzendweise Passagen dokumentiert, die von anderswo abgeschrieben worden waren – ohne Quellenverweis. Zu Gutenberg konnte sich nicht im Amt halten und musste zurücktreten.

Ein ähnliches Glaubwürdigkeitsproblem hatte auch der Präsident der Schweizerischen Nationalbank, Philipp Hildebrand, dem Anfang 2012 vorgeworfen wurde, mit US-Dollars spekuliert zu haben – dabei hatte er es in seiner Funktion in der Hand, den Dollar-Frankenkurs selbst zu beeinflussen. Hildebrand wehrte sich anfangs mit dem Argument, das beanstandete Devisengeschäft sei von seiner Frau in Auftrag gegeben worden und er habe nichts davon gewusst. Als dann eine Aktennotiz seines Bankberaters auftauchte, in der dieser festgehalten hatte, dass Hildebrand mit den Devisengeschäften einverstanden gewesen war, wurde Hildebrand zum Rücktritt gedrängt – er wäre wohl auch nicht mehr zu halten gewesen.

Interessanterweise konnte die involvierte Bank Sarasin, bei der Hildebrand Kunde war und über die alle umstrittenen Transaktionen abgewickelt worden waren, durch eine offene Krisenkommunikation einen Reputationsschaden im grossen Stil abwenden. – Anders als im Falle einer anderen Geschichte, welche dasselbe Geldinstitut betraf: Im Herbst 2011 wurde der CEO bei einer US-Reise von den amerikanischen Behörden festgesetzt. Das entsprechende Gerücht fand den Weg auf die Redaktion der Schweizer Zeitung SONNTAG, welche bei der Kommunikationsabteilung der Bank nachfragte und die Antwort erhielt, das Gerücht sei unwahr. Erst ein halbes Jahr später stellte sich heraus, dass die Geschichte sehr wohl stimmte – die Kommunikationsabteilung der Bank hatte wohl bewusst gelogen – auch wenn sie das später immer wieder dementierte.[2] Der Reputationsschaden? Die Lügengeschichte der Bank hatte ein halbes Dutzend geharnischte Zeitungsartikel zur Folge, damit war die Sache – zumindest vorläufig – ausgestanden. Die Verantwortlichen, die den Entscheid getroffen hatten, in der Sache die Unwahrheit zu kommunizieren, werden sich rühmen, auf dem «anständigen Weg» wäre der Schaden wesentlich höher ausgefallen, weil die Festsetzung eines Bank-CEOs in den USA zum unmittelbaren Zeitpunkt des Geschehens wohl tatsächlich eine Riesen-Mediengeschichte geworden wäre. Wie viel Schaden die Marke durch das unehrenhafte Kommunikationsverhalten genommen hat, wird sich indes wohl nie gänzlich beurteilen lassen. Allerdings sollte auch die folgende Überlegung nicht ausser Acht gelassen werden: Potenzielle Kundinnen und Kunden werden sich unweigerlich die Frage stellen, ob diese Bank wohl das Prinzip Lügen zum Geschäftsmodell erklärt hat und die Bank sie als Kundinnen und Kunden genauso unverfroren anlügen würde wie die grosse Öffentlichkeit. Dieselbe Frage gilt natürlich für Politikerinnen und Politiker, wobei in dieser Sphäre die Anforderungen und Erwartungen des Publikums in den letzten Jahren kontinuierlich gesunken zu sein scheinen.

Umstrittener ist der zweite Teil der Frage: Muss auch immer die ganze Wahrheit kommuniziert werden? Oder ist es erlaubt, insoweit zu taktieren, dass nur die Fragen beantwortet werden, die tatsächlich gestellt werden, insbesondere, wenn die heikle Fragestellung eigentlich einen anderen Bereich betrifft? Diese Frage ist situativ zu beantworten. Klar ist: Wenn Sie in einer Krise Versäumnisse und Unzulänglichkeit scheibchenweisen zugeben, immer aber nur genau so viel, wie Ihnen von der Öffentlichkeit vorgeworfen wird oder von den Medien bewiesen werden kann, dann lassen Sie in dieser Öffentlichkeit schnell den Eindruck entstehen, Sie seien ein «Salamitaktiker». Die Glaubwürdigkeit Ihrer Kommunikation und Ihrer Organisation insgesamt leidet darunter, und die Öffentlichkeit wird sich zurecht fragen, was noch alles schiefläuft bei Ihnen und nur noch nicht aufgeflogen ist.

---

2   Vgl. Bürgin, 2012, S.58

Keine Entschuldigung?

Es ist der klassische Streit zwischen der Kommunikations- und der Rechtsabteilung: Die Hausjuristen fürchten die Entschuldigung oft wie der Teufel das Weihwasser. Entschuldigen heisst, so die juristische Argumentation, Schuld einzugestehen. Und Schuld bzw. schuldhaftes Verhalten ist in den Rechtsordnungen in Deutschland, Österreich und der Schweiz eines der Tatbestandsmerkmale im Haftpflichtrecht, die erfüllt sein müssen, um einen Schadenersatzanspruch zu begründen. Eine Entschuldigung wäre demnach, so die juristische Argumentation, nachgerade eine Einladung an Dritte, Schadenersatzforderungen einzureichen.

Als Gegenargument ist darauf hinzuweisen, dass in der Rechtsprechung im deutschsprachigen Raum kein Fall bekannt ist, in dem ein Richter allein aufgrund der Tatsache einer öffentlichen Entschuldigung auf schuldhaftes Verhalten erkannt hätte. Zudem ist auch denkbar, dass ein Geschädigter gerade deshalb den Rechtsweg beschreitet, weil ihm die Organisation, die ihm in seiner Wahrnehmung einen Schaden zugefügt hat, eine Entschuldigung verweigert. Noch dramatischeres Anschauungsmaterial liefert der Zusammenprall zweier Flugzeuge bei Überlingen am 1. Juli 2002. Bei dem Unglück waren eine Passagier- und eine Frachtmaschine zusammengeprallt, es stellte sich die Frage nach der Verantwortung des Fluglotsen und der Schweizer Luftüberwachungsgesellschaft «Skyguide». Ein Familienvater, der bei dem Unglück seine Frau sowie seine beiden Kinder verloren hatte, machte den Fluglotsen ausfindig und brachte ihn schliesslich mit einem Messer um. Als Tatmotiv nannte er den Umstand, dass niemand bereit war, die Verantwortung für das Unglück zu übernehmen und sich bei den Angehörigen der Opfer zu entschuldigen.[3]

Keine Spekulationen! Nie?

In Krisensituationen und insbesondere bei tragischen Vorfällen mit Opfern will die Öffentlichkeit rasch Antworten auf die brennende Frage, warum es zu dieser Krise kommen konnte. Zugrunde liegt das Bedürfnis, das Geschehene verstehen und einordnen zu können. Oft ge-

---

3   Vgl. Hässig, 2007

nug stehen diesem Anliegen aber langwierige Abklärungen gegenüber, die keine raschen Antworten zulassen. Das öffnet den Spekulationen Tür und Tor. Eventuell noch angeheizt durch Gerüchte, möglicherweise instrumentalisiert von Pressure Groups, kann in der Öffentlichkeit rasch ein Bild entstehen, das sich später durch die real erhobenen Fakten nur noch schwer korrigieren lässt.

Aus diesem Grund gilt als Grundregel der Krisenkommunikation, dass Sie sich an die Fakten halten und alle Spekulationen und Gerüchte als das, was sie sind, bezeichnen, aber nicht weiter kommunizieren sollten. Soweit der Grundsatz.

Wenn nun aber die gesamte Medienberichterstattung in eine bestimmte Richtung tendiert, je nach Sachlage dabei auch einen der möglichen Verantwortungsträger benennt und damit seine in der Verfassung garantierte Unschuldsvermutung mit Füssen tritt, kann es angezeigt sein, eine andere Taktik zu wählen, die des «Fächer-Öffnens». Bei dieser rhetorischen Figur räumen Sie ein, dass die diskutierte Ursache eine der möglichen Ursachen darstellen könnte, benennen im gleichen Atemzug aber noch mehrere weitere mögliche Ursachen. Entscheidend ist, dass Sie nicht nur eine, sondern mehrere Alternativen erwähnen, sonst besteht die Gefahr, dass sich die Medien auf die eine Alternativtheorie stürzen und einfach diese zur Wahrheit erklären.

Die 7-38-55-Formel
Immer wieder, und auch im Kontext der Krisenkommunikation, taucht die Behauptung auf, die verbalen Äusserungen eines Sprechers in den Medien würden nur zu einem verschwindend kleinen Teil von 7 Prozent zu seiner Gesamtwirkung beitragen. Derweil würden die Stimme 38 Prozent und das Nonverbale 55 Prozent ausmachen. Die Zahlen referenzieren auf eine Studie von Albert Mehrabian. Er hat in seinem Werk «Silent Messages»[4] in den Siebzigerjahren die Frage gestellt, wie Aussagen über Gefühle wahrgenommen werden, wenn die Sprechenden nicht kongruent kommunizierten. Will heissen: Was denken Zuhörer,

---

4   Vgl. Mehrabian, 1972

wenn ein Sprecher über Gefühle spricht, und das, was er verbal sagt, seiner Körpersprache widerspricht? Ein Referent steht etwa auf der Bühne und bekundet, er liebe es, vor grossen Publika aufzutreten. – Gleichzeitig zittert seine Stimme, seine Augen sind die ganze Zeit auf den Boden direkt vor ihm gerichtet und die Beine hat er ineinander verknotet, als ob er dringend austreten müsste. Es liegt auf der Hand: In der beschriebenen Szene würde kaum jemand aus dem Publikum der Behauptung vertrauen, dieser Referent liebe den grossen Auftritt. Mehrabian konnte das wissenschaftlich belegen. Daraus die Verallgemeinerung abzuleiten, die verbale Botschaft sei völlig nebensächlich, solange nur die Körpersprache stimmt, halten wir (und notabene Mehrabian selbst auch) für nicht zulässig. – Damit sagen wir nicht, dass Stimme, Mimik und Gestik nicht gerade auch in der Krise enorm wichtig sind, um authentisch und damit glaubwürdig zu wirken. Es geht aber immer um das Zusammenspiel aller drei Ebenen.

Social Media – ein Hype?

Für die Krisenkommunikation bringt Web 2.0 definitiv gleich mehrere neue Dimensionen. Zunächst die als zusätzliches Risiko: Die «Shitstorms», also kampagnenartige Angriffe durch Hunderte, ja Tausende von negativen Einträgen auf Plattformen im Internet, oft z.B. auf der Facebook-Seite einer Organisation, bilden eine neue Gefahr. Ausgesetzt sind ihr nicht nur Unternehmen, wie die Beispiele von Nespresso oder Mammut[5] gezeigt haben, sondern durchaus auch NGOs: So wurde der WWF Deutschland nach einer kritischen TV-Reportage zu einem völlig überforderten Opfer eines Shitstorms.[6] Die globale Verbreitung von Social Media macht auch grosse internationale Protestaktionen möglich, und das, ohne dass die Auslöser der Kampagne dafür viel Geld in die Hand nehmen müssen. Welche finanziellen Schäden und welche Reputationsverluste ein Shitstorm auslösen kann, ist mehrheitlich unerforscht und auch umstritten.[7] Die raschen Reaktionen von Firmen,

---

5   Vgl. Freimüller, 2011

6   Vgl. Hedemann, 2011

7   Vgl. Scheer, 2012

die sich einem Shitstorm ausgesetzt sehen, zeigen aber, dass die Thematik von den Unternehmen sehr ernst genommen wird.

Daneben bieten die neuen Plattformen aber durchaus Chancen: Gerade mit Youtube und Twitter haben sich neue Kanäle etabliert, welche anders als die klassischen journalistischen Medien einen direkten Kontakt zur Öffentlichkeit schaffen und es einer Organisation in der Krise ermöglichen, ihre Botschaften ohne journalistischen Filter zu transportieren. – Dabei ist aber dringend zu beachten, dass die Web 2.0-Instrumente nach anderen Regeln funktionieren als die klassischen Kanäle. Beispiele wie das verunglückte Youtube-Video von Ex-BP-CEO Tony Hayward[8] legen Zeugnis davon ab. Die Hauptregel deshalb für Social Media: Setzen Sie diese Instrumente als Dialog-Plattformen ein, niemals nur für die klassische Einweg-Kommunikation. Einweg-Kommunikation und der Versuch, die eigenen Botschaften mit aller Kraft und nicht dialogisch zu transportieren, wird von der Web 2.0-Gemeinschaft häufig massiv abgestraft. Konkret heisst das: Facebook & Co sind sehr wohl auch in Krisen zu gebrauchen. Aber ausschliesslich, wenn Sie sicherstellen können, dass Sie über die personellen Kapazitäten verfügen, um nicht nur zu posten, sondern auch den Dialog führen zu können.

---

8   Vgl. Pann, 2010

3   Krisenprävention aus der Sicht der Krisenkommunikation

Die Kommunikationsdisziplin kann mit ihren Instrumenten dazu beitragen, Krisen von vornherein zu verhindern. Die wichtigsten Tools dazu sind Issues Management und Issues Monitoring. In eine zweite Kategorie fallen diejenigen vorsorglichen Massnahmen, die eine Organisation ergreifen sollte, um selbst im Krisenfall gewappnet zu sein.

3.1   Issues Management

Der Begriff beschreibt eine Teildisziplin der Unternehmenskommunikation, die vom amerikanischen PR-Berater W. Howard Chase geprägt und von Igor Ansoff[9] wesentlich weiterentwickelt wurde. Issues Management etabliert Instrumente, um frühzeitig zu erkennen, welche gesellschaftlichen Ansprüche oder kontroversen Themen die eigene Organisation in der Zukunft treffen könnten. Anders als das reine Risikomanagement setzt sich Issues Management also nicht nur mit Fragestellungen auseinander, die heute bereits greifbar sind, sondern versucht, zukünftige Entwicklungen rechtzeitig zu antizipieren und einer aktiven Bearbeitung durch die Organisation zuzuführen.

3.2   Issues Monitoring

Identifizierte Issues, aber auch weitere Themenfelder, welche für die Organisation relevant sind, werden im Issues Monitoring erfasst. Mit verschiedenen Werkzeugen werden sowohl klassische Veröffentlichungen wie auch Diskussionen in den neuen und den Social Media erfasst und bewertet. Die Instrumente dafür sind je nach Organisation gänzlich unterschiedlich: Sie gehen von einem einfachen und kostenlosen Google Alert bis hin zu ausgefeilten und teuren global funktionierenden

---

9   Vgl. Schmidt, 2001, S.163 f.

Werkzeugen, welche ständig Blog-Einträge und Kommentare im Internet darauf hin untersuchen, ob dort Ihre Issues diskutiert werden und falls ja, unter welcher Beteiligung und mit welcher Konnotation.

3.3 Krisenbereitschaft (Crisis preparedness)

Unter diesem Begriff verstehen wir den Bereitschaftsgrad Ihrer Organisation in Bezug auf die Instrumente der Krisenkommunikation. Krisen kommen ungeplant und binden enorme Kapazitäten; wer dann erst noch die «Basics» der Krisenkommunikation aufbauen muss, wird definitiv überfordert sein.

3.3.1 Personal

Krisen bedeuten hohen Mediendruck. Beim Brand der Gletscherbahn in Kaprun am 11. November 2000 wurden im Verlaufe des Tages bis zu 600 Medienschaffende gezählt, die vor Ort über das Ereignis berichten wollten. Allein in der Landesmedienzentrale in Salzburg haben 22 Mitarbeiterinnen und Mitarbeiter geholfen, die Medienschaffenden bestmöglich zu betreuen und in ihrer Arbeit zu unterstützen.[10] Dabei ist klar: Viele Organisationen werden niemals in der Lage sein, in einer Krisensituation die personelle Dotation alleine zu erreichen, die notwendig ist, um mit dem Medieninteresse einigermassen fertig zu werden. Gleichwohl gilt es als Präventionsmassnahme zu überlegen, woher in der Krisensituation Unterstützung geholt werden kann. Die Tourismusregion Engadin St. Moritz beispielsweise hält für diesen Fall Kommunikationsspezialisten vor, die im Bedarfsfall über eine Pikettliste rasch aufgeboten werden können. Die Tourismusregion ist sich zwar bewusst, dass auch das kaum ausreichen würde bei einem Grossereignis, aber immerhin könnten mit dieser personellen Besetzung die Kernprozesse aufrecht erhalten werden, auch wenn die Krise länger als 24 Stunden andauern sollte.

---

10 Vgl. Obermüller, 2004, S.31

3.3.2 Kontakt-Netzwerk

Wie wichtig die Zusammenarbeit bei der Krisenbewältigung ist, hat schon das Kapitel über die Stabsarbeit gezeigt. Aber auch die Zusammenarbeit mit weiteren involvierten Kreisen ist für eine professionelle Abwicklung einer Krise entscheidend. Dazu gehört es, die Menschen persönlich zu kennen, die im Ereignisfall für andere involvierte Organisationen sprechen. Beispielsweise die Mediensprecher der Blaulichtorganisationen: Stellen Sie rechtzeitig den Kontakt her, sorgen Sie dafür, dass Sie im Besitz der Telefonnummern sind, über die Sie die Kommunikationsverantwortlichen dieser Einsatzorgane im Ernstfall erreichen können – und zwar auch ausserhalb der Bürozeiten. Je besser Sie die Zuständigen kennen, umso reibungsloser wird im Ereignisfall die Zusammenarbeit verlaufen.

Dasselbe gilt für das Kontakt-Netzwerk zu den Medienschaffenden: Die Medienschaffenden zu kennen, welche in einer Krise über die eigene Organisation berichten würden, kann sehr hilfreich sein. Auch hier gilt, dass Vertrauen nur über Zeit und regelmässige Kontakte aufgebaut werden kann. Wichtig ist in diesem Zusammenhang der Hinweis, dass Sie je nach Branche in einer Krisensituation mit ganz anderen Journalistinnen und Journalisten zu tun haben werden als in ruhigen Zeiten: Eine Kulturinstitut beispielsweise wird regelmässig Kontakt zu Kulturjournalistinnen und -journalisten pflegen. Wenn aber wegen einer mutmasslichen Unterschlagung der Rechnungsführer verhaftet wird, werden darüber nicht mehr die Kulturjournalisten berichten, sondern die Kollegen aus dem Nachrichten- oder dem Polizei-Ressort.

Natürlich werden Sie es nie schaffen, die gesamte Journaille zu kennen, die über Ihre Organisation berichten könnte. Das ist aber auch nicht nötig. Oft reicht es schon aus, bei einer kritischen bis unfairen Berichterstattung auf die Ihnen bekannten Journalisten zurückgreifen zu können, die ein reges Interesse haben, die öffentliche Debatte aus einer anderen, nämlich Ihrer Perspektive, abzubilden.

3.3.3 Infrastruktur

Mittlere und grosse Organisationen, die auch in ruhigen Zeiten über eine eigene Kommunikationsabteilung mit den entsprechenden personellen Kapazitäten verfügen, haben meist etablierte Prozesse, wie sie mit den verschiedenen Anspruchsgruppen kommunizieren. Kleinere Organisationen, die nur spezifische Kommunikationsdienstleistungen benötigen – und diese auch eher selten bis gar nie – müssen sich für die Krisensituation grundlegend wappnen.

Das beginnt schon bei der Frage, wie die Kommunikationskanäle im Krisenfall bedient werden können. Ist sichergestellt, dass Sie Zugriff auf Ihr E-Mail-System haben, wenn beispielsweise der physische Sitz Ihrer Organisation durch einen Brand oder eine Naturkatastrophe nicht mehr zur Verfügung steht? Welche Alternativen haben Sie, wenn der Anschluss ans Internet unterbrochen sein sollte oder keine Verbindung zu Ihren Rechenzentren mehr möglich ist? Können Sie auch ohne Stromversorgung auf Ihre Medienkontakte zugreifen? In unserer Beratungspraxis erleben wir übrigens regelmässig, dass Mandanten solche Szenarien kategorisch ausschliessen. Meist hilft dann der Verweis auf unsere Coaching-Erfahrung und unsere Einsätze für Mandanten in Krisensituationen, die genau in eine dieser undenkbaren und völlig unmöglichen Situationen geraten sind.

3.3.4 Konkrete Fragen zur Kommunikations-Infrastruktur

Informatik

- Ist der Zugriff auf Ihre Medienverteiler auch gewährleistet, wenn die internen Computersysteme ausfallen oder am Standort Ihrer Organisation die Elektrizität ausfällt?
- Über welche Kanäle kommunizieren Sie in einem solchen Fall mit der Aussenwelt?
- Wo und wie drucken Sie Dokumente aus?
- Wie telefonieren Sie? Wie lange halten die Batterien für Ihre Handys? Sind geladene Ersatzakkus bereitgestellt?

- Stehen Notebooks zur Verfügung, deren Akkus geladen sind und deren Software alle Updates durchgeführt hat?

Facility

- Haben Sie einen alternativen Standort, von dem aus Sie im Falle eines Ausfalls Ihres Betriebsgebäudes arbeiten können?
- Können Sie im Ernstfall ein Medienzentrum aufbauen? Das Medienzentrum sollte sich zudem in sicherer Distanz befinden zum Zentrum, in dem Sie Angehörige oder Opfer betreuen.[11]
- Wo führen Sie im Einsatzfall Medienkonferenzen durch? Haben Sie solche Standorte evaluiert? Z.B. ein Kongresshotel in der Nähe, ein Restaurant, eine Turnhalle, ein Mehrzweckgebäude etc.

3.3.5 Prozesse dokumentieren und pflegen

Erfahrungsgemäss geht in einer Krise alles drunter und drüber. Umso wichtiger ist für die Kommunikationsführung, dass gewisse Standardprozesse etabliert sind und praktisch automatisiert ablaufen können. Dazu gehört beispielsweise der Versand einer Medienmitteilung. Organisationen, die regelmässig Medienmitteilungen versenden, haben dafür in der Regel einen fixen Ablauf definiert. Dasselbe gilt für Einladungen zu einer Medienkonferenz: Wenn Ihre Organisation regelmässig Medienkonferenzen durchführt, werden Sie einen Medienverteiler definiert haben, über den Sie die Adressaten direkt erreichen. Allerdings ist es auch möglich, dafür die Dienste von Dritten in Anspruch zu nehmen. Falls Sie keine entsprechenden Prozesse etabliert haben, sollten Sie das im Rahmen der Krisenprävention tun. – Natürlich kann es auch sein, dass Sie Ihre Kommunikation über eine externe Agentur abwickeln, welche alle diese Prozesse für Sie managt. Dagegen ist nichts einzuwenden, ausser dass Sie klären sollten, ob Ihnen diese Dienstleistungen im Notfall auch rund um die Uhr zur Verfügung stehen.

---

11 Beim Absturz einer Maschine der FlashAir am 3. Januar 2004 auf dem Flug von Ägypten nach Paris brachte der Krisenstab die Angehörigen der Opfer in demselben Hotel unter, in dem auch die Medienschaffenden betreut wurden. So war es für die Angehörigen praktisch unmöglich, das Gelände zu verlassen, ohne von den Medienschaffenden massiv bedrängt zu werden.

3.3.6 Krisen-Handbuch

Die Kommunikationsabteilungen vieler Organisationen erarbeiten sich im Rahmen ihrer Krisenvorsorge ein Krisen-Handbuch, in welchem die Aufbau-Organisation, die Infrastruktur und die Prozesse für den Ereignis- und Krisenfall definiert sind. Diese Dokumente haben einerseits dokumentarischen Charakter, andererseits dienen sie als konkrete Manuals oder Breviers für den Einsatz.

Häufig steht es allerdings im luftleeren Raum: Ein Handbuch zur Krisenkommunikation mag durchaus Sinn machen, wenn es abgestimmt ist auf die Führungsbehelfe aus der Stabsarbeit («Command»). Wir fragen in der Praxis häufig nach, wofür ein Krisenhandbuch konkret verwendet werden soll. – Die Antwort lautet meistens: «Für den Einsatz.» In einem solchen Fall macht es dann allerdings wenig Sinn, im Krisenhandbuch erst ein dreissigseitiges Krisenkommunikations-Konzept abzulegen: Im Einsatzfall wird niemand Zeit finden, das zu lesen.

Sinnvoll ist es sicherlich, in einem solchen Handbuch Kontakt-Koordinaten abzubilden und Listen von Adressaten, die in einer Krise nicht vergessen werden dürfen. Dazu gehören beispielsweise auch die Koordinaten von Medien, die sich im Krisenfall für das Unternehmen interessieren könnten.

3.3.7 Ausbildungsstand

Wie das Kapitel über die Stabsarbeit und das Krisenmanagement im engeren Sinne gezeigt hat, bedeutet die Mitarbeit in einem Krisenstab erst einmal auch für die Kommunikationsverantwortlichen, dass sie sich in die Prozesse und die spezifische Aufbauorganisation eines Krisenstabes eingliedern müssen. Einsatzerfahrene Krisenstabsleiter werden nur mit Kommunikationsspezialisten in einem Krisenstab zusammenarbeiten wollen, von denen sie wissen, dass sie nicht nur mit den Eigenheiten der Krisenkommunikation, sondern auch mit den Spielregeln der Stabsarbeit vertraut sind. Viele Organisationen, die sich auf Krisensituationen vorbereiten wollen, bereiten sich deshalb mit gezielten Krisenübungen darauf vor. In solchen «Verbundübungen» werden im Rahmen eines Szenarios die verschiedenen Führungsgrundgebiete einer Organisation beübt, darunter auch die Kommunikation. Mittels Journalisten-Markeuren (also fiktiven Medienschaffenden) werden Anfragen in grosser Zahl simuliert und so Mediendruck geschaffen. Dabei zeigt sich, ob die Prozesse zur Abarbeitung von Medienanfragen in der Praxis auch wirklich greifen.

In der Krisensituation wird es häufig notwendig, dass Mitarbeiterinnen und Mitarbeiter der Kommunikationsabteilung als Sprecher/innen an Radio und TV Auskunft erteilen müssen. Evtl. sind aber auch weitere Mitarbeiter gefragt: CEO, Amtsleiter, Präsident etc. Sind diese Personen für Mediensituationen, insbesondere auch für Live-Auftritte an Radio und TV geschult und vorbereitet? – Oder haben sie das letzte Medientraining vor zehn Jahren absolviert und sind völlig ausser Übung? Und schliesslich: Haben die Kommunikationsfachleute, welche die Kommunikation im Krisenstab vertreten, das Know-how und die Erfahrung, um im Krisenstab ihrer Aufgabe gerecht zu werden? Kennen sie die Abläufe und den Führungsrhythmus eines Krisenstabs? 50 Prozent unserer Arbeitszeit als Krisenberater sind wir dafür unterwegs, Führungspersonen für eben solche Situationen zu wappnen.

3.4   Häufigste Probleme in der Krisenkommunikation

Die Literatur zum Thema Krisenkommunikation wächst fast täglich – in der Praxis kommt es allerdings immer noch häufig zu Fehlleistungen in der Kommunikation. Dabei ist zu beobachten, dass gerade auch Experten der Krisenkommunikation nicht davor gefeit sind, in der realen Notsituation Fehler zu begehen. Das führt dazu, dass wir explizit und gerade auch Experten empfehlen, im realen Notfall, der sie selbst betrifft, auf die Expertise eines Kollegen zu vertrauen. – Schliesslich lässt sich ein Rechtsanwalt, der selbst in einen Gerichtsfall involviert ist, sinnigerweise auch von einem Kollegen vertreten und verhandelt in eigener Sache nicht selbst.

1 Mangelhafte Erfahrung im Umgang mit Notfällen / Krisen

2 Verschleierungs- / Vertuschungsstrategie

3 Zu lange Reaktionszeit für Kommunikationsmassnahmen

4 Unvorbereitete und untrainierte Repräsentanten vertreten die Organisation vor Kameras und Mikrofonen

5 Suboptimale Kommunikationsmittel am Führungsstandort

6 Mangelhaftes Monitoring der laufenden Berichterstattung

Abb. 36. Die sechs häufigsten Schwachpunkte der Krisenkommunikation

4 Drei Hauptkomponenten erfolgreicher Krisenkommunikation

Die Kommunikation ist ein Hauptelement des Krisenmanagements und sollte unseres Erachtens in jedem Krisenstab als fixe Einheit installiert sein. Gleichzeitig ist es matchentscheidend, dass die Kommunikationsverantwortlichen in der Stabsarbeit geschult und mit der Arbeitsweise eines Krisenstabs vertraut sind. Das sehr strukturierte, bisweilen militärisch anmutende Arbeiten eines professionellen Krisenstabs ist häufig so anders als die Alltagsarbeit eines Kommunikationsexperten, dass dem, der es nicht gewohnt ist, ein veritabler Kulturschock droht. Ein Krisenstabsleiter wird aber immer eine klare Vorstellung davon haben, was er von seinem Kommunikationsexperten in der Krise erwartet.

Entscheidend ist dabei das Verständnis des Kommunikationsverantwortlichen in der Krise: In einem professionell aufgestellten Krisenstab vertritt er eines der Fachgebiete und arbeitet dem Leiter des Krisenstabs zu. Weil im Krisenfall klare, einfache und rasch nachvollziehbare Strukturen verlangt sind, empfiehlt es sich, das gesamte Feld der Krisenkommunikation unter drei Stichworten zu gliedern: Es geht um Inhalte – mitunter die Botschaften, welche die Organisation kommuniziert. Es geht um Adressaten, also um die Frage, welche Dialog-, Anspruchs- oder Stakeholdergruppen (je nach gängiger Sprachregelung) in der gegebenen Situationen angesprochen werden sollen. Und es geht schliesslich um die Frage, über welche Kanäle die definierten Inhalte zu den definierten Adressaten kommen sollen.

4.1   Inhalte

Die Tiefe der Inhalte, welche in einer Krisensituation kommuniziert werden, können je nach Adressatenkreis unterschiedlich sein. So werden die Opferfamilien bei einem Flugzeugunglück Fragen beantwortet haben wollen, welche für die allgemeine Öffentlichkeit möglicherweise nicht wesentlich sind: Dazu gehören beispielsweise detaillierte Informationen darüber, wie die Betreuung der Angehörigen organisiert ist und

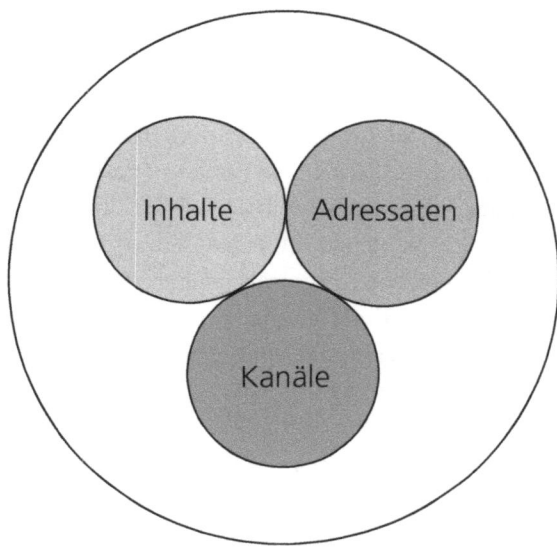

Abb. 37. Die drei Hauptkomponenten für funktionierende Krisenkommunikation

vor sich geht. Andere Fragen, welche die Opferfamilien interessieren, interessieren aber genauso die allgemeine Öffentlichkeit.

Wichtig ist das Bewusstsein in der Kommunikation, dass nie ausgeschlossen werden kann, dass Repräsentanten gewisser Adressatenkreise die Inhalte, die sie erhalten, an andere Adressatenkreise weitergeben. Der Klassiker sind Mitarbeiterinnen und Mitarbeiter oder auch Angehörige von Betroffenen und Opfern, die von Medienschaffenden regelrecht «ausgequetscht» werden, weil die Journalisten erwarten, dass diese Adressaten möglicherweise mehr Informationen erhalten haben. Seien Sie deshalb nicht überrascht, wenn auch den Medienschaffenden die Information zugetragen wird, dass Sie zum Zeitpunkt X am Standort Z eine Orientierung der Angehörigen durchführen werden.

Wir empfehlen deshalb, alle Inhalte, die Sie an eine der Adressatengruppe kommunizieren, als öffentlich zu betrachten und jederzeit damit zu rechnen, dass diese Inhalte auch anderen als den ursprünglich zugedachten Adressaten zugänglich gemacht werden.

4.1.1 Botschaften als Währungseinheit der Kommunikation

Natürlich müssen Sie wissen, was Sache ist. Zuerst stehen die Fakten. Sie sind Ausgangspunkt aller Kommunikation. In einer Krise ist es indes schwierig genug, überhaupt erst an die Fakten zu gelangen. Eine unvollständige Informationslage ist fast immer Teil des Problems bei Krisen. Manchmal sind es auch fehlende Informationen, welche überhaupt erst zur Krise führen. Ungeübte Krisenstäbe ziehen sich deshalb gerne zurück und kommunizieren erst einmal gar nicht. Begründung: «Wir können nicht kommunizieren, weil wir die Fakten selbst erst recherchieren müssen.»

In der Krisenkommunikation geht es aber immer um die Wahrnehmung, um Vertrauen und die Frage, ob das Publikum Ihnen zutraut, die Krise angemessen zu bewältigen. So wollen Sie wahrgenommen werden.

Um in einer Krise bestehen zu können, empfehlen wir, eine Botschaft zu wählen, welche die folgenden drei Kriterien erfüllt. Eine Botschaft in der Krise soll

- zukunftsgerichtet
- lösungsorientiert
- wertebasiert

sein. Warum? Häufig machen Krisenstäbe den Fehler, in der eigenen Kommunikation zu sehr auf den Ausgangspunkt der Krise, die Verantwortung, die Schuldfrage zu fokussieren. – Natürlich auch deshalb, weil diese Fragen von Seiten der Medienschaffenden als Repräsentanten der Öffentlichkeit sowieso gestellt werden. Umso mehr ist ein Krisenstab gut beraten, in der Krise proaktiv auf Botschaften zu setzen, welche sich mehr an der Lösung und der Zukunft als am Problem und der Vergangenheit orientieren. Zu den einzelnen Kriterien:

Zukunftsgerichtet

Eine zukunftsgerichtete Botschaft stellt ins Zentrum, was in Zukunft getan werden muss. Um eine weitere solche Krise zu vermeiden, um einen allfälligen Schaden zu regulieren, um wieder zum Kerngeschäft zurückkehren zu können. Sie geht davon aus, dass das Geschehene nicht mehr rückgängig gemacht werden kann, sondern die Aufgabe darin besteht, daraus die richtigen Lehren und Schlüsse für die Zukunft zu ziehen. – Natürlich kann eine solche Botschaft nur kommuniziert werden, wenn ein Krisenstab auch tatsächlich in diese Richtung arbeitet. Was einmal mehr aufzeigt, dass die Kommunikation in der Krise eng verzahnt sein muss mit der Arbeit des Krisenstabs.

Lösungsorientiert

Eine lösungsorientierte Botschaft stellt die Lösung des Problems, also die beschlossenen Sofortmassnahmen, aber auch die Aktivitäten zur langfristigen Bewältigung einer Krise in den Vordergrund. Nicht die Geschichte des Problems soll thematisiert werden, sondern die Arbeit und die Lösungsansätze des Krisenstabs. In diesem Sinne gehen lösungsorientierte und zukunftsgerichtete Botschaften in der Regel einher, denn die Lösungen liegen ja in der Zukunft: in der unmittelbaren Zukunft bei den Sofortmassnahmen, in der weiteren bei längerfristigen Massnahmen zur Krisenbewältigung.

Wertebasiert

Eine gute Botschaft soll zum Ausdruck bringen, welche Werte eine Organisation vertritt, wofür sie einsteht. Solche Werte können sein: Soziale Verantwortung, Care, Nachhaltigkeit etc. Gerade in einer Krisensituation zeigt sich, ob die in Leitbildern und Konzepten definierte Unternehmenskultur auch tatsächlich gelebt wird oder ob sie leere Buchstaben geblieben sind. Gerade in diesem Punkt ist es unglaublich wichtig, ehrlich zu bleiben und selbstkritisch zu hinterfragen, ob beispielsweise die Transparenz, welche das Management als Führungsgrundsatz definiert hat, auch wirklich gelebt wird. Die Geschichtsbücher listen reihenweise Beispiele auf, bei denen eine Organisation einen Reputationsschaden erlitt, weil sich herausstellte, dass die behaupteten Werte nicht tatsächlich gelebt wurden.

4.1.2 Beispiele für gute Botschaften

«Wir haben den Untersuchungsbehörden unsere volle Unterstützung bei den Untersuchungen zugesichert. Für uns selbst steht im Moment im Zentrum, dass wir den Opfern so gut wie möglich beistehen können.» (CEO eines Busunternehmens, nachdem ein vollbesetzter Bus verunfallte und mehrere Passagiere schwer verletzt worden waren).

«Wir sind selbst schockiert über das Ausmass des Missbrauchs und haben umgehend eine interne Abklärung eingeleitet, um Massnahmen zu setzen, die solches in Zukunft verhindern können.» (Direktor eines Spitals, nachdem bekannt geworden war, dass sich ein Mitarbeiter in mehreren Fällen Übergriffe auf Patientinnen und Patienten geleistet hatte.)

4.1.3 Gefährliche Botschaften

Immer wieder begegnen wir in der Praxis Botschaften, die sehr schnell zu einem Bumerang werden können.

«Wir haben alles unter Kontrolle»
Diese Aussage mag für den Moment korrekt sein. Können Sie das aber auch für die nächsten 36 Stunden sagen? Falls Sie nicht sicher sind, lassen Sie es. Und Sie werden nie sicher sein können, denn kein Krisenstab kann alle möglichen zukünftigen Entwicklungen vorhersehen. Wir erinnern uns an Filmbeiträge im TV, in denen diese eine Aussage eines Krisenstabsmitglieds ein halbes Dutzend Mal wiederholt wurde – dazwischen zeigte der Journalist mit allerlei Beschuldigungen und Filmmaterial auf, dass die Situation keineswegs unter Kontrolle war. Die Botschaft, alles unter Kontrolle zu haben, wird so zum Bumerang und zum Beweis dafür, dass der Krisenstab die Situation anfangs massiv unterschätzt hatte. – Diese Wahrnehmung trägt allerdings nicht dazu bei, dass man Ihrer Krisenorganisation Glaubwürdigkeit und die Lösungskompetenz für die Situation zuspricht.

«Das ist ein Einzelfall»

Es gibt mehr als ein Beispiel in der Geschichte von Krisensituationen, in denen genau diese Botschaft zu einer Folgekrise geführt hat. Der Klassiker: In einer Gross-Organsation wird ein Fall von einem Übergriff bekannt. Kaum hat der Sprecher seinen Satz mit der Einzelfall-These beendet, melden sich die nächsten (vermeintlichen oder realen) Opfer bei den Medienschaffenden und wollen ihre Geschichten zum Besten geben, um zu zeigen, dass es sich keineswegs um einen Einzelfall handelt. Der Krisenfall muss dann «mehrere Einzelfälle» einräumen, was schon sprachlogisch rasch zu einem Problem wird: Einen Einzelfall kann es nur im Singular geben, sonst ist es eben keiner mehr.

«No comment»

Richtig, es gibt Situationen, in denen Sie nichts sagen können oder dürfen. Dennoch zeigt die «No comment»-Aussage jedem, der etwas von Krisenkommunikation versteht, dass Sie das Handwerk nicht beherrschen.

Die Regel besagt nämlich, dass Sie auch in Situationen, in denen Sie aus einem oder mehreren Gründen nichts sagen können, sehr wohl eine Botschaft vermitteln können. Und die lässt sich kommunizieren. Der deutsche Rüstungskonzern beispielsweise, um eine Bestätigung von geplanten Waffenexporten in den mittleren Osten gebeten, wird nicht einfach mit «No comment» antworten, sondern erklären, dass er sich aufgrund der gesetzlichen Bestimmungen strafbar machen würde, wenn er zu einer solchen Frage öffentlich Stellung nähme und deshalb zum Schweigen gezwungen sei. Die Regel lautet also für einen solchen Fall: Die Begründung, warum eine Frage nicht beantwortet werden kann, wird hier zur Botschaft.

«Wir können das weder bestätigen noch dementieren»

Auch diese Aussage ist noch nicht gänzlich aus der Praxis verschwunden. Dennoch raten wir davon ab, da erstens die Begründung fehlt und zweitens bei dieser Aussage viele Medienschaffende ebenso wie die Zuschauerinnen und Zuschauer ein «Ja» in die Aussage hineininterpretieren. Mit der Überlegung: Wenn nichts dran wäre, würden sie es ja dementieren, um sich selbst aus dem Schussfeld zu nehmen.

4.1.4 Paraverbale und nonverbale Botschaften

Unterschätzt wird häufig die «Dreifaltigkeit» einer Botschaft. Nebst dem, was Sie sagen, ist auch die Art und Weise, wie Sie es sagen, von grosser Bedeutung. Wir unterscheiden dabei die drei Ebenen verbal, paraverbal und nonverbal. In der Praxis begegnen wir immer wieder Extremen auf der einen oder anderen Seite: Fachspezialisten, ja Koryphäen auf ihrem Gebiet, die aber beim Publikum nicht reüssieren, weil ihre Körpersprache kein emotionales Involvement ausdrückt. Aber auch die gegenteilige Haltung ist häufig anzutreffen: Hauptsache, die Verpackung stimmt, heisst es da, dann wird schon niemand merken, dass die Botschaft nur aus heisser Luft besteht.

Wir verfolgen demgegenüber einen integrierten Ansatz, bei dem die drei Ebenen verbal, paraverbal und nonverbal gleichwertig berücksichtigt werden. Wichtig ist dabei: Es zählt nicht die Perfektion, sondern die Authentizität. Darunter verstehen wir, dass eine Kommunikation als «echt» wahrgenommen wird – und nicht als gespielt oder gekünstelt. Es sind deshalb in der Krisenkommunikation nie schauspielerische Fähigkeiten gefragt, sondern reflektierte Menschen, die mit beiden Beinen im Leben stehen, ihr inneres Gleichgewicht auch in einer heiklen Situation nicht verlieren und die ihre eigene Emotionalität in ihre Persönlichkeit integriert haben.

Verbal

Unter der verbalen Kommunikation wird das verstanden, was Sie sagen. Dazu verweisen wir auf die Ausführungen in den letzten beiden Kapiteln. In der Regel gilt als Zielsetzung der Krisenkommunikation, dass Sie Ihre verbale Botschaft ins Ziel bringen möchten, diese quasi im Vordergrund Ihrer Bemühungen steht. Die beiden weiteren Aspekte, das Para- und Nonverbale, sollen der verbalen Botschaft quasi «zudienen», d.h. die verbale Botschaft in einer Art und Weise unterstützen, dass diese beim Publikum «ankommt». Wenn alle drei Ebenen dasselbe aussagen, mithin «kongruent» sind, haben Sie eine gute Chance, dass die verbale Botschaft das Ziel erreicht.

Paraverbal

Die paraverbale Ebene der Kommunikation umfasst alle Aspekte der Stimme. Eine tränenerstickte Stimme nach einem schlimmen Ereignis mag Ihre Erschütterung zeigen und Ihre eigene Betroffenheit. Gerade in einer Krisensituation kann das sehr wohl passend sein, solange es echt ist. Wenn Sie nach einem Vorfall mit mehreren Toten, die möglicherweise aufgrund von Versäumnissen Ihres Unternehmens mit dem Leben bezahlt haben, keinerlei Gefühlsregung in Ihrer Stimme spüren lassen, werden Sie vom Publikum schnell als gefühlskalt bis skrupellos wahrgenommen.[12] Anders kann eine brüchige Stimme in dem Moment, indem Sie am TV persönliche Vorwürfen gegen Ihre Person entgegnen müssen, als Unsicherheit ausgelegt werden, welche zumindest ein Teil des Publikums möglicherweise dahingehend interpretiert, dass die Vorwürfe nicht ganz unberechtigt sind.

Nonverbal

Dasselbe gilt für die Körpersprache, also Mimik (Gesicht) und Gestik (Rest des Körpers, insbesondere Arme und Beine). Auch Ihre Körpersprache sendet eine Reihe von Signalen aus. Da spricht der Kommandant eines Polizeikorps und versucht die eigene Arbeit zu rechtfertigen, bei jedem kritischen Einwand aber zuckt er zusammen und schaut auf seinen Spickzettel. Bei anderen spielt der Adamsapfel wie verrückt, wenn sie gefragt werden, ob sie mit gutem Gewissen sagen können, dass sie alles noch einmal genau gleich machen würden. – Alles Signale, die für das Publikum wiederum darauf hindeuten, dass sich die Betreffenden unwohl fühlen in ihrer Situation – vielleicht weil sie wissen, dass die Vorwürfe berechtigt sind?

Wie bei der paraverbalen Ebene gilt aber auch bei der nonverbalen, dass die Körpersprache zur Botschaft passen und der Situation angemessen sein muss. Tränen in den Augen nach einem schlimmen Unglück oder auch ein müdes Gesicht und eine fahle Haut nach einem 20-Stunden-Einsatz, um möglichst viele Kunden aus einem Krisengebiet herauszu-

---

12 Genau so erging es einem Schweizer Polizeikommandanten, der bei einer Schiesserei einen seiner Polizisten verloren hatte, bei seinen öffentlichen Auftritten aber so kontrolliert sprach, dass er von den Angehörigen des Getöteten als kühl und nicht einfühlsam wahrgenommen werden musste.

bringen: das sind Elemente der Körpersprache, die in der Krisenkommunikation sein dürfen und ein Gefühl von Authentizität aufkommen lassen. In Krisensituationen wie aus dem Ei gepellt aufzutreten, wäre hier nicht angemessen und würde als Botschaft transportieren, dass Ihnen im Moment einer Krise die persönliche Eitelkeit wichtiger ist als die Bewältigung der Situation. – Und so wollen Sie kaum wahrgenommen werden.

Spielen geht nicht

Vielleicht sind Sie ja ein erfahrener Profischauspieler und es gelingt Ihnen perfekt, vor der TV-Kamera Gefühle vorzugeben, die Sie gar nicht haben. Die meisten Kommunikatoren, die wir in der Realität beraten, sind das nicht. Aber natürlich möchten sie alle authentisch rüberkommen. Nur: Wie schafft man das? Wenn Authentizität heisst, dass Sie «echt» wirken sollen, dann müssen Sie genau das einlösen. Vom sterilen Büro im Headquarter aus wird es Ihnen nicht gelingen, aufrichtige Anteilnahme für die Betroffenen eines Bohrunglücks zu zeigen. Erst recht nicht, wenn das Unglück Tausende von Kilometern entfernt stattfand. Deshalb gibt es nur eins: Setzen Sie sich der Situation aus. Stellen Sie sich dem Ereignis, gehen Sie vor Ort, um zu spüren, was dort los ist. Wie weit Sie dabei gehen, hängt von Ihrer emotionalen Belastungsgrenze ab: Einige vertragen mehr, andere weniger. Wenn Sie sich aber davor scheuen, eine schwierige Situation zumindest ein Stück weit an sich heranzulassen, werden Sie es schwer haben, Ihrer Kommunikationsaufgabe mit einem angemessenen Grad an Emotionalität nachzukommen.

Kann man Körpersprache lernen?

Damit Ihre Botschaft ins Ziel kommt, müssen die verbale, die paraverbale und die nonverbale Ebene der Kommunikation übereinstimmen. Wenn Sie von Betroffenheit sprechen, müssen Sie betroffen sein, ansonsten besteht das grosse Risiko, dass Ihre Körpersprache oder Ihre Stimme die Lüge entlarven.[13] Das macht auch klar: Emotionen kann

---

13 Zur Frage, wie körpersprachliche Signale und insbesondere die Mimik dem Lügenermittler helfen können, eine Lüge zu enttarnen, hat der US-Wissenschafter Paul Ekman mehrere Fachbücher geschrieben, die im Literaturverzeichnis aufgeführt sind.

man nicht lernen. Arbeit an der Körpersprache heisst für uns deshalb in erster Linie, diese Emotionalität zu ergründen und zu reflektieren. Insbesondere in Krisensituationen und wenn Vorwürfe durch die Öffentlichkeit zu erwarten sind, ist es notwendig, sich mit diesen auseinanderzusetzen und sie verstehen zu lernen. Eine solche Auseinandersetzung, allenfalls zusammen mit einem Coach, trägt regelmässig dazu bei, dass die Protagonisten, die sich in einer Krise der Öffentlichkeit stellen müssen, mit diesen kritischen Fragen besser umgehen können.

4.2   Adressaten

Wenn von Krisenkommunikation die Rede ist, wird allzu oft nur ein Teilaspekt darunter subsumiert, derjenigen der Medienkommunikation. Zweifellos ist die Medienarbeit in der Krise von elementarer Bedeutung; eine Reduktion darauf wäre aber falsch. Insbesondere die Kommunikation mit den Mitarbeiterinnen und Mitarbeitern ist ein ungemein wesentlicher Bereich von Krisenkommunikation (vgl. C3 Care Kapitel 4.2 Interne Kommunikation). Aber auch die Kommunikation mit den Betroffenen, mit den Vertretern des politischen Systems oder mit den Analysten ist wichtig, um in der Krise nicht unnötige neue Flanken zu öffnen. Krisenkommunikation hat sich deshalb wie die Organisationskommunikation insgesamt über alle Teildisziplinen zu erstrecken.

4.2.1 Behörden und Politik

Viele Krisensituationen involvieren die Behörden von alleine. Massenentlassungen beschäftigen die regionalen Arbeitsämter, Krisen aufgrund von Verbrechen oder Unglücken rufen die Blaulichtorganisationen wie Feuerwehren oder Polizei auf den Plan. In diesen Fällen wird der Security-Verantwortliche oder der Leiter der betrieblichen Notfallorganisation bereits über einen Kanal zu diesen Organisationen verfügen.

Politikerinnen und Behörden sollten Sie aber auch dann nicht vergessen, wenn Ihre Krise sich (noch) unter der Eintrittsschwelle der Behörden abspielt. – Insbesondere dann, wenn das politische System in irgendeiner Weise zu den Empfängern oder Bestellern Ihrer Produkte gehört, wenn Ihre Organisation in irgendeiner Weise Gelder von der öffentlichen Hand erhält oder wenn Ihre Organisation gegenüber dem politischen System als Geldgeber fungiert (z.B. indem Sie Parteien mit Spenden unterstützen): Nehmen Sie rechtzeitig mit den Repräsentanten der Behörden und der Politik Kontakt auf. Insbesondere Politikerinnen und Politiker wünschen in der Regel Informationen aus erster Hand. Die gewandelte Öffentlichkeit und ein Mediensystem, das nach Instant-Beurteilungen und Entscheidungen verlangt, führen dazu, dass Vertreter des politischen Systems innerhalb kürzester Zeit zu Stellungnahmen aufgefordert werden. Im besten Falle fallen diese dann wenig fundiert aus, im schlechteren sind sie so unbedarft oder aus der Hüfte geschossen, dass sie Ihrer Organisation zusätzlich schaden. Nur wenn Sie die Politik mit ins Boot nehmen, können Sie – einigermassen – sicherstellen, dass sich auf der politischen Ebene nicht plötzlich eine zusätzliche Flanke auftut. Selbstredend zu einem Zeitpunkt, zu dem Sie das zuallerletzt brauchen. Dieser Rat gilt übrigens genauso, wenn es sich bei Ihrer Organisation um eine privatrechtliche Unternehmung oder eine öffentlich-rechtliche Institution handelt, welche gar nicht unter politischer Führung steht.

4.2.2 Investoren & Analysten

Je nach Ausprägung einer Krise kann die Information der Investoren und Analysten eine entscheidende Rolle spielen. Den Lehrbuchfall hat die Personalvermittlungsfirma Adecco vor vielen Jahren geliefert. Die Firma hatte die Präsentation ihrer Zahlen aus der letzten Rechnungsperiode verschoben. Begründet mit «Problemen in der Buchhaltung». Weil praktisch zur selben Zeit in anderen Firmen grosse Skandale von gefakten Buchhaltungen die Runde machten, schlossen die Analysten, dass auch bei Adecco etwas schief gelaufen sein musste. Fazit: Der Unternehmenswert ging innerhalb kürzester Zeit massiv runter. Die mangelhafte Kommunikation, hier insbesondere mit den Analysten und Investoren, verursachte eine riesige Unsicherheit, die sofort Konsequenzen zeitigte.

Abb. 38. Adressaten der Krisenkommunikation

4.2.3 Kundinnen und Kunden

Je nach Ereignisfall oder Krise werden Sie nicht darum herumkommen, Ihre Kundinnen und Kunden zu informieren. Falls das Ereignis in einem Produktefehler besteht, mag es sogar sein, dass Sie konkrete Produkterückrufe kommunizieren müssen. Das gilt natürlich insbesondere, wenn der Produktfehler für die Gesundheit Ihrer Kundschaft elementar ist. Gerade Hersteller von Lebensmitteln haben bewiesen, dass eine rasche, beherzte Information nicht nur Schaden vermeiden, sondern gar noch die Reputation des Unternehmens als verantwortungsvolle Organisation stärken kann.

Die Kommunikation mit Ihren Kundinnen und Kunden kann einerseits über die gewohnten Kanäle der Produktkommunikation erfolgen, also beispielsweise über Inserate oder über das Internet. Oftmals werden aber zusätzliche Kanäle nötig sein. Im krassen Fall kann das soweit gehen, dass die Polizei eine betroffene Gegend per Lautsprecherwagen informiert; beispielsweise wenn bei einer Wasserversorgung aufgrund einer Störung die Qualität des Leitungswassers nicht mehr garantiert werden kann.

4.2.4   Mitarbeiterinnen und Mitarbeiter

Wenn Sie einen schnellen Weg suchen, um die Mitarbeiterinnen und Mitarbeiter Ihrer Organisation zu brüskieren, dann ist es dieser: Sorgen Sie dafür, dass die Belegschaft die letzten Neuigkeiten zur hauseigenen Krise aus den Medien erfährt. Kommt hinzu: Je nach Ausprägung der Krise, die Sie gerade unter Kontrolle zu bringen versuchen, sind die Mitarbeiterinnen und Mitarbeiter wichtige Kanäle, beispielsweise zu Ihren Kundinnen und Kunden. Gerade engagierte und loyale Mitarbeiterinnen und Mitarbeiter leiden zudem häufig sehr, wenn ihr Arbeitgeber in der öffentlichen Diskussion oder gar Kritik steht. Eine professionelle Krisenkommunikation nach innen stellt sicher, dass Sie sich auf ihre loyalsten Botschafter verlassen können. (vgl. C3 Care Kapitel 4.2 Interne Kommunikation)

4.2.5   Medien

Die Medienwelt hat sich in den letzten Jahren und mit der Durchdringung der Gesellschaft mit dem Internet radikal verändert. Das Tempo der medialen Vermittlung hat zugenommen; der Strukturwandel hat die traditionellen Medien zu massiven Kosteneinsparungen gezwungen.

Das zeigt sich beispielsweise daran, dass Sie mit Medienschaffenden rechnen müssen, die wenig Hintergrundwissen mitbringen, etwa zur Branche, in der Sie tätig sind oder auch zu den gesetzlichen Rahmenbedingungen, die Sie einzuhalten haben. Demgegenüber bringen die Journalistinnen und Journalisten meist einen hohen Transparenzanspruch mit, gepaart mit einem hohen Selbstbewusstsein im persönlichen Umgang. Entscheidend ist hier, den Medienschaffenden gegenüber professionell, aber weder ängstlich noch naiv zu begegnen. Auch für die Medienschaffenden und die Berichterstattung in einer Krise gibt es Regeln. Je besser Sie diese kennen, umso mehr werden Sie in der Lage sein, den Medienschaffenden auf Augenhöhe zu begegnen. Mehr noch: Merken die Medienschaffenden, dass Sie sich mit den Regeln der Branche durchwegs auskennen, werden sie Ihnen entsprechend respektvoll begegnen. Formuliert werden die Regeln im deutschsprachigen Raum von den Selbstregulierungsorganen. In der Schweiz, in Österreich und in Deutschland ist das der Presserat (www.presserat.ch, www.presserat. at bzw. www.presserat.de), die Regeln sind im Pressekodex festgehalten.

4.3   Kanäle

Die Krisenkommunikation kennt eine Vielzahl von Kanälen oder eben Instrumenten, die auch in der ordentlichen Organisationskommunikation eine Rolle spielen. In der Literatur werden teilweise fast 50 verschiedene Instrumente aufgeführt. Oftmals werden in diesem Zusammenhang nur die Instrumente der Media Relations genannt, wobei wir die Medienberichterstattung als eines von vielen Feldern der Unternehmenskommunikation verstehen. Gesamtheitlicher betrachtet schlägt die Organisationskommunikation als Disziplin ein Dach über alle Kommunikationsprozesse einer Organisation. Dazu gehört die Produkt-Kommunikation – beispielsweise über klassische Werbespots im TV – genauso wie die betriebsinterne Kommunikation (z.B. in Form von CEO-Mailings an die Mitarbeiterinnen und Mitarbeiter), der Jahresbericht an die Aktionäre oder eine Besichtigung eines neuen Werkhofs eines Gemeinwesens für die lokalen Parlamentarierinnen und Parlamentarier. Zu nennen sind etwa Medienmitteilungen oder Medienkonferenzen, aber auch Einzelinterviews in Radio- und TV-Sendungen. Wir konzentrieren uns an dieser Stelle auf diejenigen Instrumente, die in der Krise eine speziell wichtige Rolle spielen und beschreiben diese in ihrer auf die Krisensituation bezogenen Ausprägung.

4.3.1 Medienmitteilung

Sie ist quasi die Grundform von Media Relations. Die Begriffe Medien-Communiqué oder Media Release werden oft synomym verwendet. Die älteren Begriffe Pressecommuniqué, Pressemitteilung und Presse Release sind im Zeitalter der neuen Medien aus der Mode gekommen, bezeichnen sie doch nur einen (immer unwichtiger werdenden) Teil des Adressatenkreises.

Eine Medienmitteilung fasst in kurzer Form die Fakten zusammen und transportiert die Kernbotschaft der Organisation, welche von der Krise betroffen ist. Verschiedene Forschungsarbeiten haben gezeigt, dass die beste Chance auf Abdruck dann besteht, wenn ein Medien-Communiqué so formuliert ist, dass die Medienschaffenden möglichst nichts mehr ändern müssen, bevor sie es publizieren. Konkret heisst das:

- Eine Medienmitteilung ist nach dem Prinzip der abnehmenden Wichtigkeit aufgesetzt: Beginnen Sie im ersten Satz mit der wichtigsten aller Informationen. Im zweiten Satz folgt die zweitwichtigste Information. – Und immer so weiter. Die Chronologie spielt also keine Rolle.
- Das Neuste ist das Wichtigste. Wenn Sie mehrere Medienmitteilungen versenden, beginnen Sie immer mit der neusten Entwicklung.
- Schreiben Sie immer in der dritten Person. Also nicht: «Wir kümmern uns um die Opfer», sondern: «Mediensprecher XY betont, dem Krisenstab gehe es in erster Linie darum, sich um die Opfer zu kümmern.»
- Eine gute Medienmitteilung beantwortet die sieben W-Fragen der Journalistinnen und Journalisten: Wer (macht) was, wann, wo, wie, warum und woher stammen diese Informationen. Achten Sie darauf, dass Sie zu allen diesen Fragen eine Antwort geben; auch wenn die Faktenlage nur eine unpräzise Aussage möglich macht.

- Sie sind dabei so präzise wie nur irgendwie möglich: «Unbekannte Täter» bedeutet etwa, dass mehrere Männer eine Tat begangen haben. Gut, wenn Sie das wissen und ausschliessen können, dass auch eine Frau beteiligt war. Wenn Sie das nicht ausschliessen können, war es eine «unbekannte Täterschaft». Detailtreue ist das A und O. Wenn sich herausstellt, dass Sie es mit den Fakten nicht so genau genommen haben, droht Ihnen ein gewaltiger Vertrauensverlust.
- Eine gute Medienmitteilung bleibt in der Wortwahl faktenorientiert und nüchtern. Sind Sie zurückhaltend mit Superlativen.
- Längere Medienmitteilungen enthalten einen Lead. In einem halbfett gedruckten ersten Absatz werden die wichtigsten Fragen, oftmals sind es die Wer/Was/Wann/Wo-Fragen, beantwortet.
- Medienmitteilungen sind tendenziell für kürzere Informationen geeignet.
- Medienmitteilungen werden heute zur Hauptsache per E-Mail verbreitet – in einer Krisensituation sowieso. Am besten erreichen Sie die Redaktionen, indem Sie den Text nicht nur als Anhang im Word- oder PDF-Format senden, sondern direkt in die E-Mail einkopieren. Achten Sie auf einen aussagekräftigen Betreff.
- Die Verbreitung von Medienmitteilungen können Sie entweder über die eigene Versandliste erledigen; dabei ist aber daran zu denken, dass Krisen- und Ereignisfälle praktisch immer die Nachrichten-Ressorts angehen. Als Unternehmen z.B. im Lifestyle- oder im Technikbereich haben Sie es unter Umständen mit anderen Ressorts und Medienschaffenden zu tun. Deshalb kann es angebracht sein, den Versand nicht selbst zu erledigen, sondern einen Anbieter damit zu beauftragen, der darauf spezialisiert ist.

4.3.2 Medienkonferenz

Gerade in Krisensituationen von grossem öffentlichem Interesse ist die Medienkonferenz ein probates Instrument der Medienarbeit. Mehr noch: Häufig wird Ihnen kaum eine andere Möglichkeit bleiben, denn der Versand einer Medienmitteilung in einer Krisensituation führt häufig zu Dutzenden, wenn nicht Hunderten von individuellen Nachfragen. Insbesondere die elektronischen Medien, die auf Originaltöne und Interviews angewiesen sind, lassen sich in der Krise meist nicht mit einer simplen Medienmitteilung abspeisen.

Indem Sie die Medienschaffenden auf einen von Ihnen bestimmten Zeitpunkt hin einladen, kanalisieren Sie die Medienkontakte und verschaffen sich und den anderen Mitgliedern des Krisenstabs Zeit. Aber auch bei Medienkonferenzen gibt es verschiedene Punkte zu beachten:

Medienkonferenzen in Krisen können fast zu jeder Zeit stattfinden – wenn es Sinn macht und der Erwartungsdruck der Medien entsprechend gross ist. Das ist insbesondere bei Unglücksfällen oder akuten Ereignislagen der Fall. Falls Sie eine schwelende Krise bearbeiten oder keinen akuten Informationsdruck haben, legen Sie den Zeitpunkt für eine Medienkonferenz nach Möglichkeit so, dass den Medienschaffenden Zeit für die seriöse Verarbeitung der Informationen bleibt. Ideale Zeitpunkte für den Beginn einer Medienkonferenz sind morgens zwischen 09.30 und 10.30 Uhr, am Nachmittag zwischen 14.30 und 15.00 Uhr. Das sind natürlich Richtwerte. In einer Krise senden die Medien auch einmal live aus Ihrer Medienkonferenz, wenn es zeitlich nicht anders geht – und das auch noch um 20 Uhr, wenn es anders nicht geht.

Achten Sie darauf, dass der Ort der Medienkonferenz einfach erreichbar ist – idealerweise mit ÖV und Individualverkehr (Parkplätze! – Insbesondere für TV-Teams mit ihren Ausrüstungen).

Legen Sie eine Liste auf, in die sich die Medienschaffenden eintragen können, wenn sie im weiteren Verlauf der Krise Informationen erhalten möchten. So kommen Sie an die richtigen und wichtigen Medienkontakte. Anschliessend können Sie auch gezielt monitoren, was diese Medienschaffenden über Ihre Medienkonferenz berichtet haben.

Einen Verteiler für die Einladungen haben Sie ja bereits als Präventionsmassnahme erstellt und können ihn jetzt hoffentlich nur noch auf Ihren Computersystemen abrufen. Falls nicht, gibt es Dienstleister wie beispielsweise www.presseportal.ch/.at/.de oder auch pressetext.ch/.at/.de, die das für Sie übernehmen. – Allerdings sind nicht alle diese Dienste auch am Wochenende oder an Feiertagen verfügbar. Der Notfallweg bleibt dann, über die Büros der nationalen Nachrichtenagenturen eine Avis an die Redaktionen zu senden: In der Schweiz ist das die Schweizerische Depeschenagentur (SDA), in Deutschland die Deutsche Presseagentur (DPA) und in Österreich die Austria Presse Agentur (APA). Die aktuellen Kontaktkoordinaten finden Sie im Internet bei den Agenturen direkt oder auf www.praxishandbuch-krisenmanagement.ch.

Eine Medienkonferenz besteht grob aus zwei Teilen: Im ersten Teil fassen Referenten kurz die verfügbaren Fakten zusammen und übermitteln ihre Botschaft. Häufig sprechen verschiedene Ressortverantwortliche zu den von ihnen geleiteten Ressorts. Im zweiten Teil der Medienkonferenz stellen die Medienschaffenden Fragen. Achten Sie darauf, dass Sie für diesen Fragenteil genügend Zeit einräumen. Mehr noch als sonst wollen die Journalistinnen und Journalisten bei Ereignisfällen und Krisen Fragen stellen können. Das zeitliche Verhältnis zwischen Teil 1 und Teil 2 kann deshalb durchaus im Verhältnis 25:75 stehen. Zugunsten der Fragen.

4.3.3 Webpage

Die eigene Internetseite ist eine gute Möglichkeit, in einer Krisensituation direkt mit der Öffentlichkeit zu kommunizieren und den Filter der Journalistinnen und Journalisten zu umgehen. Idealerweise haben Sie bereits im Rahmen der Krisenprävention eine «Darksite» vorbereitet, also eine Internetseite, die im Krisenfall nur noch aufgeschaltet werden muss. Ein Content Management System (CMS) macht es möglich, für verschiedene denkbare Krisenszenarien unterschiedliche Inhalte vorzubereiten, die dann im Ernstfall nur noch auf die aktuelle Situation angepasst werden müssen. Falls Sie ein Unternehmen der Privatwirtschaft repräsentieren, achten Sie darauf, dass die weiteren Internet-Inhalte die Pietät nicht verletzen. Ein Slogan wie «Fahrfreude pur» passt schlecht und kann als zynisch empfunden werden, wenn Sie als Autobauer in die Krise geraten sind, weil eine Serie übermässig viele Unfälle mit tödlichem Ausgang verursacht hat.

Seien Sie sich aber bewusst: Alles, was Sie je im Internet publiziert haben, kann archiviert worden sein und ist über entsprechende Archivdienste weiterhin abrufbar. Das gilt z.b. insbesondere auch für Bilder von Mitarbeiterinnen und Mitarbeitern, die sich möglicherweise einer strafrechtlichen Verfehlung schuldig gemacht haben.[14]

Denkbar sind verschiedene Modelle: Je nach Ausprägung einer Krise kann es notwendig sein, die normale Internet-Präsenz während der Akutphase vollständig durch eine neue Seite zu ersetzen. Denkbar ist auch, eine gänzlich eigene Internetseite einzurichten mit eigener URL. Fluggesellschaften verfahren beispielsweise so, wenn sie durch einen Unfall ein Flugzeug verlieren. Mit der eigenen Webpage kann die Krisenbewältigung von der Weiterführung des Geschäfts getrennt werden.

Versuchen Sie nicht, den Bereich zu Ihrer Krise diskret auf der Internetseite zu verstecken. Ein solches Manöver kann Ihnen nur weitere Kritik eintragen.

Was gehört auf die Webpage? Grundsätzlich ist vieles denkbar: Wir empfehlen auf jeden Fall, Ihre Medienmitteilungen dort zu publizieren. Das gibt dem Publikum die Möglichkeit, Ihre Äusserungen im Wortlaut zu lesen und nicht nur in der möglicherweise verkürzten Variante in den Medien. Auch eine Liste mit häufig gestellten Fragen (Frequently asked questions oder FAQ-Liste) kann ein gutes Instrument sein, um die eigenen Botschaften zu transportieren und dabei gleich noch kritische Fragen des Publikums zu kontern. Ein Blog kann diesem Anliegen ebenfalls Rechnung tragen und bietet erst noch die Möglichkeit der Interaktivität und des Dialogs. Zu beachten ist natürlich, dass diese Art der Krisenkommunikation sehr viel Zeit beanspruchen kann. Insbesondere bei Krisen, die weiterum wahrgenommen werden.

---

14 Ein solcher Archivdienst ist beispielsweise www.archive.org

4.3.4 Einzel-Interviews

In jeder Krisensituation ist das Bedürfnis der Medien gross, direkt und einzeln mit den Verantwortlichen sprechen zu können. Am Rande von Medienkonferenzen, aber auch telefonisch, werden deshalb Einzelinterviews mit den Repräsentanten Ihrer Organisation nachgefragt. – Und das in einer Zahl, welche oftmals die Grenzen des Machbaren überschreitet. – Aus der Sicht der Medienschaffenden ist auch klar: das Einzelinterview mit einem der Verantwortlichen bietet die Chance, sich im Konkurrenzkampf mit allen anderen Medientiteln mit etwas Eigenständigem zu profilieren.

Für die Repräsentanten des Krisenstabs – oder auch weitere Verantwortliche der Organisation bieten Einzelinterviews Chancen und Gefahren. Dem geübten Kommunikator kann es gelingen, in einem live ausgestrahlten Interview seine Botschaft ungefiltert zu vermitteln und auch diejenigen Punkte zu transportieren, welche ansonsten von den Medien wenig aufgenommen werden. Hier gilt: Gesagt ist gesagt, und was einmal live ausgestrahlt worden ist, kann nicht mehr zurückgenommen werden.

Andererseits kann eine unpassende Botschaft oder auch ein unsouveräner Auftritt das Risiko eines Reputationsschadens vermehren. Deshalb sollten Einzel-Interviews in jedem Fall gut vorbereitet sein. Wir empfehlen, folgende fünf Punkte der Vorbereitung durchzugehen:

- Recherche
- Entscheid für Go oder No-Go
- Ausarbeitung der Botschaft
- Festlegen des passenden Dresscodes
- Probedurchgang

Recherche

In der ersten Phase geht es darum, möglichst viele Informationen zu gewinnen. Und zwar – in dieser Phase – bezogen auf die Interviewsituation. Wer wird das Interview führen? Wie lange wird es dauern? Wird es live ausgestrahlt oder aufgezeichnet. In Österreich und der

Schweiz: Wird das Interview in Dialekt oder in Standard-Sprache («Hochdeutsch» oder «Schriftsprache») geführt? Welche Themenkomplexe werden angesprochen?[15] Wird vor dem Interview ein Beitrag zur selben Thematik ausgestrahlt? Falls ja: Wer kommt darin zu Wort?

Entscheid Go/No-Go

Entscheiden Sie erst, in Absprache mit dem Krisenstab, nachdem Sie diese Erkundigungen eingezogen haben (oder das von der Führungsunterstützung in Erfahrung haben bringen lassen), ob Sie die richtige Person für das Interview sind. Fallen die Fragenkomplexe in Ihren Verantwortungsbereich? Fragen Sie sich auch, ob es noch ein OK einer anderen Stelle braucht, bevor Sie das Interview geben. Oder ob Sie zumindest noch andere zu informieren brauchen über Ihren bevorstehenden Auftritt.

Ausarbeiten der Botschaft

Erst an dieser Stelle arbeiten Sie jetzt die Botschaft aus (vgl. Abschnitt 4.1.1 Botschaften als Währungseinheit der Kommunikation und 4.1.2. Beispiele für gute Botschaften)

Festlegen des passenden Dresscodes

Zwei Punkte sind wichtig: Ihr Dresscode sollte der Erwartungshaltung des Publikums entsprechen. Und: Ihr Dresscode sollte zur Botschaft passen. Als politisch Verantwortlicher bei einem Ereignisfall mit Toten wird man von Ihnen erwarten, dass Sie im Anzug auftreten. Als Einsatzleiter der Feuerwehr bei einem Grossbrand darf Ihre Uniform auch schmutzig sein, wenn Ihre Botschaft darin besteht, dass Sie seit Stunden im Einsatz stehen und alles versuchen, dass das Feuer nicht auf andere Häuser übergreift.

Probedurchgang

Auch die Profis finden durch das Sprechen zur gesprochenen Sprache. Will heissen: Formulieren Sie Ihre Botschaft und die Antworten auf die

---

15 Nach den üblichen Gepflogenheiten werden Medienschaffende Ihnen nicht jede einzelne Frage vorab zustellen wollen und können, sehr wohl aber die Themenblöcke, um welche sich das Interview drehen wird.

kritischen Fragen von Beginn an laut. Sprechen Sie die Sätze so lange vor sich hin, bis Ihnen die Worte richtig gut im Munde liegen.

Faktor Zeit

Häufig wird angeführt, in einer Krisensituation bleibe für eine solche Vorbereitung überhaupt keine Zeit. Wir sagen: ja und nein. Natürlich haben Sie unter Zeitdruck nicht die Möglichkeit, einen Medienauftritt zwei Tage lang zu üben. Auf dem Weg ins TV-Studio ist aber allemal die Zeit, um das Interview noch einmal durchzuspielen. Und sei es am Telefon.

Viele der Vorbereitungspunkte kann eine gut organisierte Kommunikationsabteilung vorbereiten und denjenigen Personen abnehmen, die schliesslich vor der Kamera auftreten. Das gilt insbesondere für die Recherche, die Definition der Botschaft sowie den Dresscode und das Setting. Beim Probedurchgang kann jemand aus der Kommunikationsabteilung in die Rolle des Journalisten schlüpfen.

4.3.5 Hintergrund-Gespräch

Hintergrund-Gespräche sind Veranstaltungen mit Medienschaffenden, bei denen nicht eine Publikation des Besprochenen im Fokus steht. Vielmehr geht es darum, den Medienschaffenden Hintergrundwissen zu vermitteln, um sie in eine Position zu versetzen, die aktuellen Vorgänge besser verstehen und einordnen zu können.
In akuten Krisen bleibt meist wenig Zeit, Hintergrund-Gespräche zu führen. Sie sind aber ein wichtiges Instrument bei Krisen, die länger andauern oder sich als schleichende Krisen ankündigen. Auch bei akuten Krisensituationen über mehrere Tage, die ein hohes technisches Verständnis der Medienschaffenden verlangen, kann es angezeigt sein, in einem Hintergrundgespräch solche technische Grundlagen zu erörtern.

4.3.6 Mitarbeiter-Versammlung

Ein uraltes Instrument (heute auch unter dem Begriff Townhall-Meeting bekannt) und doch unglaublich effektiv: Die Mitarbeiter/innen-Versammlung. Statt die Belegschaft im Ungewissen über die Situation zu lassen, rufen Sie via E-Mail, SMS, Pager oder allenfalls über das Anschlagbrett zu einer Mitarbeiter/innen-Information zusammen. Das kann rund um die Mittagszeit sein oder auch kurz vor Arbeitsschluss.

4.4   Arbeitsmethodik in der Krisenkommunikation

Die Krisenkommunikation ist Teil des Krisenmanagements und damit dem allgemeinen Führungsprozess unterworfen, wie er im ersten Kapitel beschrieben ist (vgl. C1 Command Kapitel 4.3 Prozesse). Nachfolgend stellen wir bezogen auf die Fragen der Kommunikation dar, was der Krisenstabsleiter vom Kommunikationsverantwortlichen in der Krise an den einzelnen Stabsrapporten erwarten darf und wird.

Monitoring abgrenzen und sicherstellen
Für den Teilstab Kommunikation ist es von enormer Bedeutung, in Echtzeit mitzubekommen, was «draussen» abgeht, wie die Medien-(um)welt über den Ereignisfall berichtet, in welche Richtung die Kommentare laufen, welche Drittparteien sich allenfalls die Situation für ihre eigenen Zwecke zunutze machen – beispielsweise politische Pressure-Groups, die Ihren Ereignisfall ausnützen, um für ihre Anliegen zu trommeln.

Die Informationsgewinnung und Dokumentation wird bereits im Kapitel der Führungsunterstützung angesprochen. In der Praxis sind heute verschiedene Modelle anzutreffen: In Blaulichtorganisationen oder Organisationen ohne ausgebaute Kommunikationsabteilung wird die Informationsgewinnung inklusive Monitoring häufig von der Führungsunterstützung bewerkstelligt. Mittlere und grössere Unternehmen betreiben immer häufiger ausgebaute Kommunikationsabteilungen, die über eigentliche «Newsrooms» verfügen, nicht unähnlich denjenigen in

Redaktionen von Medienunternehmen. Hier werden Informationen über das eigene Unternehmen und die Themenfelder, in denen das Unternehmen tätig ist, in Echtzeit gesammelt, dokumentiert und ausgewertet. Gerade börsenkotierte Unternehmen wollen beispielsweise jederzeit wissen, was und wie über sie und ihr Management berichtet wird oder welche Gerüchte im Umlauf sind. Nur so können die Kommunikationsabteilungen nötigenfalls korrigierend eingreifen, bevor an den Finanzmärkten Millionenwerte vernichtet werden.

So oder so: Wichtig ist, dass die Aufgabe des Monitorings innerhalb einer Krisenorganisation klar zugewiesen ist und professionell betrieben wird. Eine genaue Aufgabendefinition des Monitorings und der dafür verantwortlichen Stellen ist unerlässlich. In der Praxis übernimmt oft die Führungsunterstützung bestimmte Aufgaben des Monitorings. Sie arbeitet in diesem Fall nach den Anordnungen der Kommunikationsabteilung, welche in einem akuten Ereignisfall personell nicht mehr in der Lage ist, den enormen Nachrichtenstrom alleine zu beobachten und auszuwerten. Es ist zwingend, sich in ruhigen Zeiten gut zu überlegen, was die eigene Kommunikationsabteilung zu leisten vermag und wo sie zusätzliche Unterstützung benötigt. Dabei ist zu beachten, dass das Monitoring der Berichterstattung eine hohe strategische Bedeutung für die Arbeit im Krisenstab hat. Was sich an der Medienfront tut, ist wichtiger Bestandteil des Lagebildes. Dazu gehört an jedem Rapport ein regelmässiger Statusbericht über die Medienfront.

Wichtig ist eine klare Definition dessen, was das Monitoring beinhaltet und welche Informationskanäle auszuwerten sind. In der Praxis treffen wir oft auf Krisenstäbe, welche den gesamten Informationsgewinnungsprozess der Kommunikation überbürden. In solchen Fällen wird dann auch erwartet, dass die Kommunikation Informationen aus Bereichen wie Operation oder Legal allenfalls aus dem Austausch mit Dritten zeitnah ins Lagebild einfliessen lässt. Überschneidungen mit den Aufgaben der Führungsunterstützung sind in diesen Fällen vorprogrammiert. Hier ist letztlich nicht entscheidend, wer diese Aufgaben erledigt und wo die Verantwortlichkeit liegt, sondern dass es getan wird und dass klare Verantwortlichkeiten definiert werden.

Instrumente des klassischen Medienmonitorings

Die Anzahl an Instrumenten, welche für das klassische Medien- und Socialmedia-Monitoring herangezogen werden können, ist in den letzten Jahren stetig gewachsen. Die klassischen Medienauswerter haben ihre Tätigkeitsfelder auch auf die Beobachtung des Internets ausgedehnt, dazu sind Hunderte von Tools hinzugekommen, welche sich darauf spezialisiert haben, Social Media und Internetseiten auf bestimmte Schlagwörter, Issues und Entwicklungen hin abzusuchen. Die Angebote umfassen reine Trefferlisten, welche von Suchrobotern automatisiert erstellt werden. Die Suchroboter durchdringen mit mehr oder minder akuraten Algorhythmen die Tiefen des World Wide Web. Andere Anbieter offerieren auch eine Gewichtung oder inhaltliche Einordnung der Treffer. Je nachdem, wie viel «Manpower» hinter den Angeboten steckt, kann ein entsprechendes Abonnement rasch eine teure Angelegenheit werden. – In der Krisensituation kann sich das aber dennoch auszahlen, weshalb wir dazu raten, sich als Verantwortliche zumindest einen groben Marktüberblick über die Produkte zu verschaffen. Weil dieser Markt stark umkämpft ist, sind die meisten Anbieter sehr flexibel und schnell; ihre Produkte können dann oftmals auch kurzfristig gebucht und eingesetzt werden.

Weil die Anbieter und die Produkte einen enorm dynamischen Markt bilden und beinahe im Wochenrhythmus neue Produkte antreten und/ oder alte einen Relaunch erfahren, verzichten wir hier auf eine detaillierte Vorstellung von spezifischen Lösungen. Im Bedarfsfall lohnt es sich, auf die Beratung eines erfahrenen Krisenkommunikationsspezialisten zurückzugreifen.

Schritt 1: Problemerfassung

Aufgabe der Krisenkommunikation ist es, bei der Problemerfassung die kommunikativen Rahmenbedingungen der Problemstellung zu berücksichtigen. Diese können je nach Ausgangslage höchst unterschiedlich sein. Regelmässig werden sich aber für den verantwortlichen Krisenkommunikations-Manager drei Fragen stellen:

- Welche Anspruchsgruppen haben welche Kommunikationsansprüche gegenüber der eigenen Organisation?
- Welche Anspruchsgruppen könnten in der gegebenen Krisensituation eigene Kommunikationsmassnahmen ergreifen, die auf die eigene Krisenbewältigung Einfluss nehmen könnten?
- Welcher Schaden kann in der Öffentlichkeit für die eigene Organisation entstehen, wenn die Krisensituation einer breiteren Öffentlichkeit bekannt wird?

Konkret stellt sich beispielsweise häufig die Frage, wie hoch das Risiko ist, dass eine Krisensituation über eine Medienberichterstattung weiteren Kreisen publik wird. Vielleicht ist das aber auch bereits geschehen, dann ist zu fragen, ob die Krise in der gegenwärtigen Nachrichtensituation zu einer grösseren Aufmerksamkeit führen wird. Und ob es andere Anspruchsgruppen gibt, die möglicherweise die Situation ausnützen werden für ihre eigenen Zwecke, was einer Krisensituation eine völlig neue Dimension geben kann.

Bei eigentlichen Kommunikationskrisen wird die Kommunikation zum Kerngeschäft des Krisenstabs. Eine solche kann beispielsweise vorliegen, wenn in einem oder mehreren Märkten Aussagen über die eigene Organisation gemacht werden, über deren Wahrheitsgehalt der Organisation selbst nichts bekannt ist.[16]

Aber auch bei allen anderen Krisen stellt die Kommunikation immer eine Herausforderung dar. Bewährt hat es sich, anhand einer Stakeholder- oder Dialoggruppen-Analyse zu überlegen, welche kommunikativen Herausforderungen die Ausgangslage stellt: Ein tödlicher Unfall im Betrieb beispielsweise bringt verschiedene Kommunikationsprobleme mit sich:

- Wer überbringt die Nachricht den Angehörigen? (vgl. C3 Care Abschnitt 4.1.1 Todesfall im Betrieb).

---

16 Das klassische Beispiel der jüngeren Vergangenheit sind Meldungen in deutschen Medien, dass Daten aus einem Bankinstitut in Liechtenstein oder der Schweiz an die deutschen Steuerbehörden verkauft worden seien.

- Welche Reaktion erwarten die Angehörigen von den obersten Führungsverantwortlichen der Organisation?
- Wie kommunizieren wir gegenüber den Mitarbeiterinnen und Mitarbeitern?
- Wie gegenüber der interessierten Öffentlichkeit? (Medien)
- Welche Kommunikationsmassnahmen, die zur Zeit laufen, müssen aus Pietätsgründen sofort gestoppt werden? (Unpassende Werbekampagnen)

Der Krisenkommunikationsmanager muss in der Lage sein, für den Problemerfassungsrapport abzuschätzen, wie und wo Kommunikation zur Verschärfung oder Veränderung der Krise führen könnte und in welchen Adressatenkreisen die Krise zu einem Kommunikationsbedarf führen mag. In der Praxis skizzieren wir in aller Regel verschiedene denkbare Entwicklungen, die wir mit Eintretenswahrscheinlichkeiten abzuschätzen versuchen.

Gerade in der Kommunikation ist es aufgrund des öffentlichen Drucks notwendig, laufend Sofortmassnahmen vorzuschlagen und zu veranlassen. In der Praxis geschieht es deshalb häufig, dass der Krisenkommunikationsmanager in allen Phasen des Führungsprozesses bereits mit konkreten Massnahmen aufwartet. Der Krisenkommunikationsmanager muss dabei eine Sandwich-Position aushalten können: Die Situation, dass der Kommunikationsmanager aufgrund externen Drucks lieber früher als später kommunizieren möchte, der Krisenstabsleiter sich aber noch in Zurückhaltung übt, kann genauso vorkommen wie die umgekehrte Situation, in welcher der Krisenstabsleiter schneller informieren möchte, die Kommunikation aber den Arbeitsanfall noch kaum zu bewältigen mag.

Schritt 2: Lagebeurteilung

In der zweiten Phase der Krisenbewältigung ist oftmals eine realitätsnahe Einschätzung der Problemstellung entscheidend für einen Krisenstab: Insbesondere wird jeden Krisenstab die Frage interessieren, wie gross das Risiko negativer Presse einzuschätzen ist, denn eine solche kann je nach Ausgangslage wesentlich zur Eskalation beitragen. Vom Kommunikationsexperten wird nichts weniger verlangt, als dass er die

Entscheidmechanismen auf Redaktionen kennt und einschätzen kann, ob eine Krise auch im journalistischen Sinn «eine Geschichte» ist, über die zu berichten es sich für einen Medientitel lohnt. Dazu ist einiges an Erfahrung nötig, reagieren doch die Medien auf gewisse Fragestellungen definitiv sensibler als auf andere. Im Zweifelsfall kann sich ein Blick in die Medienarchive und die Suche nach vergleichbaren Krisen lohnen.

Eine Beurteilung der Frage, wie andere Anspruchsgruppen die eigene Krise zum Anlass für Kommunikationsmassnahmen nehmen, kann sich auf verschiedene Grundlagen abstützen. Zu einigen Anspruchsgruppen mag der Krisenstab in der Vergangenheit eine gute Basis gelegt haben, sodass diese Frage offensiv abgeklärt werden kann. Manchmal helfen aber auch verdeckte Recherchen oder indirekte Kontakte.

Insbesondere gehört es zur Aufgabe des Kommunikationsverantwortlichen im Krisenstab, die eigene Krisenstabsarbeit daraufhin zu überprüfen, ob sie einer kritischen Prüfung durch Medienschaffende standhalten würde oder ob die diskutierten Massnahmen zur Kriseneindämmung ein Reputationsproblem schaffen könnten, weil sich diese einer breiten Öffentlichkeit gegenüber schlicht nicht rechtfertigen lassen.

In diesem Sinn amtet die Kommunikation im Krisenstab als «Soundingboard» und kritische Mitdenkerin insbesondere auch bei der Entschlussfassung über die zu treffenden Massnahmen.

Schritt 3: Entschlussfassung

Je nach Ausprägung der Krise kann die Entschlussfassung der Krisenkommunikation eine unterschiedlich grosse Rolle bei der Krisenbewältigung zuordnen. Kommunikationskrisen führen häufig dazu, dass die Hauptmassnahmen, die zu treffen sind, im Führungsgebiet der Kommunikation liegen, in anderen Fällen sind Kommunikationsmassnahmen vor allem flankierende Massnahmen.

Ganz grundsätzlich können Kommunikationsmassnahmen aber immer als Kombination von Inhalten, Adressaten und Kanälen verstanden werden. D.h. es geht immer darum, welche Inhalte über welche Kanäle an welche Adressaten gelangen sollen. Im Rahmen der Entschlussfassung stellt der Leiter Krisenkommunikation die Anträge, was wann wie als Nächstes durch wen kommuniziert werden soll.

Schritt 4: Ausarbeitung des Einsatzplanes

Der vierte Schritt der Krisenbewältigung bedeutet für die Kommunikationsverantwortlichen in der Regel viel Arbeit: Es geht nun darum, erst die gewünschten Botschaften zu entwerfen, diese dann in die notwendige Form zu bringen, um sie über die vordefinierten Kanäle an die richtigen Adressaten zu bringen. Vordefinierte Adressatenlisten müssen noch einmal überprüft werden – oder gar erst beschafft, falls die Organisation ohne jede Vorbereitung in die Krisensituation geraten ist. Auch die Kanäle können bereits vorbereitet sein: Stichworte sind Templates (Vorlagen) für Medien-Communiqués oder «Darksites», sprich vorbereitete Internet-Auftritte, die in Krisensituationen nur noch mit den aktuellen Inhalten befüllt und dann aufgeschaltet werden müssen.

Wichtige Elemente des Einsatzplanes aus Kommunikationssicht sind aber auch vorbehaltene Entschlüsse; dazu gehören immer sog. «Nasty Questions Lists», also potenziell kritische Fragen, die in der Krisensituation von Medienschaffenden oder den Vertretern anderer Anspruchsgruppen gestellt werden könnten.

Auf eine Kurzformel gebracht geht es beim Erstellen des Einsatzplanes darum, festzulegen, welche Botschaften über welche Kanäle zu welchen Adressaten gelangen sollen.

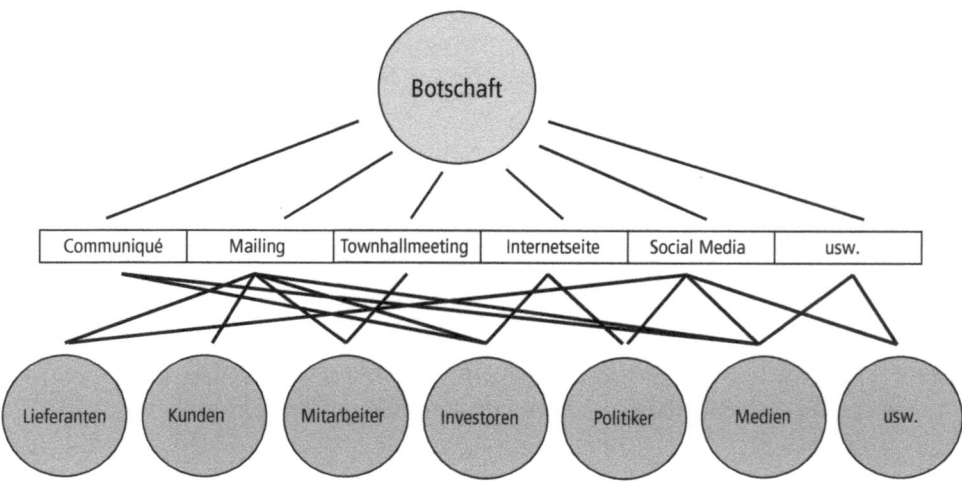

Abb. 39. Botschaften, Kanäle, Adressaten

Schritt 5: Auftragserteilung

An den Lagerapporten, an denen Auftragserteilungen erfolgen, wird die Kommunikationsabteilung ihre fertig vorbereiteten Massnahmen vorstellen, soweit sie nicht schon im Rahmen von Sofortmassnahmen Aufträge entgegengenommen und umgesetzt hat. Die Auftragserteilung heisst für die Kommunikation dann, die vorbereiteten Massnahmen zum richtigen Zeitpunkt umzusetzen.

Entscheidend für eine gelungene Kommunikation ist, dass der Krisenstab greifbar bleibt und auf Nachfragen oder Reaktionen der Adressaten eingehen kann.

Schritt 6: Kontrolle

Die Kontrolle der Kommunikationsmassnahmen bildet ein wichtiges Element: Das Mittel dafür ist das Monitoring, d.h. die zeitnahe Beobachtung, wie die abgeschickten Botschaften bei den Adressaten ankommen. Bei den Medienkanälen heisst das, Internetplattformen zu lesen, Radioprogramme zu hören und TV zu schauen, um sicherzustellen, dass die Botschaften auch tatsächlich angekommen sind.

Sofortmassnahmen (SOMA)

Als eine der wichtigsten Sofortmassnahmen bei einer plötzlich eintretenden Krise gilt es, eine Sprachregelung der ersten Stunde zu definieren. Dazu gehört auch, wer sie wo bzw. wem gegenüber anzuwenden hat.

Zeitplan

Raschheit und der richtige Zeitpunkt spielen bei einer professionellen Krisenkommunikation eine entscheidende Rolle und können die Führungstätigkeit massgeblich beeinflussen. Deshalb sind die Zeitverhältnisse frühzeitig abzuschätzen und ein «Kommunikationszeitplan» zu erstellen. Dieser kann Einfluss auf die Prioritäten im Krisenstab haben. Er ist auf jeden Fall eng auf die Stabstätigkeit abzustimmen.

Ein wichtiges Element der Krisenkommunikation bildet in vielen Fällen der Anspruch, die Deutungshoheit über ein Ereignis behalten zu können. Das heisst konkret, dass es der Krisenkommunikation gelingt, so proaktiv und zügig vorwärts zu arbeiten, dass sie einen nicht abreissenden Informationsfluss gewährleisten kann. Die Regel ist recht einfach:

Solange die Medienschaffenden von Ihrem Krisenstab immer wieder mit Informationen versorgt werden, sehen die Journalistinnen und Journalisten wenig Anlass, sich bei anderen, möglicherweise weniger zuverlässigen Quellen Informationen zu beschaffen. So mag es gelingen, dass Ihre Sicht auf die Krise die vorherrschend publizierte ist. Versiegt hingegen der Informationsfluss aus Ihrem Krisenstab, werden die Medien sich anderer Quellen bedienen, die vielleicht Ihre Arbeit wesentlich kritischer sehen oder auch nur Gerüchte kolportieren, welche die Arbeit des Krisenstabs unter Umständen massiv erschweren können.

4.4.1 Social Media

Das Aufkommen von Twitter, Facebook, Snapchat, Instagram und wie die neuen Social Media Plattformen alle heissen, hat zweifellos die Kommunikationslandschaft von Grund auf revolutioniert. Insbesondere haben die Social Media, aber auch das Internet ganz allgemein, das Tempo der Kommunikation massiv beschleunigt. Während früher «Content is king» galt («Inhalt geht über alles»), ist heute oft genug «Speed is king» passender, und auch die Internetportale sogenannter Qualitätstitel stellen die rasche Veröffentlichung vor die Seriosität einer Information. – Mit Auswirkungen insbesondere auf das Krisenmanagement.

Auf vielen Online-Redaktionen herrscht heute die Haltung vor, wichtig sei primär die schnelle Veröffentlichung. Und sollte sich die Meldung als ganz oder in Teilen falsch erweisen, würden sich dann die von der Falschmeldung Betroffenen schon melden und eine Korrektur verlangen. – Dass unterdessen schon eine gehörige Zahl Leserinnen und Leser die Falschinformationen aufgenommen hat und Stunden später kaum mehr auf denselben Artikel zurückkommen wird, scheint in der heutigen Redaktionslandschaft weniger von Belang. Hinzu kommt dann, dass Medienschaffende über Social Media Kanäle wie insbesondere Twitter ihre – realen oder vermeintlichen – Primeure sofort in die Welt hinausposaunen. – In der Medienlandschaft geht es um Wahrnehmung, und wer es schafft, eine Geschichte zu publizieren, die dann auch von anderen Medien aufgenommen wird (oder aufgrund der Brisanz: werden muss), macht sich schnell einen Namen.

Umso wichtiger ist es deshalb für die Krisenkommunikation, bei Fehlleistungen auf Internet-Seiten oder über Social Media Kanäle schnell korrigierend einzuwirken. Das kann natürlich nur, wer professionelles Monitoring betreibt und solche Fehlmeldungen auch mitbekommt (Vgl. Beginn des Kapitels zum Thema Monitoring).

Dazu gesellen sich neuere Phänomene wie etwa «Shitstorms», also konzertierte oder spontane Negativkampagnen gegen Produkte, Institutionen oder Personen auf einer oder mehreren Social Media Plattformen.

Die Krisenkommunikation auf Social Media ist unterdessen zu einem eigenen Feld geworden mit einer ganzen Anzahl von spezialisierten Anbietern. Dagegen ist grundsätzlich nichts einzuwenden, allerdings ist auch zu bedenken, dass die Disziplin noch sehr jung ist und viele Erkenntnisse kaum wissenschaftlich nachgewiesen sind. Die Frage beispielsweise, welchen Schaden ein Shitstorm an einer Marke tatsächlich anrichten kann, lässt sich bislang wissenschaftlich erhärtet kaum sagen – und aus der Praxis melden uns viele Kommunikationsmanager mit Shitstorm-Erfahrung zurück, dass der Shitstorm auf messbare Grössen wie Umsatzzahlen schlicht keinen Einfluss hatte. Auch hier sind allerdings Verallgemeinerungen gefährlich, und insbesondere muss beachtet werden, dass viele Medienschaffende von klassischen Medienkanälen im Social Web unterwegs sind, um dort Themen aufzustöbern – so kann ein Shitstorm zu einer Berichterstattung auch in klassischen Medientiteln führen und Medienschaffende zu vertiefender Recherche bewegen. Einige Regeln für den Umgang mit Social Media Kanälen haben sich trotzdem für die Praxis herausgeschält:

Diskussionen nicht abwürgen

Viele Unternehmen sind auf den Social Media-Zug aufgesprungen, ohne sich bewusst zu sein, was diese Kommunikationskanäle bedeuten. Social Media steht insbesondere für Dialog – wer sich auf Social Media Plattformen wagt, muss also bereit sein, mit dem Publikum/den Kunden zu sprechen und diese ernst zu nehmen. Erfahrungsgemäss haben Kunden aber häufig insbesondere dann ein grosses Kommunikationsbedürfnis, wenn sie mit einem Produkt oder einer Dienstleistung nicht zufrieden sind. In dieser Situation gilt es dann, kühlen Kopf zu bewahren und die Anliegen ernst zu nehmen. Ganz schlecht kommt es an, wenn Sie unliebige Posts auf Facebook löschen und die Diskussion zensurieren, indem kritische Posts nicht veröffentlicht werden.

Netiquette durchsetzen

Was nicht heisst, dass Sie nicht darauf achten sollten, dass gewisse Anstandsregeln und die Grenzen des Strafrechts in Bezug auf Verleumdungen, Beleidigungen und die anderen einschlägigen Vorschriften – die sogenannte Netiquette – eingehalten werden. Verstösst ein Besucher dagegen, löschen Sie den betreffenden Text und schreiben hin, dass hier ein Text entfernt wurde, weil er gegen die Netiquette verstiess.

Antworten

Das Social Media Publikum erwartet, dass Sie sich an der Diskussion beteiligen und Stellung nehmen, z.B. bei Reklamationen. Und diese Reaktionen werden nicht erst in zwei Wochen erwartet, sondern innerhalb weniger Minuten, nicht einmal Stunden. In Krisensituationen kann die Anzahl der Posts allerdings so massiv in die Höhe schnellen, dass auch ein gut ausgestattetes Social Media Team schlicht nicht mehr nachkommt. Da hilft dann ein Hinweis, dass man sich nach Kräften bemühe, die aufgeworfenen Fragen zu beantworten, aber auch um Verständnis bitte, dass nicht jede Frage innerhalb von wenigen Minuten beantwortet werden könne. Klar ist hingegen auch, dass das Social Web-Publikum von einem mittleren oder grösseren Unternehmen erwartet, dass es, wenn es denn schon im Social Web vertreten ist, auch entsprechende Kapazitäten bereitstellt.

Man muss nicht überall sein

Auch wenn Sie möglicherweise schon explizit den gegenteiligen Rat gehört haben: Wir sind nicht der Meinung, dass Sie auf allen Social Media Kanälen vertreten sein müssen. Im Gegenteil: Auch hier ist weniger nicht selten mehr. Besser Sie sind nur auf Facebook und Twitter präsent, dort aber richtig und mit der nötigen Power, als dass Sie sich auf zu vielen Kanälen verzetteln.

Ein klares Konzept

Immer wieder beobachten wir, dass ein Unternehmen verschiedenste Kanäle bedient, aber keine klare Abgrenzung zwischen den verschiedenen Plattformen existiert. Wir raten dazu, sich auch im Krisenfall zu überlegen, welche Kanäle Sie wie bewirtschaften. Twitter beispielsweise kann gut eingesetzt werden, um rasch neue Informationen/Erkenntnisse zu transportieren. Oder um auf neue Angebote auf den anderen Kanälen hinzuweisen. Eine Plattform verwenden Sie vielleicht gezielt, um zu Ihrer Thematik Hintergrund-Informationen zu vermitteln. – Die letzten Breaking News haben auf dieser Plattform dann aber nichts verloren. Falls Sie eine oder gar mehrere Medienkonferenzen abhalten, stellen Sie diese vielleicht als Videos auf einem Youtube- oder Vimeo-Kanal zur Verfügung etc.

Tonalität der Kommunikation klären

Der Umgangston in den Social Media ist oft ein anderer als in der restlichen Kommunikationshemisphäre. Gerade Twitter mit seiner Zeichenbeschränkung verführt zu pointierten Aussagen, die schnell verletzend und gehässig wirken – insbesondere auch, weil der Rhythmus der Kommunikation so hoch ist, dass etwelche der Teilnehmerinnen und Teilnehmer schneller zu tippen als zu denken vermögen. Legen Sie deshalb in Ihrem Social Media Team klar fest, in welcher Tonalität – auch bei einem aggressiven oder frechen Kontakt – geantwortet werden soll.

Kompetenzen festlegen

Gerade die Kommunikationsabteilungen grösserer Unternehmen leiden regelmässig darunter, dass in ihren Themenfeldern der ganze hierarchische Überbau mitreden möchte. Wir kennen Beispiele, bei denen der CEO einen überzähligen Leerschlag in einem Medien-Communiqué rügte – und das in einer Krisensituation. Wohlverstanden: Wir reden hier nicht dem Schludrian das Wort. Aber Kommunikation über die Social Media Kanäle kann nur funktionieren, wenn das entsprechende Team auch mit der Kompetenz ausgestattet ist, rasch reagieren zu können, ohne dass jeder Post erst noch die Runde durch die Hierarchien machen muss.

Lassen Sie die Hunde schlafen

Viele grosse Krisenmomente erlebt die Kommunikationswelt immer wieder dadurch, dass Organisationen oder Unternehmen überreagieren. Menschlich und emotional nachvollziehbar regt sich ein CEO darüber auf, wenn im Internet geschrieben wird, dass er sich mit einem Spartenleiter so laut gestritten haben soll, bis dieser entnervt das Weite suchte – zumal, wenn die Geschichte falsch oder zumindest massiv übertrieben ist. Ebenso ist der Ärger einer Kommunikationsagentur verständlich, die für einen Grosskonzern ein vertrauliches Lobbying-Papier geschrieben hat, das dann von einem investigativen Journalisten plötzlich im Internet zum Download angeboten wird. Und aus der ganz spezifischen Sicht eines nicht eben auf demokratischen Grundwerten operierenden Staatschefs mag sogar nachvollziehbar sein, dass sich ebendieser beleidigt fühlt, als seine Missetaten in einem satirischen Beitrag einer ausländischen TV-Station musikalisch zusammengefasst werden. Nur: In allen drei Fällen haben die ergriffenen Gegenmassnahmen die Krise erst so richtig angeheizt. Ob der besagte CEO tatsächlich gelegentlich laut werden könne, fragten sich die Menschen erst, als seine per Communiqué im Netz verbreitete Gegendarstellung dafür sorgte, dass eine grosse Leserschaft den Artikel überhaupt zur Kenntnis nahm. Der Medienjurist, der im Auftrag der Kommunikationsagentur eine Abmahnung versandte, schaffte es zwar tatsächlich, dass das vertrauliche Lobbying-Papier auf der einen Internet-Seite verschwand – gleichzeitig wurde es aber dutzendfach auf anderen Seiten gepostet oder per E-Mail so breit gestreut, dass kaum eine/r es nicht erhalten hat. Und dem etwas fragwürdigen Staatspräsidenten hat die Einbestellung des Botschafters auch nicht geholfen: Im Gegenteil, die Rüge hat nur dazu geführt, dass ganz Europa über sein seltsames Verständnis von Pressefreiheit spottete. Der gerügte Beitrag, zuvor auf youtube von bescheidenen 50'000 Zuschauern gesehen, schnellte auf 5 Millionen Klicks hoch.

5   Praxisbeispiel

Der Anruf erfolgte an einem Sonntagvormittag. Am anderen Ende erzählte eine hörbar müde Geschäftsleitungsvorsitzende, wie sie trotz pausenlosen Meetings nicht richtig vorwärts kämen mit ihren Bemühungen, eine Krisensituation einzudämmen.

Der KMU-Betrieb aus der Lebensmittelbranche war in seinem Segment, nämlich Lebensmittel für Kinder unter fünf Jahren, einer der europäischen Marktführer. Die Firma fristete dennoch – und das durchaus gewollt – ein Dasein abseits von den grossen Schlagzeilen in den Wirtschaftsnachrichten. Das nicht zuletzt deshalb, weil das Schweizer KMU in erster Linie als Zulieferer für andere Unternehmen fungiert, welche die Produkte dann unter ihrem eigenen Label vertreiben. Die eigenen Marken machen nur einen kleinen Teil der Produktion aus, und die eigenen Produkte werden darüber hinaus nicht im deutschsprachigen Raum, sondern in erster Linie in Osteuropa vertrieben.

Wo aber lag nun das Problem? Anlässlich des ersten Treffens vor Ort erklärte die Geschäftsführerin zusammen mit dem Leiter Qualitätsmanagement und der Leiterin des hausinternen Lebensmittellabors die Situation: In Griechenland, einem der Abnehmerländer, waren in der letzten Woche zwei Kleinkinder unter mysteriösen Umständen verstorben. Bislang konnten die Behörden vor Ort nur einen gemeinsamen Nenner ausmachen: Beide Kinder hatten denselben Kinderbrei des mittelständischen Schweizer Unternehmens gegessen. Und obwohl die Behörden bei beiden Kindern eine Obduktion angeordnet hatten, waren bislang keine Ergebnisse bekannt. Als Damoklesschwert hing allerdings der Verdacht in der Luft, die Kinder könnten an Botulismus verstorben sein, einer Lebensmittelvergiftung, welche durch ein gefährliches Bakterium ausgelöst wird. Keine dieser Tatsachen war allerdings in die Öffentlichkeit durchgesickert – nur die Behörden und die betroffene Firma hatten davon Kenntnis. – Natürlich stellte sich die Frage, wie lange das so bleiben würde.

Sauberer Führungsrhythmus ein Problem

Die Geschäftsleitungsvorsitzende, welche in ihrer langjährigen Karriere noch nie mit einer solchen Herausforderung konfrontiert worden war, hatte spontan und intuitiv ein ad-hoc-Krisenmanagementteam gebildet. Als Sofortmassnahme wurde entschieden, die zurückgehaltenen Proben der in Frage stehenden Lebensmittel-Chargen sofort auf alle Botulismus-Erreger hin untersuchen zu lassen. – Allerdings dauerten alle notwendigen wissenschaftlichen Untersuchungen und Tests, sollten sie denn seriös durchgeführt werden und ein robustes Ergebnis zeitigen, rund eine Woche. Es stand also eine lange Zeit der Unsicherheit an. Daran vermochte auch die Tatsache nichts zu ändern, dass für die Lebensmittelchemiker des Betriebs nach dem aktuellen Wissensstand eine Verunreinigung mit diesem Erreger praktisch unmöglich erschien. – Das Bakterium benötigt für sein Überleben Bedingungen, die in den Verpackungseinheiten des Kinderbreis nicht gegeben waren.

Die Problemerfassung machte rasch klar, dass die Firma in einem Dilemma gefangen war: Sollten die Produkte, die sich in Griechenland noch in den Regalen befanden, zurückgerufen werden? Aber welche Wirkung hätte das auf die Reputation und die Glaubwürdigkeit des Unternehmens? Die Medien vor Ort würden mit an Sicherheit grenzender Wahrscheinlichkeit eine Verbindung zwischen den toten Kindern und einem Produkterückruf herstellen. Das könnte zu einem nicht wieder gutzumachenden Imageproblem führen. Und wie würden die Grosskunden reagieren, insbesondere dieser eine, der als strategischer Kunde galt und dessen Rückzug bedeutet hätte, dass die Firma unweigerlich in finanzielle Schwierigkeiten geraten wäre?

Auf der anderen Seite: Was, wenn das kleine Risiko, dass das eigene Produkt für den Tod der Kinder verantwortlich war, am Ende doch eintreten sollte? Und was erst, wenn noch weitere Kinder zu Schaden oder gar zu Tode kämen, weil die Firma ihre Produkte nicht rechtzeitig zurückgezogen hatte?

Die ausländischen Behörden gaben sich in der Sache äusserst ambivalent. Den Lebensmittel-Spezialisten der Behörden war wohl ebenso klar, dass eine Verunreinigung der Lebensmittel mit dem Botulismus-Erreger kaum die Ursache für die beiden Todesfälle sein konnte. Und wohl aus Sorge, sich allenfalls mit massiven Schadenersatzforderungen konfrontiert zu sehen, sahen sie von einer behördlichen Anordnung ab, die Produktcharge zu sperren. Gleichwohl regten sie aber an, das KMU solle sich doch überlegen, vorsorglich freiwillig auf den Verkauf zu verzichten, bis die Sache geklärt wäre. – Die ambivalente Haltung hatte für das Unternehmen immerhin einen Vorteil: Weil die Behörden keinen Produkterückruf verlangten, waren sie selbst mit im Boot und in der Verantwortung. Würden neue Verdachtsfälle auftauchen, so wären wohl auch die Behörden und ihr Entscheid, keinen Produktrückruf zu verordnen, in die Kritik geraten. Diese Einsicht erleichterte die Zusammenarbeit in der Folge wesentlich.

Das ad-hoc-Krisenmanagementteam tat sich schwer damit, unter dem Druck der immensen Last einen strukturierten Führungsrhythmus zu etablieren und Entscheidungen zu fällen. Das Bewusstsein, dass ein Entscheid in die eine oder andere Richtung je nach weiterem Verlauf der Krise das Unternehmen in seiner Existenz gefährden könnte, hatte eine lähmende Wirkung. In vielen Diskussionen wurden aus der Problemerfassung heraus, ohne eine nüchterne Lagebeurteilung, Entscheide ins Auge gefasst, für die dann aber doch niemand die Verantwortung übernehmen wollte. Auch für uns in der Rolle als externe Sparringpartner ist das eine schwierige Situation. Solche Entscheidungen können nicht von Beratern gefällt werden, unsere Rolle kann es nur sein, Chancen und Risiken, Stärken und Schwächen der verschiedenen Wege möglichst genau auszuloten.

Schliesslich besann sich das Krisenmanagementteam darauf, die Lage nüchtern zu analysieren und sich zu fragen, mit welchen Eintretenswahrscheinlichkeiten und welchem Schadensausmass in den beiden grundsätzlichen Szenarien zu rechnen war. Das Team kam so zum Schluss, dass das Risiko, die Existenz der Firma mit einem proaktiven Vorgehen zu gefährden, schlicht zu hoch war – bei dem hier vorliegenden, äusserst vagen und wissenschaftlich kaum haltbaren Verdacht. Die Gefahr, dass ein Produktrückzug dazu führen würde, dass die beiden toten Kinder der Schweizer Firma angelastet würden, schätzten die meisten als sehr wahrscheinlich ein. Das Risiko hingegen, dass die wissenschaftlichen Untersuchungen tatsächlich eine tödliche Verunreinigung ans Tageslicht bringen würden, wurde hingegen als minim eingeschätzt. Das potenzielle Schadensausmass hingegen wurde in beiden Szenarien als ähnlich hoch bewertet.

Deshalb entschied sich die Geschäftsleitung für eine zurückhaltende Strategie, allerdings mit flankierenden Massnahmen. Mit dem Generalimporteur wurde ein engmaschiges Monitoring vereinbart, das dieser vor Ort aufbauen sollte. In diesem Fall zeigten sich die Behörden sehr kooperativ, auch ihnen war offensichtlich daran gelegen, keine Fehlentscheide zu fällen. Es wurde der vorbehaltene Entschluss gefasst, dass bei weiteren Verdachtsfällen mit den Behörden sofort ein Produktrückruf lanciert würde; alle dafür notwendigen Massnahmen wurden sofort vorbereitet.

Flankierende Massnahmen und vorbehaltene Entschlüsse wurden auch in Bezug auf die Kommunikation gefasst: Vorsorglich wurden Botschaften entwickelt, wie auf Medienanfragen reagiert werden würde, falls doch ein Journalist auf die Geschichte stossen sollte. In Nasty Questions Lists wurde zusammengefasst, welche kritischen Fragen zu erwarten und welches die guten Antworten darauf wären.

Auch ein Medienjurist war mit im Team, um auszuloten, welche juristischen Möglichkeiten bestünden, eine (geschäftsschädigende) Berichterstattung zu verhindern.

In aller Eile mussten schliesslich innerhalb der Firma die Repräsentanten bestimmt werden, welche allenfalls im Radio und TV Red und Antwort stehen würden. Und noch mehr: Weil auch die Mitarbeiterinnen und Mitarbeiter – beispielsweise am Empfang – noch nie mit Medienschaffenden zu tun gehabt hatten, stellte sich die Frage, ob und wie diese instruiert werden müssten für den Fall, dass plötzlich ein Kamerateam mit laufender Kamera auf sie zusteuern würde. Hier zeigte sich ein weiteres Dilemma: Das Krisenmanagementteam hatte entschieden, auch intern eine defensive Strategie zu fahren und das Team der «Eingeweihten» sehr klein zu halten. Das aber verunmöglichte die flächendeckende Instruktion der Mitarbeiterinnen und Mitarbeiter, wie mit eintreffenden Medienschaffenden verfahren werden sollte. Das Dilemma wurde schliesslich so gelöst, dass eine sehr langjährige Empfangsmitarbeiterin in das Krisenmanagementteam berufen und mit der Aufgabe betraut wurde, Medienschaffende an Telefon oder Empfang professionell und zuvorkommend zu begrüssen und dann an die definierten Mediensprecher weiterzureichen.

Für den Fall aller Fälle wurde auch eine interne Kommunikation vorbereitet; hätte die Geschichte den Weg in die Öffentlichkeit gefunden, wäre die gesamte Belegschaft entweder gleich am Morgen, in einer verlängerten Mittagspause oder vor dem Feierabend in einem Townhall-Meeting von der Geschäftsleitungsvorsitzenden persönlich ins Bild gesetzt worden. Die relativ kleine Belegschaft von etwa 70 Angestellten an einem einzigen Standort hätte die interne Kommunikation sicherlich erleichtert.

Nachdem alle diese Massnahmen vorbereitet waren, legte sich die Anspannung im Krisenmanagementteam deutlich. Die Krise war zwar noch alles andere als überstanden, immerhin aber verfestigte sich der Eindruck, das anfängliche Chaos sei jetzt einem geordneten Führungsprozess gewichen und die notwendigen Schritte seien eingeleitet, um für die weitere Entwicklung gewappnet zu sein.

Die Entlastung kam dann früher als erwartet. Noch bevor nämlich die Resultate der Lebensmitteltests vorlagen, hatten die Obduktionen der beiden toten Kinder gezeigt, dass es zwischen den Todesfällen keine Verbindung gab und beide an je eigenen Ursachen verstorben waren, die aber nichts mit den konsumierten Lebensmitteln zu tun hatten.

Wie gegensätzlich die Welt doch sei, meinte abschliessend einer der Involvierten: Während die Obduktionsberichte der toten Kinder für die zurückgebliebenen Eltern wohl schrecklich gewesen sein müssen, waren sie für das Krisenmanagementteam des Schweizer Lebensmittelherstellers eine unglaubliche Erleichterung.

Der gesamte Fall ist übrigens nie publik geworden.

CARE

UMFASSENDES CARE

Eine Krise läuft in vielerlei Hinsicht nach eigenen Gesetzmässigkeiten ab. In einem kritischen Ereignis haben Menschen andere Bedürfnisse als unter normalen Umständen. Umfassendes (oder comprehensive) Care ist eine Querschnittsaufgabe, die im Krisenstab auf verschiedene Fachgebiete verteilt ist und in ihrer Gesamtheit den ganzen Krisenstab tangiert. Um die erforderlichen Massnahmen in diesem Bereich mit Fingerspitzengefühl und Umsicht zu bewältigen, ist es notwendig, diese eng aufeinander abzustimmen und in der Umsetzung zu koordinieren. Umfassendes Care kann nur erfolgreich sein, wenn es als Teil des Krisenmanagements verstanden und auf dieses abgestützt ist. Bei der Durchführung von Krisenstabstrainings sollte deshalb immer auch sichergestellt werden, dass Umfassendes Care miteinbezogen ist.

1 Szenen aus der Praxis

Niemand denkt gerne an schlimme Situationen. Gerade die Auseinandersetzung mit dem Tod ist ein anspruchsvolles Thema und wird sehr oft verdrängt. Doch Verdrängen schützt Sie nicht vor dem Ernstfall. Eine Vorbereitung auf die leider immer wieder eintretende Realität ist für eine erfolgreiche Handhabung unumgänglich, wobei die Liste möglicher Szenarien lang ist und die Problemfelder im Bereich Umfassendes Care vielfältig sind.

Die nachfolgend dargestellten Fälle sind keine Fantasieszenarien, sondern Beispiele aus dem erlebten Alltag, wobei die aufgeworfenen Fragen die Komplexität des Themas verdeutlichen, jedoch keinen Anspruch auf Vollständigkeit erheben. Die Liste könnte mit vielen weiteren Vorfällen ergänzt werden, was verdeutlicht, wie schnell und unerwartet ein Ereignis eintreten und wie unvorbereitet uns alle so ein Vorfall treffen kann. Plötzlich werden wir mit Situationen und Fragen konfrontiert, die wir so noch nie erlebt haben, was uns fordert und oftmals auch überfordert.

1.1 Plötzlich und unvorstellbar

Es ist Freitag kurz vor 16 Uhr. Sie erhalten als Chef einer renommierten Baufirma einen entsetzten Anruf von einem Ihrer Mitarbeiter. Er befinde sich auf der Baustelle des Mehrfamilienhauses an der Bahnhofstrasse. Sein Arbeitskollege sei auf dem nassen Holzboden des Baugerüstes ausgerutscht, hätte sich nicht mehr festhalten können und sei 18 Meter in die Tiefe direkt auf den Gehsteig gefallen. Er habe sofort den Rettungsdienst avisiert, aber der Arzt habe nur noch den Tod feststellen können. Er fragt Sie, was er jetzt tun solle, und erzählt, dass sein Kollege am nächsten Tag mit seiner Frau und den zwei Kindern in die Ferien fahren wollte. Und dann seien da noch die schockierten Hausbewohner.

Welche Fragen stellen sich?

- Wer geht zur Ehefrau und den Kindern und teilt mit, was geschehen ist?
- Ist ein Kondolenzbesuch nötig?
- Braucht die Trauerfamilie Unterstützung? Wenn ja, welche?
- Was muss bezüglich der Hausbewohner unternommen werden?
- Brauchen die Arbeitskollegen Betreuung? Wenn ja, welche?
- Wie werden die weiteren Mitarbeitenden informiert und gegebenenfalls betreut?

1.2 Uns hat es den Boden unter den Füssen weggezogen

Als CEO dieser Tochterfirma sind Sie auch der Meinung, dass reorganisiert werden muss. Mit der Art und Weise wie der Mutterkonzern dies durchführt, sind Sie aber nicht in allen Teilen einverstanden. Kündigungen und Vertragsänderungen sind an der Tagesordnung. Sie sind stark gefordert, manchmal wird es Ihnen fast zu viel, vor allem auch, weil Weihnachten vor der Türe steht. Heute Morgen erfahren Sie, dass ein Mitarbeitender, mit welchem Sie gestern noch ein Mitarbeitergespräch geführt haben, sich letzte Nacht das Leben genommen hat. Sie sind erschüttert und schockiert, ja wie gelähmt. Ständig denken Sie an die letzten Worte, die Sie mit Ihrem Mitarbeitenden gesprochen haben und ob Sie wohl etwas Falsches gesagt haben oder gar etwas, das zum Suizid geführt hat. Aber nicht nur Sie machen sich Gedanken, auch sein Team, in dem er seit mehreren Jahren gut integriert war, ist komplett am Boden zerstört.

Welche Fragen stellen sich?

- Wie informieren Sie die rund 300 Mitarbeitenden an den verschiedenen Standorten über den Tod?
- Was können Sie per E-Mail kommunizieren, was muss zwingend im persönlichen Gespräch geschehen?
- Wie verhalten Sie sich den Angehörigen gegenüber? Möglicherweise kommen Schuldzuweisungen auf Sie zu.

- Die Emotionen laufen seit dieser Reorganisation auf Hochtouren, aber dieser Suizid lässt das Fass zum Überlaufen bringen. Wie gehen Sie mit den Mitarbeitenden um? Welche Massnahmen treffen Sie?
- Was sagen Sie auf mögliche Medienanfragen?
- Was kommunizieren Sie gegenüber den Kunden?
- Welche internen Rituale sind angebracht und werden allenfalls erwartet?
- Wie wird die Teilnahme an der Trauerfeier geregelt?

1.3   Er war freundlich und die Schüler haben ihn geliebt

Zwei Polizisten stehen im Schulsekretariat und verlangen, den Schulleiter zu sprechen. Worum es geht, wollen sie der Mitarbeiterin im Schulsekretariat nicht sagen, nur dem Schulleiter persönlich. Als Schulleiter einer Sonderschule eilen Sie natürlich sofort ins Sekretariat. Die beiden Polizisten teilen Ihnen mit, dass sie den Lehrer der Oberstufen-Klasse abgeholt und zur Einvernahme mitgenommen haben. Die Eltern eines Mädchens hätten am Morgen Anzeige gegen diesen Lehrer wegen sexueller Belästigung ihres Kindes eingereicht. Sie können kaum glauben, dass das sein kann. Dieser Lehrer ist selber Vater von zwei schulpflichtigen Kindern und ist bei den Schülern, den Lehrerkolleginnen und -kollegen wie auch bei den Eltern beliebt und geschätzt.

Welche Fragen stellen sich?
- Wer informiert wen (Lehrer, Schüler, Eltern) und welche Informationen dürfen herausgegeben werden?
- Wer braucht welche Betreuung?
- Wie wird der Kontakt zwischen Schule und Eltern sichergestellt, damit kein Vertrauensverlust entsteht?
- Was passiert mit dem angeschuldigten Lehrer? Muss er geschützt werden? Wird er freigestellt?

1.4   Weihnachtsverkauf mit Folgen

Vorweihnächtlicher Glanz im Einkaufszentrum. Es ist ein besonderer
Tag, denn der Nikolaus ist in der Spielzeugabteilung im zweiten Ge-
schoss und verteilt Geschenke. Viele strahlende Kinderaugen machen
sich deshalb auf den Weg zu ihm. Plötzlich ertönt ein Schrei. Eine ältere, in der Stadt sehr bekannte Dame bricht auf der Rolltreppe zusammen. Sie bleibt schwer verletzt und blutend am Boden liegen. Kinder
und Erwachsene, die den Unfall gesehen haben, bleiben entsetzt stehen.
Schaulustige Kunden versperren den Weg und erschweren damit die
erste Hilfe. Die alarmierten Rettungskräfte haben wegen der vielen
Menschen Mühe, zur verletzten Frau vorzudringen. Erste Passanten
versuchen sich bereits als Leserreporter. Sie als Teil der Geschäftsleitung
des Einkaufszentrums werden vor einige Probleme gestellt.

Welche Fragen stellen sich?
- Wie kann die verletzte Frau vor Schaulustigen geschützt werden?
- Braucht es Betreuung? Wenn ja, wer braucht welche Betreuung und
  wer übernimmt diese?
- Wo können Betroffene hingeführt werden, damit diese in Sicherheit
  vor den Medien sind?
- Wie gehen Sie mit den Medien um?
- Wie werden die Mitarbeitenden über den Vorfall informiert?
- Welche möglichen Vorwürfe könnten Sie treffen?
- Was müssen Sie unternehmen, damit das Weihnachtsgeschäft keine
  Einbusse erleidet, weil Ihre Reputation in Gefahr ist?

1.5   Das passiert bei uns nicht!

Heute nehmen Sie sich die Freiheit und gehen etwas später zur Arbeit.
Als Gemeindepräsident dürfen Sie das, denn am Vorabend, an welchem
Sie eine anspruchsvolle Gemeindeversammlung geleitet haben, wurde
es sehr spät. Das 15-Millionen-Franken-Projekt zum Neubau des Schul-

hauses hat zwar in der Bevölkerung viele Fragen aufgeworfen, aber schliesslich wurde der Kredit trotz erbitterten Widerstands einzelner Nachbarn bewilligt. Sie sitzen gerade beim Frühstückskaffee, als Sie vom Gemeindeschreiber einen Anruf erhalten. Kurz nachdem die Eingangstüre zur Gemeindeverwaltung geöffnet worden sei, sei ein bewaffneter Mann hineingestürzt und habe sich den Weg zum Sozialdienst freigeschossen. Es gebe Tote und Verletzte, wie viele könne er nicht sagen. Er wisse auch nicht, ob der Täter noch im Gebäude sei oder nicht. Die Polizei sei informiert und auf dem Weg. Sie sind schockiert und sprachlos. Solche Szenen kennen Sie nur aus dem Film oder der Zeitung, aber dass so etwas in Ihrer Gemeinde passieren kann, ist für Sie unvorstellbar.

Welche Fragen stellen sich?
- Wer muss betreut werden und wer übernimmt die Betreuung?
- Wie werden die Mitarbeitenden über den Vorfall, die Toten und Verletzten informiert?
- Wer überbringt den Angehörigen der Gemeindeangestellten die Todesnachricht?
- Wie werden die Betroffenen, die Trauerfamilien, die Verletzten im Spital und die Mitarbeitenden vor den Medien geschützt?
- Sind bei Ihnen auf der Verwaltung Fehler passiert?
- Wie gehen Sie mit dem grossen Medieninteresse um?
- Welche Unterstützung bieten Sie den hinterbliebenen Familien an?
- Wer ist Ansprechperson für die Trauerfamilien und die Mitarbeitenden?

2 Umfassendes Care – Mythen und Hypes

Die meisten von uns sind dem Begriff «Care» schon in irgendeinem Zusammenhang begegnet. So wird beispielsweise jeweils in den Medien berichtet, dass bei schlimmen Ereignissen ein Care-Team vor Ort die Betreuung der Betroffenen übernommen habe. Mitglieder von Care-Teams haben zur Aufgabe, Betroffene zu betreuen, was hauptsächlich das psychische Wohlergehen umfasst. Umfassendes (comprehensive) Care setzt den Radius allerdings noch weiter und bedeutet, den Menschen in der Krise als Ganzes wahrzunehmen.

Das Wort «Care» stammt aus dem Englischen und bedeutet so viel wie Sorgfalt, Betreuung, Pflege, Fürsorge. Der Begriff «Betreuung» ist in der Schweiz seit langem im Zivilschutz wie auch in der Armee definiert und umfasst Aufnahme, Beherbergung, Ernährung und Kleiden von Menschen in Katastrophensituationen beziehungsweise die Beherbergung von Flüchtlingen im Krieg. Kurz gesagt, es wird für das Wohlergehen der betroffenen Menschen gesorgt.

Zum Umfassenden Care gehören nebst der Betreuung von Betroffenen auch diejenige von Mitarbeitenden und Angehörigen, deren Schutz und Abschirmung vor den Medien und der Öffentlichkeit, die regelmässige innerbetriebliche Information über das Ereignis, das Einrichten einer Hotline für externe Anrufer, die Festlegung einer Ansprechperson für betriebsinterne Fragen wie auch der Umgang mit Stress, besonders für die Mitglieder der Krisenstabsorganisation. Mit anderen Worten heisst das, die Bedürfnisse und Nöte aller Betroffenen und involvierten Personen sowie deren Umfeld als Ganzes wahrzunehmen.

In unserem Praxisalltag werden wir immer mehr mit Krisensituationen konfrontiert, welche durch Drohungen von Mitarbeitenden, aber auch Führungskräften ausgelöst werden. Gekündigte oder unzufriedene Mitarbeitende, die ihrer Frustration mit Drohungen Luft verschaffen. In solchen Fällen geht es darum, die Bedrohungslage mit verschiedenen Ansprechpartnern zu besprechen und abzuschätzen und falls nötig flankierende Massnahmen zu treffen.

Bedrohungsmanagement wird zunehmend ein wichtiges Thema in der Krisenbewältigung. Die Behandlung dieses komplexen und äusserst anspruchsvollen Themas wird hier nicht weiter ausgeführt, weil es den Rahmen dieses Buches sprengen würde. Im Bedarfsfall raten wir jedoch, auf die Beratung durch erfahrene Experten zurückzugreifen.

2.1   Betreuung

Der Bereich der Betreuung hat sich in den vergangenen Jahren laufend entwickelt und erweitert. So sind in vielen Schweizer Kantonen sogenannte Care-Teams ins Leben gerufen worden, welche bei einem grösseren Ereignis aufgeboten werden können. Diese Care-Teams haben sich sowohl bei Blaulichtorganisationen (Polizei, Feuerwehr, Rettungssanität) als auch in der Bevölkerung weitgehend etabliert. Die Mitglieder dieser Teams, die Care Givers, sind Helfer, welche in psychosozialer Nothilfe ausgebildet sind. Sie unterstützen in der Erstphase eines Ereignisses potenziell traumatisierte Betroffene in emotionalen Belangen. Ziel einer solchen Betreuung ist das Wiedererlangen von Sicherheit und Selbstfürsorge. Care Givers schätzen auch ab, ob eine betroffene Person professionelle Hilfe benötigt. Voraussetzung für das Gelingen ist jedoch, dass die betroffene Person diese Hilfe auch braucht und annimmt.

2.2   Interne Kommunikation und Hotline

Die psychologische Nothilfe ist wichtig und richtig. In unseren zahlreichen Einsätzen bei der Krisenbewältigung wurde jedoch deutlich, dass die psychologische Betreuung alleine nicht ausreicht. Vielmehr ist diese als ein Teil der Bewältigungsstrategie zu verstehen. Ein weiterer wichtiger Teil ist die innerbetriebliche Kommunikation und die Information der Mitarbeitenden sowie weiterer Anspruchsgruppen im Unternehmen. Aus Angst, einen Reputationsverlust zu erleiden, richten Unternehmen oftmals einen Grossteil, nicht selten den grössten Teil der Aufmerksamkeit auf die Information der Öffentlichkeit. Dabei läuft man Gefahr, dass die eigenen Mitarbeitenden vergessen gehen und so intern im Betrieb ein neuer Krisenherd entsteht. Mitarbeitende sind wichtige Botschaftsträger einer jeden Firma/Organisation, weshalb diesen ebenso viel Aufmerksamkeit gehört wie der Öffentlichkeit. Leider geht diese Sichtweise insbesondere in Krisenzeiten oft vergessen. Ob in einem Unternehmen eine Krise als Chance genutzt wird oder nicht, hängt auch davon ab, ob die Krisenbewältigung nach innen ebenso gut organisiert wird wie jene nach aussen.

Vor diesem Hintergrund ist es wichtig, den Mitarbeitenden intern eine Kontakt- oder Anlaufstelle einzurichten, damit auf Fragen und Bedürfnisse individuell reagiert werden kann. Gegen aussen ist zu überlegen, ob eine Hotline für Angehörige eingerichtet werden muss. Diese internen und externen Massnahmen schaffen Vertrauen und helfen mit, Gerüchte zu vermeiden.

2.3   Schutz- und Abschirmmassnahmen

Ein zentraler Teil des Umfassenden Care sind die sogenannten Schutz- und Abschirmmassnahmen von Betroffenen. Die Öffentlichkeit ist an Informationen und Bildern über Krisen und schwere Ereignisse stark interessiert. Die Medien stehen unter grossem Druck, die Leser und Zuschauer mit sensationsgeladenen Beiträgen zu beliefern. Leider verleitet dieser Druck einzelne Journalisten dazu, Informationen mit allen Mitteln zu beschaffen, weshalb auch nicht davor zurückgeschreckt wird, im Ärztekittel oder als Priester verkleidet bei Verunfallten am Spitalbett zu erscheinen.

2.4   Stressmanagement

In einer Krise sind alle gefordert, nicht nur Betroffene und Angehörige, sondern auch die Mitglieder des Krisenstabs und des Führungsunterstützungsteams. Die Stressreaktion, welche ein schweres Ereignis bei einem Menschen auslöst, ist unterschiedlich und kann einen Krisenverlauf massgeblich beeinflussen. Die Belastung von Beteiligten, Stabsmitgliedern und Entscheidungsträgern in solchen Ausnahmesituationen wird oft unterschätzt und kann auch den Stärksten an seine Leistungsgrenzen bringen. Die persönliche Gemütsverfassung beeinflusst die Entscheidungskraft und das Durchhaltevermögen bei einer Krisenbewältigung ebenso, wie die Fähigkeit, sich in Bezug auf ein Ereignis abgrenzen zu können. Die eigene Leistungsgrenze im Stress zu kennen und zu respektieren, ist das eine, die Stressbelastung der Stabsmitglieder wahrzunehmen und je nach Situation entsprechend handhaben zu können, das andere. Der Chef eines Stabes muss idealerweise die Stärken, Schwächen und das Stressverhalten der Mitarbeitenden kennen. Darüber hinaus braucht jede Person in schweren Zeiten Strategien, um die Situation erträglicher zu machen und der Belastung standhalten zu können.

3 Krisenprävention aus der Sicht des Umfassenden Care

Es gibt zahlreiche Literatur, welche sich intensiv mit der Thematik der Notfallpsychologie, Traumabewältigung, Betreuung von Betroffenen und Rettungskräften auseinandersetzt. Der umfassende Ansatz, wie wir ihn nachfolgend beschreiben, mit Betreuung, Schutz und Abschirmung, interner Kommunikation, Hotline und Stressmanagement, gibt es bis jetzt in der Literatur so noch nicht.

3.1 Vorbereitung

Der Bereich Umfassendes Care ist mit vielen Emotionen verbunden, denn es ist der Bereich, bei welchem es vor allem darum geht, die weichen Faktoren genügend angemessen zu berücksichtigen. Die weichen Faktoren werden in der Krisenbewältigung immer noch allzu oft unterschätzt, und das kann zu gravierenden Reputationsverlusten sowohl innerhalb wie auch ausserhalb eines Unternehmens führen. Aus diesem Grund lohnt es sich, auch im Bereich Umfassendes Care rechtzeitig Vorbereitungen zu treffen, beispielsweise:

- Regeln Sie beim Aufbau des Krisenmanagements und des Krisenstabs, wer die Verantwortung im Bereich Care trägt.
- Stellen Sie Kontakt her zu Care Organisationen oder Pfarrämtern. Klären Sie, wie die Alarmierung in einem Notfall läuft.
- Regeln Sie, wer für die innerbetriebliche Kommunikation/Mitarbeiterinformation verantwortlich und wer Ansprechstelle für Mitarbeitende ist.
- Kontaktieren Sie nahegelegene Bewachungsfirmen und informieren Sie sich, welche Bewachungsangebote diese im Ereignisfall rasch anbieten können.
- Regeln Sie die Inbetriebnahme einer Hotline – sowohl örtlich in Ihrer Unternehmung, technisch wie auch personell.
- Erstellen Sie Telefonlisten mit den nötigen Adressen: Bestattungsfirmen, Blumengeschäfte, Pfarrämter, Care-Team, Bewachungsfirmen, ggf. Dolmetscher, welche rasch verfügbar sind, etc.

Wir empfehlen, alle diese Punkte in speziellen Checklisten oder in einem Care-Behelf zusammenzufassen. So sind diese im Bedarfsfall rasch und in konzentrierter Form greifbar, was in einer Stresssituation nur von Vorteil ist. Die Care-Checklisten können auch im allgemeinen Führungsbehelf des Krisenstabs integriert sein.

3.2   Häufigste Probleme im Umfassenden Care

Die praktische Erfahrung bei verschiedensten Ereignissen zeigt deutlich, dass es fast immer die gleichen Fehler oder Schwachpunkte sind, die später zu Problemen wie Vertrauens- oder Reputationsverlust führen.

1. Wenige Kenntnisse des Managements über die Erfordernisse im Bereich Care und seiner Tragweite.

2. Mangelnd Sensibilität des Managements im Umgang mit einer schwerwiegenden Situation.

3. Umfassendes Care wird nicht als Teil des Krisenmanagements angesehen, sondern bestenfalls als Teil des Human Resources Managements.

4. Mangelnde Unterlagen für den Umgang mit traumatisierenden Ereignissen.

5. Einzelne Personen oder gar Personengruppen werden vergessen.

6. Der Schutz der Betroffenen wird nicht in Betracht gezogen.

7. Das Informationsbedürfnis von Betroffenen wird unterschätzt.

8. Nichtbeachten oder Berücksichtigen des Faktors Stress.

Abb. 40. Die acht häufigsten Schwachpunkte beim Umfassenden Care

4 Fünf Hauptkomponenten Umfassendes Care

Abb. 41. Diese fünf Hauptkomponenten bilden die Basis für Umfassendes Care

Der Erfolg einer Krisenbewältigung liegt stark in der ganzheitlichen Betrachtung der Krise. Eine Krise wird oftmals nur aus Sicht des Managements oder der Krisenkommunikation angegangen und nicht umfassend nach der 4C-Methode – Command, Communication, Care und Compliance. Durch eine ganzheitliche Betrachtung und Handhabung mithilfe der 4C wird die Gefahr verringert, dass Bereiche, Personen oder Massnahmen vergessen gehen. Gerade der Bereich Umfassendes Care, wie hier ausgeführt, wird in der heute gängigen Krisenbewältigung noch wenig angewendet.

Fünf zentrale Punkte sind beim Umfassenden Care zu berücksichtigen und sicherzustellen:

- Betreuung von Betroffenen, Angehörigen und Mitarbeitenden
- Interne Kommunikation
- Schutz- und Abschirmmassnahmen von Betroffenen und Angehörigen

- Einrichten und betreiben einer internen Hotline
- Stressmanagement für Beteiligte und Mitglieder der Führungsorganisation (Stab und Führungsunterstützung)

4.1   Betreuung

Die Betreuung von Betroffenen hat heute in der Krisenbewältigung einen klar höheren Stellenwert als noch vor einigen Jahren. Psychologische Erste Hilfe durch Care-Teams vor Ort oder Nachbesprechungen in Einsatzorganisationen, sogenannte Defusings und Debriefings, sind heute oft im Einsatz und entsprechende Fachpersonen werden bei Bedarf hinzugezogen. Die Herausforderung für ein Unternehmen besteht darin, zu erkennen, welche Massnahmen in psychischer, physischer, betrieblicher, aber auch finanzieller Hinsicht benötigt werden und diese aufeinander abzustimmen. Es gilt, die Balance zwischen Über- und Unterbetreuung zu finden. Gerade bei der psychischen Bewältigung eines Ereignisses darf nicht vergessen werden, dass der Mensch über grosse Selbstheilungskräfte verfügt oder wie Wilhelm von Humboldt treffend formuliert hat: «Es ist unglaublich, wie viel Kraft die Seele dem Körper zu leihen vermag.»

Blaulichtorganisationen haben bereits vor Jahren erkannt, wie sie eine Krisenbewältigung vor, während und nach einem Ereignis erfolgreich angehen müssen – sowohl im Management, in der Krisenkommunikation wie auch im Bereich Care. Deshalb sollte alles, was in Sachen Betreuung der Mitarbeitenden bei den Einsatzorganisationen seit Jahren angewendet wird, auch in jedem verantwortungsbewussten Unternehmen Standard sein.

Es macht sich bezahlt, nicht erst bei der Ereignisbewältigung, sondern schon im Vorfeld bei der Erarbeitung des Notfall- oder Krisenhandbuchs, darüber nachzudenken, was unternommen werden kann, damit die Reputation nicht nur nach aussen hin geschützt wird, sondern ebenso nach innen, also gegenüber den Mitarbeitenden. Die Mitarbeitenden sind wichtige Botschaftsträger jedes Unternehmens, weshalb es gerade in einer Krise wichtig ist, dass Mitarbeitende gegenüber Freunden, Familie, Nachbarn etc. berichten, wie gut die Geschäftsleitung oder Führung einer Milizorganisation auch in einer solch schwierigen Lage zu den Mitarbeitenden Sorge trägt. Wie Beispiele zeigen, erhöhen solche Aussagen nicht nur die Loyalität und das Engagement der Mitarbeitenden gegenüber dem Unternehmen, sondern es stärkt auch die Reputation. Klären Sie deshalb in Ihrer Firma oder Organisation ab, ob Sie in einer Krisensituation in der Lage sind, professionelle Betreuung zu organisieren. Wer von Ihren Mitarbeitenden initialisiert eine solche Betreuung und welche Institution soll diese Betreuung sicherstellen? Auskunft darüber, wer in Ihrer Umgebung ein Betreuungsangebot beziehungsweise Psychologische Erste Hilfe anbietet, erhalten Sie in der Regel über die Notrufnummer der Rettungsdienste oder der Polizei, allenfalls auch über das Pfarramt.

4.1.1 Beispiel: Todesfall im Betrieb

Wie weit das Thema Betreuung von Mitarbeitenden in einer Unternehmung reicht und wie sehr insbesondere die Geschäftsleitung, das Human Resources Management oder die Führungsverantwortlichen einer Milizorganisation gefordert sind, zeigt sich spätestens bei der Bewältigung eines schweren Unfalls oder eines Todesfalls im Betrieb. Leider ist das ein Szenario, mit welchem alle Unternehmen und Organisationen jederzeit konfrontiert werden können und es spielt keine Rolle, wie die Details sind: ein tödlicher Arbeitsunfall, ein Suizid am Arbeitsplatz, ein Mitarbeiter, der an einer tödlichen Krankheit stirbt, oder ein Gewaltverbrechen, wie 1999 der Lehrermord von St. Gallen. Jedes dieser Ereignisse zieht traumatische Folgen nach sich und hat unmittelbare Folgen auf die direkt betroffenen und involvierten Personen. Solche Ereignisse verändern die Situation radikal und haben einen signifikanten Einfluss auf die Leistungsfähigkeit der Mitarbeitenden. Und auch die Verantwortlichen eines Unternehmens werden physisch und psychisch massiv gefordert.

Leid und Trauer führen Menschen immer wieder an die Grenzen ihrer Belastbarkeit. Sie fühlen sich hilflos, überfordert und manchmal unverstanden. Für nahezu alle Betriebe, ob gross oder klein, stellt sich das gleiche Problem: Sie werden mit einer Thematik konfrontiert, auf die sie nicht vorbereitet sind und deren Auswirkungen sie nicht abschätzen können. Dabei stellt sich eine Vielzahl von Fragen:

- Wer aus der Firma geht auf die Angehörigen oder bei Unfällen auf die Betroffenen zu und welcher Umgang ist angemessen?
- Braucht die Familie des oder der Verstorbenen Unterstützung bei der Organisation der Trauerfeier?
- Helfen Mitarbeitende und Arbeitskollegen bei der Gestaltung der Trauerfeierlichkeiten mit?
- Wie verändert sich in einem Todesfall der Zugriff auf das Bankkonto des oder der Verstorbenen, wird dieses gesperrt oder besteht eine Bankvollmacht?
- Braucht die Familie finanzielle Unterstützung?
- Wie werden die Mitarbeitenden, welche in der Firma sind, aber auch diejenigen, die frei oder Ferien haben, informiert?
- Was darf per E-Mail oder Telefon, was muss persönlich gesagt werden?
- Wie soll die Trauerbewältigung für Mitarbeitende in der Firma gestaltet werden?
- Welche Rituale unterstützen die Verarbeitung des Verlustes?
- Brauchen Mitarbeitende und Angehörige eine interne Anlaufstelle oder eine Hotline?

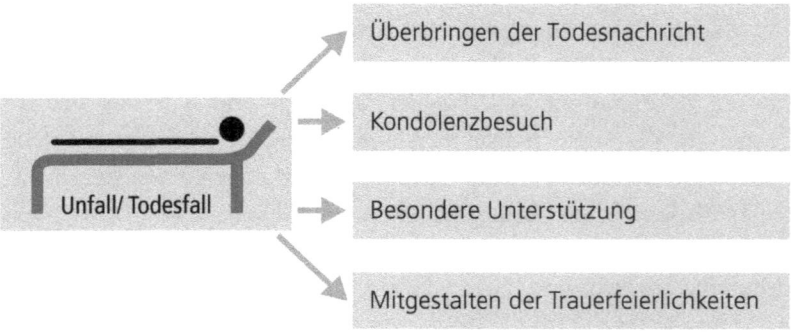

Abb. 42. Überlegungen zur Betreuung von Angehörigen

4.1.2 Überbringen der Todesnachricht

Eine der traurigsten und am meisten belastenden Aufgaben ist das Überbringen einer Todesnachricht, also einem Menschen mitzuteilen, dass eine ihm nahestehende Person verstorben ist, dass ein gemeinsamer Lebensabschnitt beendet ist. Wie formuliert man eine solch traurige Nachricht, um den Schock möglichst gering zu halten? Wie verhält man sich in einer solchen Situation?

Bei einem Todesfall übernimmt die Benachrichtigung der Angehörigen in der Regel eine amtliche Stelle, zum Beispiel die Polizei oder das Krankenhaus. Eine Todesnachricht wird, wenn immer möglich, persönlich überbracht. Es ist zwar kaum wahrscheinlich, dass Sie als Firmenverantwortlicher eine Todesnachricht überbringen müssen, doch angesichts der Tragik eines solchen Ereignisses sind wir der Meinung, dass möglichst schnell ein Kondolenzbesuch von Firmen- oder Organisationsseite bei den Angehörigen durchgeführt werden sollte und da werden Sie mit verschiedenen Reaktionen konfrontiert.

4.1.3 Kondolenzbesuch

Ein Kondolenzbesuch bei den Angehörigen ist aus unserer Sicht Chefbeziehungsweise Geschäftsleitungssache. Der Kondolenzbesuch vermittelt den Hinterbliebenen, dass diese in ihrer Trauer nicht allein sind. Gehen Sie nicht unvorbereitet zur Trauerfamilie und planen Sie genügend Zeit ein. Gerade in grossen Unternehmen ist es nicht selbstverständlich, dass die Geschäftsleitung alle Mitarbeitenden persönlich kennt. Informieren Sie sich im Vorfeld über die verstorbene Person und deren familiäres Umfeld sowie über die genauen Umstände des Todes. In der Regel hat die Polizei – respektive eine amtliche Stelle – den Hinterbliebenen die Angaben zu den Todesumständen bereits mitgeteilt. Es liegt aber in der Natur des Menschen, dass dieser bei solch schwerwiegenden Informationen diese immer wieder nachfragt und hinterfragt und zusätzliche Informationen möchte. Es kann deshalb sein, dass Sie bei einem Kondolenzbesuch wieder und wieder danach gefragt werden. Seien Sie darauf vorbereitet, dass Sie die Schilderung der Umstände vielleicht mehrmals erzählen müssen. Lassen Sie den Angehörigen Zeit, diese Nachricht gedanklich einzuordnen und seien Sie darauf vorbereitet, dass die Opfer ganz unterschiedlich reagieren können: Weinen, Fassungslosigkeit, Verzweiflung, Versteinerung, Teilnahmslosigkeit, Schock, Aggression, überraschende Gelassenheit, Bemühen Fassung zu bewahren, Nicht-Wahrhaben-Wollen und vieles mehr.[1] Lassen Sie aufkommende Emotionen bei den Angehörigen zu und versuchen Sie, einfach da zu sein. Denken Sie nicht, Sie müssten unbedingt etwas sagen – es gibt in solch schwierigen Momenten selten die richtigen Worte.

4.1.4 Besondere Unterstützung

Erkundigen Sie sich im Laufe des Kondolenzbesuchs oder auch zu einem späteren Zeitpunkt, ob die Angehörigen Unterstützung brauchen. In so einer Situation kommen zahlreiche Dinge auf die Hinterbliebenen zu, die alleine schwer oder kaum bewältigbar sind. Bestimmen Sie in Ihrem Unternehmen eine Ansprechperson, die für die Angehörigen bei Fragen aller Art da ist. Ein oft unterschätzter Faktor bei einem Todesfall sind die daraus resultierenden finanziellen Auswirkungen. Die meisten Banken sperren ein Konto, wenn sie vom Tod des Inhabers erfahren. In der Regel bleibt der Zugriff solange gesperrt, bis ein Erbschein vorliegt. Wenn keine gegenseitige Bankvollmacht unterschrieben wurde, kann dies bei den Hinterbliebenen unter Umständen zu vorübergehenden Engpässen führen, wenn je nach Kulanz der Bank die laufenden Kosten wie Mietzins, Lebensunterhalt oder Beerdigungskosten nicht bezahlt werden können.[2] Wenn Sie in einem solchen Fall als Unternehmen unbürokratisch mit Bargeld unterstützen, helfen Sie damit nicht nur den Hinterbliebenen, sondern hinterlassen bei diesen auch die Gewissheit, dass Ihre Firma in einer schweren Situation eine wahre Stütze ist. Ein plötzlicher Todesfall stellt das Leben der Hinterbliebenen von einer Sekunde auf die andere auf den Kopf. Was, wenn bei der verstorbenen Person oder deren Umfeld Ereignisse bevorstanden wie ein Wohnungswechsel, eine Heirat oder die Partnerin ein Kind erwartet? Erinnern wir uns an den St. Galler Lehrermord im Januar 1999. Damals wurde der

---

1   Vgl. Hausmann, 2005, S.154

2   Vgl. Garny, 2010, S.68

St. Galler Lehrer Paul Spirig im Schulhaus vom Vater einer Schülerin erschossen. Die Schülerin hatte ihrem Lehrer Paul Spirig anvertraut, dass sie seit Jahren von ihrem Vater sexuell misshandelt wurde, und dieses Mitwissen bezahlte Paul Spirig mit seinem Leben. Als er erschossen wurde, war seine Frau mit dem dritten Kind schwanger. Solch gravierende Umstände müssen unbedingt berücksichtigt werden. Finden Sie im einfühlsamen Gespräch mit den Hinterbliebenen heraus, welche Unterstützung jetzt sofort und in nächster Zukunft wichtig und hilfreich ist.

Auch in dem eingangs beschriebenen Beispiel, bei dem ein Gerüstarbeiter zu Tode stürzt, braucht es vielleicht besondere Unterstützung. Der verstorbene Familienvater wollte am nächsten Tag mit seiner Familie in die Ferien verreisen. Es kann beispielsweise sein, dass die Familie des Verstorbenen dankbar ist, wenn Sie bei der Stornierung der Ferien behilflich sind. Die Art und der Umfang der Bedürfnisse werden von Fall zu Fall ganz unterschiedlich sein.

Jeder Kondolenzbesuch und jedes Trauergespräch verläuft anders. Gewisse Dinge können Sie vorbereiten, vieles werden Sie aber auch aus der Situation heraus sagen oder entscheiden müssen. Zentrale Überlegungen und Vorbereitungen für den Kondolenzbesuch sind in der nachstehenden Zusammenstellung ersichtlich:[3]

1. Melden Sie sich telefonisch bei den Angehörigen an und sagen Sie, dass Sie einen Kondolenzbesuch machen möchten.
2. Planen Sie für den Kondolenzbesuch genügend Zeit ein (mindestens 1 bis 2 Stunden).
3. Bestimmen Sie, wer von der Geschäftsleitung diesen Kondolenzbesuch übernimmt. Sie können auch zu zweit zu den Hinterbliebenen und sich so gegenseitig Sicherheit und Unterstützung geben.
4. Informieren Sie sich im Vorfeld genau über die Unfall- oder Todesursache.
5. Informieren Sie sich über die verunfallte oder verstorbene Person (familiäres Umfeld, geplante Ereignisse wie beispielweise Ferien, Hochzeit, Geburt usw.).

---

3   In Anlehnung an Lasogga, 2001, S.29 ff

6. Klären Sie, welche Unterstützung (finanziell, organisatorisch, administrativ etc.) Ihr Unternehmen den Hinterbliebenen für die ersten Stunden/Tage und nötigenfalls auch längerfristig anbieten kann.

7. Beachten Sie bei ausländischen Personen kulturelle oder religiöse Unterschiede. Nehmen Sie gegebenenfalls einen Dolmetscher mit.

8. Stellen Sie sich mit Namen und Ihrer Funktion im Unternehmen vor und vergewissern Sie sich, dass Sie es mit der richtigen Person zu tun haben.

9. Sprechen Sie Ihre Anteilnahme aus.

10. Vermeiden Sie Mitleidsfloskeln und oberflächliche Trostworte wie beispielsweise «Es wird schon wieder.». Zeigen Sie Verständnis und echte Anteilnahme.

11. Rechnen Sie damit, dass die Angehörigen die Todesnachricht gedanklich noch nicht einordnen konnten und Sie mit vielfältigen Reaktionen rechnen müssen.

12. Sprechen Sie nicht vom Leichnam, sondern nennen Sie die Person beim Namen oder sprechen Sie von «Ihr Mann» oder «Ihre Frau».

13. Geben Sie den Angehörigen Zeit, das Gehörte zu verarbeiten.

14. Hören Sie den Angehörigen mit viel Empathie zu, reden Sie selbst wenig.

15. Halten Sie Blickkontakt.

16. Beantworten Sie offen die an Sie gestellten Fragen.

17. Fragen Sie die Angehörigen, was Sie für sie tun können und wo sie Unterstützung und Hilfe benötigen (siehe Punkt 6).

18. Hinterlassen Sie eine Visitenkarte oder eine Kontaktadresse.

19. Es ist gut, wenn Hinterbliebene nicht alleine gelassen werden, wenn Sie gehen. Helfen Sie, Kontakte zu organisieren.

20. Notieren Sie nach dem Besuch die gemachten Zusagen.

21. Schauen Sie nach einem Kondolenzbesuch/Ereignis auch zu sich selber. Suchen Sie sich jemanden zum Reden, wenn es Sie belastet. Das kann ein guter Freund, eine Person aus einem Care-Team oder ein Psychologe oder eine Psychologin sein. Denken Sie nicht, Sie müssten unbedingt stark sein. Eine solche Aufgabe ist auch für erfahrene Polizisten, Ärzte, Care-Team-Mitglieder usw. eine schwere Belastung.

4.1.5 Mitgestalten der Trauerfeierlichkeiten

Die Trauerfeier ist ein gebräuchliches Ritual und hilft nicht nur der Trauerfamilie, sondern auch den Arbeitskolleginnen und -kollegen, den Tod zu verarbeiten. Die Erfahrung zeigt, dass viele Angehörige froh sind, wenn sie bei der Organisation der Trauerfeierlichkeiten Unterstützung erhalten. Viele möchten keine «öffentliche» Trauerfeier, sondern haben den Wunsch, im engsten Familienkreis Abschied nehmen zu können. Der Wunsch der Trauerfamilie soll auf jeden Fall respektiert werden.

Wenn Ihre Unterstützung und Mithilfe erwünscht ist, dann sprechen Sie Ihre Ideen und die Ihrer Mitarbeitenden mit der Trauerfamilie ab. Insbesondere bei der Organisation des Traueranlasses von Mitgliedern uniformierter Organisationen muss mit besonderem Fingerspitzengefühl vorgegangen werden. Im Laufe der Zeit sind in uniformierten Korps viele ehrenvolle und schöne Traditionen gewachsen. Zwei ganz besondere Traditionen bei uniformierten Organisationen sind das Tragen der Uniform zu Ehren des Verstorbenen oder das Aufstellen einer Ehrenwache an der Seite des Sarges während der Trauerfeier. Beides kann starke Gefühle hervorrufen und für Angehörige je nachdem auch zu einer Belastung werden. Eine solche Gefühlsintensität können und wollen nicht alle Menschen aushalten. Besprechen Sie in diesem Fall Ihren Beitrag an den Trauerfeierlichkeiten genau mit den Angehörigen ab. Bedenken Sie auch, dass besonders eine Ehrenwache nicht nur für die Trauerfamilie eine emotionale Belastung sein kann, sondern auch für diejenigen, welche die Ehrenwache übernehmen. Stellen Sie sicher, dass sich die für die Ehrenwache eingeteilten Personen der grossen emotionalen Belastung bewusst sind und halten Sie auch Ersatzpersonen bereit.

4.1.6 Auch Mitarbeitende brauchen Betreuung

Die Krisenbewältigung umfasst nicht nur die Seite der Angehörigen, sondern ebenso die der Mitarbeitenden. Es braucht besondere Aufmerksamkeit, dass in Ihrem Betrieb keine Person oder gar ganze Personengruppen vergessen gehen. Es gibt in einem Unternehmen meistens

Mitarbeitende, die das Unglück unmittelbar miterlebt und andere, die
«nur» davon gehört haben. Das Betreuungsbedürfnis aller Mitarbeitenden soll geklärt werden. Zählen Sie hier auf die Unterstützung und
Erfahrung von Care-Teams.

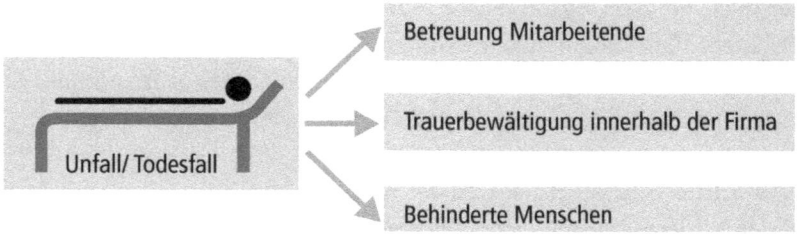

Abb. 43. Überlegungen im Umgang mit Mitarbeitenden

Gerade in grossen Betrieben mit vielen Mitarbeitenden kann es sein,
dass in der Krisenhektik nicht an alle gedacht wird. Das betrifft nicht
nur die Situation eines Todesfalls im Betrieb, sondern ist ganz allgemein
eine Gefahr in Krisensituationen. Beispielsweise zeigen Gespräche mit
verantwortlichen Einsatzleitern von Blaulichtorganisationen, dass gerade die Mitarbeitenden in der Einsatzzentrale bei der Betreuung schon
vergessen gingen. Das Entgegennehmen schwieriger Anrufe kann auch
für Mitarbeitende in Einsatzzentralen äusserst belastend sein. Man
denke da beispielweise an Anrufe während eines Amoklaufs oder das
Mithören eines Todeskampfs. Nach einem solchen Anruf sollte auf jeden Fall eine psychologische Betreuung sichergestellt oder angeboten
werden. Bedenken Sie, dass solch belastende Anrufe bei weitem nicht
nur Einsatzorganisationen erhalten. Nicht selten werden auch Firmen
bedroht. Wichtig ist, dass in solchen Fällen der Krisenstab auch an
Personen wie die Empfangsmitarbeitenden denkt. Bei telefonischen
Drohungen sind diese oft die Ersten, die davon erfahren.

Jeder Ihrer Mitarbeitenden kann in einer Krisensituation betroffen sein
und Betreuung benötigen. Es ist deshalb wichtig, sich schon im Rahmen
der Vorbereitung zu überlegen, wie und durch wen die Betreuung der
Mitarbeitenden sichergestellt werden soll. In der Regel werden diese

Vorbereitungen der Personalabteilung übertragen. Es muss abgeklärt werden, wer für welche Probleme zuständig ist und welche externen Stellen oder Organisationen beigezogen werden können (beispielsweise Care-Teams, Seelsorger etc.). Wichtig ist auch zu klären, wer innerhalb des Krisenstabs für den Bereich Care verantwortlich ist.

4.1.7 Trauerbewältigung innerhalb der Firma

Beim Tod eines oder mehrerer Mitarbeitenden werden Sie in der Firma schnell vor die Frage gestellt, wie Sie betriebsintern mit der Verarbeitung dieses Verlustes umgehen sollen. Nicht nur die Angehörigen, auch die Arbeitskollegen und Arbeitskolleginnen der Verstorbenen brauchen Möglichkeiten, den Verlust verarbeiten zu können. Jeder Mensch verarbeitet einen Todesfall auf seine eigene Weise. Es gibt Menschen, die sich in schwierigen Situationen in die Arbeit stürzen, andere dagegen können nicht mehr arbeiten. Es gibt kein Richtig oder Falsch. Was nicht von den Mitarbeitenden erwartet werden darf, ist, dass diese nach einem solch tragischen Ereignis einfach zur Tagesordnung übergehen. In solch belastenden Momenten sind für Menschen Rituale und Symbole oft hilfreich. Rituale haben durch ihre feierlichen, weltlichen oder religiösen Handlungen einen hohen Symbolcharakter, der uns zeigt, dass das Leben trotz eines Verlustes nicht stehen bleibt. Durch die bewusste Verlangsamung, die durch Rituale entsteht, werden Belastungsreaktionen wie Nervosität, Schreckhaftigkeit oder auch Schlafstörungen vermindert. Rituale haben darüber hinaus auch einen verbindenden Charakter unter den Trauernden. Gerade in einer Firma oder einer Milizorganisation können gemeinsame Rituale die Mitarbeitenden stärker zusammenführen und ihnen Halt geben.

Es gibt viele verschiedene Rituale, Symbole und Möglichkeiten, einem Menschen zu gedenken: ein Tisch mit Kerzen, eine Fotografie der verstorbenen Person, ein Kondolenzbuch, ein Gedenkanlass, ein Waldgottesdienst oder ein Baum, der vor dem Firmengebäude oder an einem speziellen Ort gepflanzt wird, usw. Wählen Sie mit Feingefühl und Respekt ein passendes Ritual oder Symbol aus.

Die Erfahrung zeigt, dass gerade beim Tod einer in der Öffentlichkeit bekannten Person oder eines Mitglieds von Blaulichtorganisationen ein grosses Bedürfnis nach Beileidsbekundungen besteht. Es hat sich bewährt, in solch einem Fall eine offizielle Kondolenzwebseite einzurichten, auf welcher die Bekundungen online mitgeteilt werden können, da die Fülle an Telefonanrufen und E-Mails kaum handhabbar ist.

4.1.8 Behinderte Menschen in Unternehmen

Bei der Betreuung von Mitarbeitenden in Krisensituationen dürfen behinderte Menschen nicht vergessen gehen. Unternehmungen, welche behinderte Menschen beschäftigen, sollten sicherstellen, dass in Krisen- oder Notfallsituation bei Bedarf jemand zur Unterstützung behinderter Personen da ist. Wir denken da vor allem an Situationen, bei denen ein Gebäude evakuiert werden muss. In der Praxis bewährt sich dafür das sogenannte Paten-/Patinnen-Modell. Der Pate oder die Patin übernimmt die Verantwortung für die ihm anvertraute Person und regelt bei eigener Abwesenheit auch die Stellvertretung.

4.2   Interne Kommunikation

Die interne Kommunikation ist Teil der gesamten Krisenkommunikation, wird aber wegen der daraus resultierenden Betreuungsaufgaben hier im Kapitel «Care» behandelt (vgl. auch C2 Communication Kapitel 4.2.4 Mitarbeiterinnen und Mitarbeiter).

> **«Es genügt nicht, dass man zur Sache spricht.**
> **Man muss zu den Menschen sprechen.»**
> Stanislaw Jerzy Lec

Noch immer wird in vielen Unternehmen die interne Kommunikation in guten und vor allem in schlechten Zeiten stiefmütterlich behandelt. Gerade in Krisensituationen kommt der internen Kommunikation eine tragende Rolle zu, die nur zu oft unterschätzt wird. Aus Angst, in der

Öffentlichkeit einen Reputationsschaden zu erleiden, wird der Fokus stark auf die externe Krisenkommunikation gelegt, und die eigenen Mitarbeitenden drohen vergessen zu gehen. Hier gilt nicht aus den Augen zu verlieren, dass durch die ungenügende oder fehlende Information der Mitarbeitenden schnell ein neuer Krisenherd entstehen kann. Damit ein solches Szenario nicht eintrifft, brauchen Mitarbeitende zeitnah regelmässige und ehrliche Informationen, eine interne Ansprechstelle und die Gewissheit, dass der Arbeitgeber sie auch in schweren Zeiten ernst nimmt.

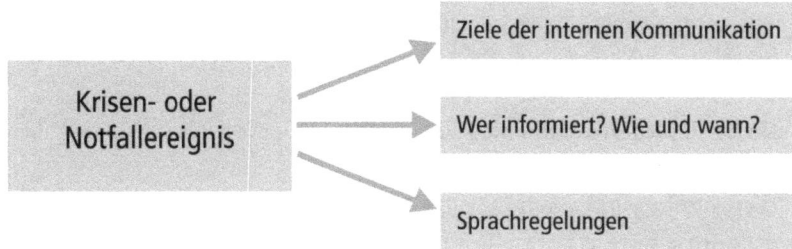

Abb. 44. Überlegungen zur internen Kommunikation

4.2.1 Ziele der internen Kommunikation

Menschen brauchen Informationen, um verstehen zu können, was passiert ist. Diese helfen, Gehörtes, Gesehenes und Erlebtes zu verstehen und gedanklich einzuordnen. Nicht nur die unmittelbar Betroffenen brauchen Informationen, sondern auch alle anderen Mitarbeitenden, die vielleicht «nur» vom Ereignis gehört haben. Stellen Sie sich vor, in Ihrem Unternehmen geschieht ein schwerer Unfall. Einige Ihrer Mitarbeitenden haben den Unfall vielleicht hautnah miterlebt und gesehen, andere hören davon. Nun brauchen nicht nur diejenigen, die den Unfall direkt miterlebt haben, sondern ebenso alle anderen Mitarbeitenden Informationen und möglicherweise auch Betreuung. Mitarbeitende sollen deshalb rasch und in regelmässigen Abständen über das Geschehen und das weitere Vorgehen informiert werden. Keine Information kann Angst und Unsicherheit auslösen.

Ohne Informationen beginnen wir zu spekulieren, entwickeln Hypothesen und eigene Szenarien und versuchen, von überall her Informationen zu erhalten. Irgendwann wird das Bedürfnis nach Information so gross, dass die Information unkritisch auf ihren Wahrheitsgehalt angenommen und die Informationsquelle nicht mehr hinterfragt wird. Regelmässig werden auch unterschiedlichste Social Media Kanäle zur Informationsbeschaffung beigezogen, oft geprägt von Emotionen und persönlichen Kommentaren. Eine solche Informationsbeschaffung ist nicht vermeidbar, aber es gibt Möglichkeiten, durch die regelmässige und ehrliche Information an die Mitarbeitenden gegenzusteuern. Auf diese Weise werden bei Ihren Mitarbeitenden, welche zentrale Botschaftsträger in guten wie in schlechten Zeiten sind, Orientierung und Sicherheit geschaffen und Gerüchte vermieden.

Ziele der internen Kommunikation
- Rasche und umfassende Information
- Vermitteln von Fakten
- Regelmässige Updates
- Möglichkeit zum Dialog zwischen Mitarbeitenden und Management
- Eingehen auf emotionale Betroffenheit der Mitarbeitenden
- Möglichkeiten zum Einbezug der Mitarbeitenden prüfen
- Es gilt der Grundsatz: Betroffene vor allen anderen – intern vor extern

4.2.2   Wer informiert? Wie und wann?

Auch hier gilt die Devise, dass in guten Zeiten geregelt wird, wie in Krisenzeiten die interne Kommunikation ablaufen soll. Diese Funktion soll ebenso sorgfältig ausgesucht werden, wie festgelegt wird, wer das Unternehmen nach aussen und gegenüber den Medien vertritt. Empfehlenswert ist eine Person aus dem Krisenstab oder ein Mitglied der Geschäftsleitung. Dabei muss sichergestellt werden, dass die interne und die externe Kommunikation aufeinander abgestimmt sind und der Krisenstab umgehend Rückmeldung erhält, wie es um die Mitarbeitenden im Betrieb steht.

Mitarbeitende sollen Informationen, wenn immer möglich, vor der Öffentlichkeit oder zumindest gleichzeitig erhalten. Die Folgen für die Organisation, wenn Mitarbeitende Informationen zuerst aus der Presse erfahren, können gravierend sein. Es kann ein Vertrauensverlust entstehen, der schwer wieder gut zu machen ist, und ein Vertrauensverlust schlägt sich unweigerlich auf die Produktivität und die Loyalität der Mitarbeitenden nieder.

Folgende Überlegungen helfen bei der Vorbereitung der Mitarbeiterinformation:

Inhalt und Menge Was? Wie viel?	Absender Wer?	Zeitpunkt Wann und in welchen Intervallen?	Art und Weise Wie? Kommunikationskanal?
• Sprachregelung festlegen • Offen, transparent, wahr • Informationen erst im Zusammenhang, dann soweit wie möglich ins Detail • Halten Sie sich an die Fakten, aber vergessen Sie die Beziehungsebene nicht • Vermeiden Sie Fremdwörter • Informationen immer abgleichen • Dafür sorgen, dass niemand vergessen wird • Hinweis auf die nächste Mitarbeiterinformation	• Nach Möglichkeit «one voice», d.h. immer dieselbe Person • Mitglied GL / Krisenstab	• Wenn immer möglich VOR der Medieninformation oder gleichzeitig • **Betroffene vor allen anderen – intern vor extern** • In regelmässigen Abständen, ca. alle 2 Stunden	• Todesnachricht ➜ persönlich, z.B. in einem geeigneten Raum • Kommunikationskanal sorgsam auswählen

Abb. 45. Überlegungen und Regeln zur Mitarbeitenden-Information

4.2.3 Sprachregelungen[4]

Bleiben Sie bei der Mitarbeiterinformation einheitlich bei dem, was Sie sagen, und definieren Sie sorgfältig, welche Informationen Sie an die Mitarbeitenden geben. Die interne Sprachregelung muss auf die externe Sprachregelung abgestimmt sein. Seien Sie vorsichtig mit der Weitergabe von vertraulichen Informationen an Ihre Mitarbeitenden – Sie können sich nicht darauf verlassen, dass diese Informationen nicht trotzdem nach aussen dringen. Das liegt oft nicht an einer bösen Absicht der Mitarbeitenden, sondern daran, dass traurige oder belastende Nachrichten gerne mit anderen Menschen geteilt werden. Grundsätzlich gelten bei der internen Sprachregelung dieselben Grundsätze wie bei der externen Krisenkommunikation: Das Gesagte soll offen, transparent und wahr sein. Geben Sie bei jeder Mitarbeiterinformation auch an, wann das nächste Mal informiert wird.

Die heutige Kommunikation verfügt über zahlreiche unterschiedliche Instrumente. Gerade in Unternehmen, welche bereits eine aktive interne Kommunikation betreiben, bestehen in der Regel verschiedene Kommunikationswege. Die zentrale Frage ist, wie diese unterschiedlichen Kommunikationsinstrumente in einer Krisensituation richtig angewendet werden. Es braucht ein grosses Mass an Fingerspitzengefühl, die richtige Information mit dem richtigen Kommunikationsmittel an den richtigen Empfänger weiterzuleiten. Es gilt, nicht zu viel, aber auch nicht zu wenig zu informieren und die Information soll empfängergerecht aufbereitet sein. Es lohnt sich, den Kommunikationskanal sorgsam auszuwählen: Schriftliches kann beispielsweise in falsche Hände geraten oder weiterverbreitet werden.

Gehen Sie sorgsam mit der Mitteilung über einen betriebsinternen Todesfall um. Solche Informationen sollen wenn immer möglich persönlich mitgeteilt werden. Versammeln Sie die Mitarbeitenden in einem geeigneten Raum und informieren Sie diese über den Vorfall. In einem

---

4   Vergleichen Sie dazu auch C2 Communication, Kapitel 4.1.1 Botschaften als Währungseinheit der Kommunikation und 4.1.2 Beispiele für gute Botschaften

grossen Unternehmen mit vielen Mitarbeitenden kann diese Variante schwierig sein. Geben Sie in einem solchen Fall die Informationen zum Beispiel an die Ressortverantwortlichen, mit dem Auftrag, diese persönlich an die Mitarbeitenden weiterzugeben. Seien Sie sich bewusst, dass Todesnachrichten weder in eine E-Mail noch in eine SMS und schon gar nicht in einen Social Media Kanal gehören. Achten Sie auch darauf, dass keine Einweg-Kommunikation entsteht. Das Feedback der Mitarbeitenden ist wichtig, um erkennen zu können, welche Fragen offen sind, wie sich die Mitarbeitenden fühlen und was sie brauchen.

4.3   Schutz- und Abschirmmassnahmen

Insbesondere bei schweren Ereignissen mit Verletzten und Toten kommt dem Bereich Schutz- und Abschirmmassnahmen eine besondere Bedeutung zu. Durch die steigende Sensationslust der Newsleser und den zunehmenden Druck der Journalisten kommt es leider immer wieder vor, dass einzelne Journalisten bei der Berichterstattung die Grenzen der Pietät überschreiten. Beim schrecklichen Carunglück in Siders im März 2012, bei dem 28 Menschen, davon 22 Kinder, ums Leben kamen, kritisierte auch der Presserat das Vorgehen einzelner Medien. Im Spital Visp versuchten mehrere Journalisten trotz Absperrungen in die Abteilung der verletzten Kinder zu gelangen, so dass die Polizei einschreiten musste. Vor dem Kantonsspital in Sitten übten Journalisten und Medienschaffende Druck auf das Spitalpersonal aus, um an Informationen zu gelangen. Die Grenzen komplett überschritten haben zwei Journalisten, die sich bei einem Debriefing der Feuerwehr Siders in den Raum geschlichen haben, um auf diese Weise an medienwirksame Informationen zu gelangen.[5]

Besonders Betroffene, Angehörige und Verletzte sollen ausreichend und umfassend vor Schaulustigen und aufdringlichen Medienschaffenden geschützt werden. Die Tatsache, dass Verletzte sogar im Spital belästigt oder Blaulichtorganisationen bei der Ereignisbewältigung gestört werden, macht deutlich, wie wichtig Abschirmmassnahmen für Betroffene sind.

---

5   Vgl. Brotz/Pinto, 2012, S.2

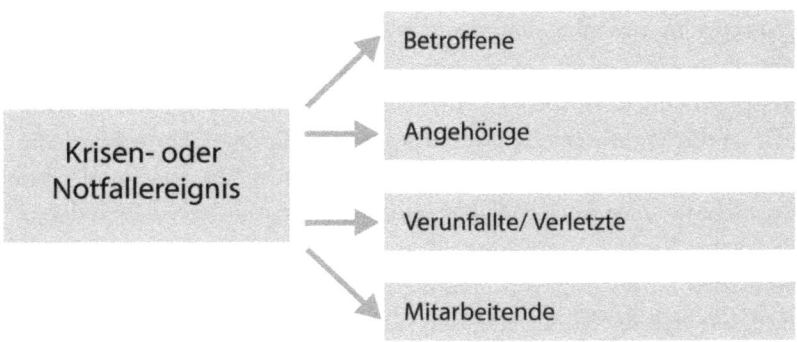

Abb. 46. Schutzbedürftige

Gerade trauernde Menschen brauchen besonderen Schutz. Die Nachricht über den Verlust eines nahestehenden Menschen oder ein schreckliches Unglück mitzuerleben, macht Betroffene vor allem in den ersten zwei Tagen handlungsunfähig; oft wissen sie dann nicht genau, was sie tun oder sagen. So kann es sein, dass sie Dinge von sich Preis geben, die sie unter normalen Umständen nie sagen würden. Die Betroffenen sollen also nicht nur gegenüber den Medien, sondern auch vor sich selber geschützt werden. Es ist bekannt, dass sich Traumas verstärken können, wenn Angehörige sich selbst auf Zeitungsbildern oder in TV-Berichten als Trauernde oder in Handlungen sehen, die sie während des Ereignisses erlebt haben. Zwar sind sich die Psychologen nicht vollkommen einig, wie stark solche Bilder ein Trauma beeinflussen können, jedoch führten US-Psychologen nach den Anschlägen des 11. September 2001 in einer Studie landesweite Untersuchungen durch mit dem Ergebnis, dass hunderttausende Amerikaner alleine durch die Bilder der Katastrophe ein posttraumatisches Stresssymptom entwickelten.[6]

Jeder Mensch verarbeitet ein schreckliches Ereignis anders. Es gibt auch Menschen, die für die Bewältigung des Erlebten den Weg in die Öffentlichkeit suchen. Es kann durchaus nachvollziehbar sein, dass beim Gang in die Öffentlichkeit die Reaktionen und Beileidsbekundungen von fremden Menschen heilend und tröstend sein können. Stets soll sicher-

---

6   Vgl. Gofeminin, (o.A.); Rötzer, 2002

gestellt werden, dass dieser Weg vom Betroffenen freiwillig und aus persönlicher Überzeugung gewählt wurde.

Schutz- und Abschirmmassnahmen werden je nach Ereignis teilweise oder in speziellen Fällen ganz durch die Polizei übernommen und organisiert. In den meisten Fällen sind solche Massnahmen aber in der Verantwortung des Unternehmens oder der Organisation. Im gesamten deutschsprachigen Raum bieten viele private Firmen solche Dienstleistungen an. Wichtig ist der Hinweis, dass Schutz- und Abschirmmassnahmen nur in enger Absprache mit den Betroffenen erfolgen dürfen.

4.4   Hotline

Eine der wohl bekanntesten Hotlines, das sogenannte «rote Telefon», wurde während der Kubakrise im Oktober 1962 zwischen der Sowjetunion und den Vereinigten Staaten eingerichtet und während rund zwei Wochen betrieben. Diese Verbindung sollte helfen, friedensgefährdende Missverständnisse zu verhindern.[7] Auch wenn die hier beschriebene Hotline nicht im gleichen Sinn der Friedensförderung dient, so hilft sie in einem Krisenfall dennoch massgeblich, damit die Betroffenen nötige Informationen erhalten und die Telefonzentrale in einem Unternehmen oder die Einsatzzentrale bei den Blaulichtorganisationen eine Arbeitsentlastung erfahren.

Eine Hotline einzurichten und zu betreiben, erfordert je nach Grösse und Schwere eines Ereignisses einen erheblichen logistischen und personellen Aufwand. Unter Umständen werden mehrere Telefone benötigt, die über einen längeren Zeitraum von mehreren Personen betrieben werden müssen. Auch sollten die Mitarbeitenden der Hotline regelmässig abgelöst werden. Wichtig ist ebenfalls, mit Kontrollanrufen zu prüfen, ob die Hotline funktioniert und sich die Hotline-Mitarbeitenden an die Sprach- und Verhaltensregelung halten.

---

7   Vgl. Wikipedia, 2013b

Überlegen Sie sich, für welchen Personenkreis eine Hotline oder auch nur eine Ansprechstelle notwendig ist. Braucht es zum Beispiel eine interne Hotline oder Ansprechstelle für Mitarbeitende oder eine Hotline für Angehörige, also auch für Externe?

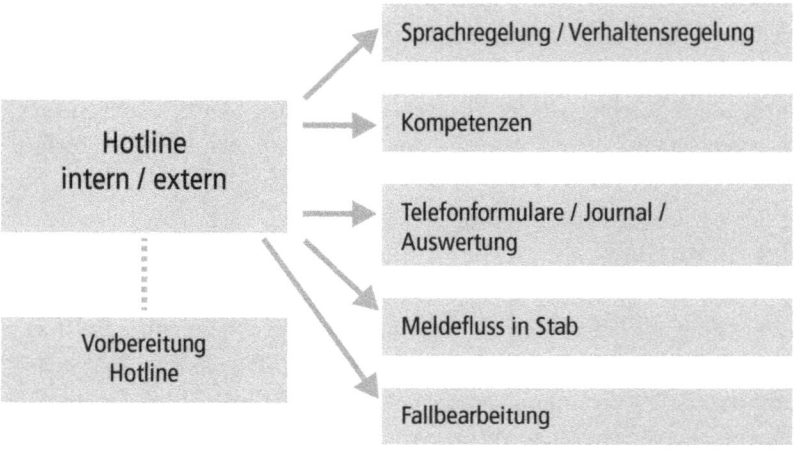

Abb. 47. Überlegungen zum Betrieb einer Hotline

4.4.1 Vorbereitung

- Wie viele Leitungen (Telefonapparate) wollen Sie maximal gleichzeitig bedienen können?
- Wie viele Direktwahl-Telefonleitungen wollen Sie einrichten? Eine, zwei oder mehrere?
- Wo sollen der Arbeitsplatz respektive die Arbeitsplätze sein?
- Wer übernimmt den personellen Betrieb?
- Vorbereitung Hotline-Formulare
- Wie wird die Hotline-Nummer nach aussen kommuniziert?
- Wer bearbeitet die eingegangenen Meldungen?

4.4.2 Sprach- und Verhaltensregelung

Personen, welche eine Hotline betreiben, sollen sorgfältig ausgewählt und mit klaren Handlungsanweisungen gut auf ihre Aufgabe vorbereitet werden. Die Telefonanrufe werden von unterschiedlichster Art und Weise sein. Nicht immer rufen Menschen an, die ruhig und gefasst um Auskunft bitten. Es können je nach Ereignis trauernde, verzweifelte oder wütende Anrufer am anderen Ende der Leitung sein, zuweilen gehen auch Drohanrufe ein. Darauf müssen Hotline-Mitarbeitende vorbereitet werden. Für einen erfolgreichen Hotline-Betrieb ist eine gute Vorbereitung mit klaren Verhaltensanweisungen genauso unabdingbar, wie eine einheitliche Sprachregelung und ein Telefonformular.

4.4.3 Kompetenzen

Die Kompetenzen der Hotline-Mitarbeitenden müssen bei der Inbetriebnahme klar geregelt werden. Unsichere Angaben über Kompetenzen machen es für alle Beteiligten schwierig, schaffen zusätzlich unnötige Unsicherheiten und können im Krisenfall zu Missverständnissen und Fehlverhalten führen.

4.4.4 Telefonformulare/Journal/Auswertung

Jeder Telefonanruf muss erfasst und schriftlich festgehalten werden. Dazu eignet sich zum Beispiel ein wie auf der folgenden Seite abgebildetes Formular «Telefonhotline». Es empfiehlt sich, die Anrufe statistisch zu erfassen und auszuwerten, sowohl hinsichtlich der Anzahl der eingegangenen Telefonate wie auch zu Inhalt und Art der Anfragen, der erteilten Auskünfte und der getätigten Rückrufe.

Checkliste Telefonhotline Anrufentgegennahme		Nr.:
Datum: _____	Zeit: _____	Visum: _____
Name Anrufer/in:	Adresse:	Telefonnummer:
Anrufer/in ist: ❏ Angehörige/r ❏ Journalist/in ❏ Bevölkerung ❏ Andere: _____	Grund des Anrufes:	
Eindruck / Auffälligkeiten:		
Fragen an Telefonanrufer/in ❏ Möchten Sie eine Mitteilung machen? ❏ Wünschen Sie einen Rückruf? ❏ Können wir sonst etwas für Sie tun?	Sprachregelung:	
Weiteres Vorgehen ❏ Keine weiteren Massnahmen nötig ❏ Anrufer/in möchte kontaktiert werden	Bemerkungen:	
Auftrag weitergeleitet: An: _____	Datum: _____	Zeit: _____
Rückruf erledigt: Datum/ Zeit: _____ Visum: _____	Besonderes:	

Abb. 48. Checkliste Telefonhotline Anrufentgegennahme

4.4.5 Meldefluss im Stab

Eine Zusammenfassung über Art und Anzahl der eingegangenen Anrufe sowie der wichtigsten Fragen der Anrufer gehört im Rahmen des Lageberichts in jeden Stabsrapport. Auf diese Weise hat der Krisenstab ein zusätzliches Instrument, sich ein Bild zu machen, wie der Tenor ausserhalb des Unternehmens ist und ob allenfalls zusätzliche Massnahmen getroffen werden müssen.

4.4.6 Fallbearbeitung

Jeder eingehende Anruf wird als Fall bezeichnet und es muss entschieden werden, ob eine Nachbearbeitung nötig ist. Rückrufe innert nützlicher Frist und nicht erst Stunden später sind durch die zuständige oder vom Anrufer gewünschte Person zu erledigen. Wann und durch wen der Rückruf beziehungsweise die Auftragserledigung gemacht wurde, muss ebenfalls notiert und visiert werden.

4.5 Stressmanagement

Stress ist nicht nur für direkt Betroffene oder Opfer eines Ereignisses ein Thema, sondern ebenfalls für die Mitglieder der Führungsorganisation (Stab und Führungsunterstützung). Eine Krise ist immer eine Ausnahmesituation und verlangt allen Involvierten viel ab: Gewohnte und bekannte Abläufe werden abrupt gestört, das Alltagsgeschäft gerät aus den Fugen, Ratlosigkeit, Angst und Unsicherheit übernehmen das Zepter. Und Stress herrscht nicht nur äusserlich im Management oder Krisenstab, sondern auch in unserem Inneren, sowohl körperlich wie auch gedanklich – dessen ist man sich oft gar nicht bewusst. Auch gibt es Personen, die der Auffassung sind, dass Stress für sie kein Thema sei und sie in der Not dann schon die nötige Gelassenheit hätten. Es darf nicht vergessen werden, dass eine Krise für den Menschen immer eine Alarmsituation darstellt und das Verhalten in solchen Momenten ganz unterschiedlich ausfallen kann. Die Herausforderung besteht darin, dass gerade in einer solchen Situation die Entscheidungs- und Handlungsfähigkeit trotz allem gewahrt werden muss.

Stressbelastungen werden von jedem Menschen unterschiedlich wahrgenommen. Was für den einen eine willkommene Herausforderung ist, kann für einen anderen bereits eine Bedrohung sein. Wie eine Stressbelastung erlebt wird, hängt einerseits von den früheren Erfahrungen im Leben ab, andererseits von der aktuellen Tages- oder Gemütsverfassung. Wir kennen das: Wenn wir schlecht geschlafen haben, weil uns seit Tagen die schulischen Leistungen unserer Kinder beschäftigen und wir uns deswegen mit dem Partner oder der Partnerin in den Haaren liegen und dann auf dem Weg zur Arbeit noch den berühmten Sonntagsfahrer vor uns haben, begegnen wir Stresssituationen anders, als wenn wir ausgeruht, durchströmt von Liebesgefühlen und mit Schmetterlingen im Bauch zur Arbeit kommen. Wer in seinem Leben von einem Freund arg enttäuscht, als Kind ständig gehänselt wurde oder Misshandlungen erlebt hat, wird eine Stresssituation anders wahrnehmen, als jemand, der als Kind geliebt, gelobt und gefördert wurde.

Es ist immer wieder erstaunlich, mit welchen Fähigkeiten gewisse Menschen in Krisensituationen ihre Gefühle oder Ängste verdrängen und sich einreden, das alles hätte keinen Einfluss auf ihre Arbeits- oder Entscheidungsweise, auch wenn es bei allen anderen sehr wohl einen Einfluss hat. Unter Stress zu stehen, kann die Entscheidungs- und Handlungsfähigkeit markant beeinflussen und es kann sogar zu gravierenden Fehlleistungen kommen. Gemäss Rüdiger Trimpop, einem der renommiertesten deutschen Unfallforscher, entwickeln Menschen in Entscheidungssituationen unter Zeitdruck oft einen Tunnelblick. Die gesamte Energie und die gesamte Aufmerksamkeit werden auf eine Aufgabe konzentriert, alles andere wird ausgeblendet und je grösser und komplexer eine Handlung, desto grösser die Wahrscheinlichkeit, dass man sich auf das falsche Thema fokussiert.[8]

Es ist nicht nur wichtig zu wissen, wie wir selbst unter Stress reagieren und unsere persönlichen Grenzen zu kennen, sondern auch rechtzeitig zu kommunizieren, wenn wir an eine solche Grenze gelangen. Das ist nicht nur schwierig, sondern braucht auch einiges an Mut, denn sich seine eigenen Grenzen einzugestehen, wird leider immer noch oft als Schwäche angesehen. Die eigentliche Schwäche liegt jedoch darin, die eigenen Grenzen nicht zu respektieren oder sogar zu verleugnen, denn das bringt nicht nur einen selbst, sondern unter Umständen andere Menschen oder den Krisenbewältigungsprozess in Gefahr. Stärke beweisen heisst, im richtigen Moment selber die Notbremse zu ziehen und eine andere Person ans Ruder zu lassen.

---

8   Vgl. Laudenbach, 2008, S.120 f.

Es zahlt sich aus, wenn Sie sich im Management mit dem Thema Stress-bewältigung auseinander setzen. Sie lernen viel über Ihr eigenes Stress-verhalten wie auch über das der anderen und sind in der Lage, in Kri-sensituationen überlegter und sicherer zu handeln. Eine gute Vorberei-tung für ein Krisenmanagement, verbunden mit einem praxisbezogenen Training, reduziert den Stress erheblich. Die Mitglieder der ganzen Führungsorganisation lernen sich und ihr Verhalten kennen und erlan-gen Sicherheit und Vertrauen.

Stress ist eine normale Reaktion unseres Körpers auf Belastungsreize (sogenannte Stressoren). Der Begriff Stress wurde bereits in den 1930er Jahren vom Arzt und Forscher Hans Selye geprägt, welcher auch als «Vater der Stressforschung» bezeichnet wird. Das englische Wort «stress» bedeutet so viel wie Druck, Spannung, Forderung. Hans Selye bezeich-nete mit Stress alle Reaktionen, die der Organismus als Antwort auf eine erhöhte Gefahr oder auf Belastungen zeigt.[9] Stress ist also eine normale Reaktion unseres Körpers auf Gefahrensituationen, das heisst es läuft eine biologische Alarmreaktion ab.

Stress wird nicht von allen Menschen gleich empfunden und nicht jeder Stress macht krank. Selye sprach gewöhnlich von zwei Arten von Stress: Sitzt jemand auf dem Behandlungsstuhl beim Zahnarzt, erlebt er ge-nauso Stress wie jemand, der leidenschaftlich küsst. Während die eine Situation als unangenehm empfunden wird, ist die andere angenehm. Im Körper laufen jeweils die gleichen biochemischen Prozesse ab – so-wohl Schmerz wie auch höchste Freude erzeugen Stress. Entscheidend ist nicht der physische Stimulus, sondern vielmehr die Haltung, mit der Stress aufgenommen wird. Die Stressforschung nach Selye hat deshalb die beiden Begriffe Eustress und Distress geprägt.

Die Vorstufe zum schädigenden Distress ist der positiv zu bewertende Eustress. Dieser erhöht die Aufmerksamkeit und fördert die maximale Leistungsfähigkeit des Körpers, ohne ihm zu schaden. Eustress wirkt

---

9   Vgl. Weibel, 2004, S.9ff.

sich positiv auf die physische und psychische Funktionsfähigkeit unseres Organismus aus.

Im Distress dagegen verringert sich die Fähigkeit, Informationen aufzunehmen und zu verarbeiten drastisch. Situationen oder ausserordentliche Ereignisse werden nicht mehr richtig beurteilt, Aufgaben können nicht mehr delegiert oder korrekt erledigt werden und unsere Intuition funktioniert nicht mehr. Gerade die Intuition ist besonders wichtig, denn in Krisen ist oft nicht genügend Zeit, um lange nachzudenken, sondern es muss rasch gehandelt und entschieden werden.

Es gibt Menschen, die sich in einer Krisenstabsorganisation unwohl fühlen. Die Belastung und der Druck wird ihnen zu viel und sie sind unter Stress wie gelähmt. Solche Menschen müssen unbedingt aus der Krisenstabsorganisation herausgenommen werden, egal welche hierarchische Stufe sie im Unternehmen bekleiden.

Nachfolgend einige Details zum Verhalten der Menschen. Diese werden deshalb so ausführlich behandelt, weil es die Menschen sind, die entscheiden, lenken und handeln.

4.5.1 Der Führungsrhythmus des Gehirns

Gefahrenquellen oder sogenannte Stressoren, ob körperlicher Natur, seelischer Natur oder lediglich in unserer Vorstellung, lösen im Körper eine Alarmreaktion aus. Der Neurobiologe Gerald Hüther formulierte treffend: «In unserem Gehirn ist der Teufel los, alles geht durcheinander.»[10] Die Praxis zu Stress und Stressbewältigung hat gezeigt, dass die Alarmreaktion im Körper ähnlich wie der Führungsrhythmus im Stab nach geregelten Abläufen funktioniert, weshalb wir bei unserer Tätigkeit diese körperliche Reaktion als «Führungsrhythmus des Gehirns» bezeichnen.

Unser Gehirn erkennt eine Gefahrensituation und schlägt sofort Alarm im Körper. Diese Reaktion ist Flucht oder Kampf. Die Muskeln spannen sich an, der Herzschlag wird beschleunigt, der Blutdruck steigt und die Bronchien werden erweitert, damit mehr Sauerstoff über die Gefässe in die Muskulatur transportiert werden kann. Sämtliche Sinnesorgane stehen in Befehlsstellung: Die Augenpupillen weiten sich und das Gehör wird verschärft. Gespeicherte Energiereserven aus Leber und Muskeln werden bereitgestellt, die Schmerzempfindung und die Blutgerinnung werden verringert, sogar die kleinsten Haarmuskeln werden aktiviert – uns stehen die «Haare zu Berge». Diese Reaktion war vor allem für unsere Urahnen sehr wichtig, da sie mit ihrem aufgestellten und dadurch üppiger wirkenden Haarkleid gegenüber dem Säbelzahntiger optisch etwas grösser schienen.[11] All diese Reaktionen ermöglichen uns kurzzeitig, Höchstleistungen zu erbringen, was von der Natur grossartig eingerichtet ist: Standen nämlich unsere Vorfahren dem gefährlichen Säbelzahntiger gegenüber, war es wichtig, dass sie schneller laufen konnten als er. Die Reaktion ist heute noch genau dieselbe wie damals, nur die Gefahrenquellen in unserem Alltag haben sich geändert.

---

10 Vgl. Hüther, 2011, S.36

11 Vgl. Frank/Storch, 2012, S.56ff.

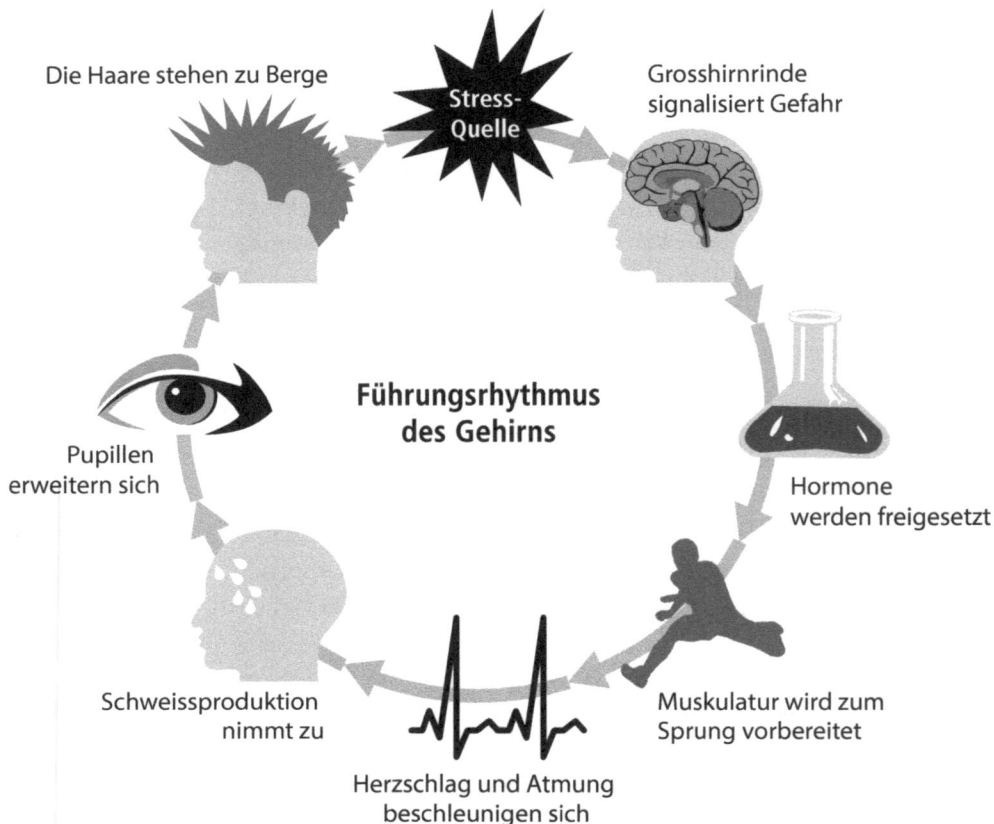

Die Haare stehen zu Berge

Stress-Quelle

Grosshirnrinde signalisiert Gefahr

Führungsrhythmus des Gehirns

Pupillen erweitern sich

Hormone werden freigesetzt

Schweissproduktion nimmt zu

Muskulatur wird zum Sprung vorbereitet

Herzschlag und Atmung beschleunigen sich

Abb. 49. Führungsrhythmus des Gehirns

Die Stressreaktion, die in unserem Körper abläuft, wird von Hans Selye als «Allgemeines Adaptionssyndrom» bezeichnet und ist in drei Phasen unterteilt.[12]

Phase 1 Schockphase (Alarmphase)	Phase 2 Widerstandsphase	Phase 3 Erschöpfungsphase
Die Alarmphase ist durch eine **Überaktivierung** gekennzeichnet. Es handelt sich um eine akute Einwirkung von Stressoren auf unseren Körper.	**Die Gedächtnisleistung ist beeinträchtigt.** Auf die Schockphase folgt die Widerstandsphase. Adrenalin und Cortisol werden ausgeschüttet.	Ist der Körper den schädlichen Stressoren zu lange ausgesetzt, kann der Widerstand auf Dauer nicht aufrecht erhalten werden. Die **Anpassungsfähigkeiten gehen verloren.** Die **Bereitstellung von Energien bietet Probleme.** Wenn die Nebennierenrinde ihren Vorrat an Hormonen ausgeschüttet hat, kann die Stressbewältigung nicht mehr erfüllt werden.
Wichtigste Symptome: • Erweiterte Pupillen • Erhöhte Herzfrequenz • Erhöhter Blutdruck • Erniedrigte Speichelsekretion (Mundtrockenheit) • Blutzuckererhöhung	Die Symptome der Alarmphase werden abgeschwächt. Die Herzschlagfrequenz, der Blutdruck und der Blutzuckerspiegel sind anhaltend hoch.	

Bedeutung für die Arbeit in einem Stab

Die Alarmbereitschaft ist hoch, wir sind sehr aufmerksam, es kann jedoch die Gefahr einer Überreaktion bestehen.	Dadurch, dass unsere Gedächtnisleistung eingeschränkt ist, besteht die Gefahr, dass wir uns **gegen Geschehnisse sperren und klares Denken behindern.**	Wir sind müde, die Konzentration lässt nach, dadurch sinkt die: • Entscheidungsfähigkeit • Beurteilungsfähigkeit • Urteilsfähigkeit • Arbeitsleistung

Abb. 50. Allgemeines Adaptionssyndrom, in Anlehnung an Prof. Dr. Hans Selye

Wichtige Aussage dieser Grafik: In einer ausserordentlichen Situation, sei dies eine Krise oder ein schlimmes Ereignis, sind alle Mitglieder der Führungsorganisation im Stress – aber nicht jeder ist in derselben Stressphase!

---

12 Vgl. Wikipedia, 2012d

4.5.2 Stressoren

Die Stressreaktion oder Alarmreaktion wird durch stressauslösende Reize, sogenannte Stressoren, ausgelöst. Stressoren werden von jedem Menschen unterschiedlich empfunden. Wie stark sich eine Person stressen lässt, hängt von der eigenen Wahrnehmung und – wie früher beschrieben – von den eigenen Vorerfahrungen wie auch der momentanen Verfassung ab. Menschen können also objektiv gleiche Belastungen subjektiv unterschiedlich empfinden und ein und derselbe Mensch kann eine Belastung in verschiedenen Situationen unterschiedlich empfinden.[13] Wer seine Arbeitsstelle schon einmal verloren hat, wird aller Wahrscheinlichkeit nach beim nächsten Arbeitgeber auf jede kleinste Veränderung im Unternehmen gedanklich und vielleicht auch körperlich reagieren, währenddessen ein anderer diesen Zeichen überhaupt keine Bedeutung beimisst.

Nicht nur Wahrnehmungen beeinflussen unsere Empfindungen, sondern auch negative Vorstellungen. Alleine durch unsere Phantasie, durch negatives Kopfkino, sind wir in der Lage, Stress auszulösen. Und diesen gedanklichen Stress nehmen wir ebenso intensiv wahr wie tatsächlich erlebte Stresssituationen (vgl. Abb. 51 auf Seite 199).

Stresssymptome[14]
Herzklopfen, Schlafstörungen, Verspannungen im Nacken, Reizbarkeit usw. sind Signale, die unser Körper in stressigen Momenten aussendet. Es gibt weit mehr solche Signale, die uns mitteilen, dass wir einen Gang zurückschalten sollten. Über einen kurzen Zeitraum gestresst zu sein, ist für die meisten von uns kein Problem, aber es darf nicht zum Dauerzustand werden, denn das hat schlechte gesundheitliche Folgen.

---

13   Vgl. Kaluza, 2011, S.15ff.

14   Vgl. Burn-Out-Symptome, 2012

Stressoren allgemein

Von aussen
- Hitze/Kälte
- Lärm
- Hunger
- Schwere körperliche Arbeit
- Krankheit
- Schmerz
- Schlafmangel
- Reizüberflutungen

Im Innern
- Überforderung
- (Versagens-)ängste
- Zeitdruck
- Bedrohung
- Fremdbestimmung
- Kontrollverlust

Durch/mit anderen
- Konflikte
- Mobbing
- Ablehnung
- Einsamkeit
- Konkurrenzdenken
- Armut

Mögliche Stressoren im Stab

- Zu wenig Flüssigkeit
- Schlafmangel
- Störende Lärmquellen (Telefone, Radio- und TV-Geräte)
- Schlechtes (Führungs-) Raumklima
- Zu wenig Manpower
- Verschlechterung der Lage, zusätzliche Krisenherde
- Medieninteresse/ Medienberichte

- Psychische Belastung durch die Ereignissituation
- Unsicherheit/Ungewissheit
- Unmut und Frustration

- Schlechte Stimmung im Stab
- Inkompetenz
- Mangelndes Vertrauen – Misstrauen

Abb. 51. Stressoren allgemein und im Stab

Körperliche Stresssymptome

- Schlafstörungen (Einschlaf- und Durchschlafstörungen)
- Herzrasen, Herzklopfen, Herzstechen
- Erhöhter Blutdruck
- Appetitlosigkeit, Heisshunger
- Verdauungsprobleme: Blähungen, Verstopfung, Darmkrämpfe
- Sodbrennen, Magenbeschwerden
- Muskelverspannungen
- Sexuelle Impotenz, Erektionsstörungen, Zyklusstörungen
- Tinnitus/Ohrgeräusche

Psychische Stresssymptome

- Chronische Müdigkeit
- Traurigkeit
- Gefühlsschwankungen
- Vermehrte Reizbarkeit
- Nervosität
- Aggressivität
- Sexuelle Unlust, aber auch sexuelle Sucht
- Konzentrationsstörungen
- Verlängerte Erholungsphase nach geistiger Belastung
- Verminderte Entscheidungsfähigkeit
- Vergesslichkeit

Merkt man während der Ereignisbewältigung, dass ein Mitglied des Stabes zu stark gestresst ist und mit der Situation schlecht oder nicht mehr umgehen kann, muss diese Person aus dem Stab genommen und von allen Aufgaben befreit werden. Die Stabsmitglieder dürfen nicht zur gegenseitigen Belastung werden. Wenn Sie eine solche Entscheidung treffen müssen, denken Sie daran, dass dieser Schritt ohne Wertung der Person geschieht. Je nachdem in welchen familiären, privaten oder beruflichen Umständen jemand zum Zeitpunkt der Krisenbewältigung steckt, wie die persönliche Situation wahrgenommen und bewertet wird, kann für jede Person die Belastung in einem Stab irgendwann einmal zu gross werden.

4.5.3 Umgang mit Stress kann geübt werden

Wir alle kennen Situationen, die uns beim ersten Mal gestresst haben und je mehr wir diese Situation erlebt und bewältigt haben, desto routinierter und sicherer sind wir mit der Zeit geworden. Üben und trainieren verleiht Sicherheit und lässt uns stressige Situationen besser kontrollieren – ein weiterer Grund, Ihr Unternehmen auf Krisen vorzubereiten und regelmässige Krisenstabstrainings durchzuführen. Oder warum glauben Sie, dass Piloten regelmässig im Flugsimulator geschult werden?

4.5.4 Reaktion im Stress – Kampf oder Flucht

Wie schon bei unseren Urahnen sind auch heute unsere Reaktionen unter Stress die gleichen: Kampf oder Flucht. Diese Reaktionen werden, wie sämtliche Vorgänge, vom Gehirn gesteuert – der Schaltzentrale des Körpers. Vereinfacht gesagt haben wir ein Grosshirn, welches für das Denken, Analysieren und Planen zuständig ist, und ein Stammhirn, welches Vitalfunktionen, Grundemotionen und die uralten Verhaltensmuster – Flucht oder Kampf – gespeichert hat. In akuten Stresssituationen übernimmt das Stammhirn die Befehlsgewalt und das Grosshirn wird vorübergehend ausser Betrieb gesetzt. Dabei fallen wir nicht nur in unsere uralten Verhaltensmuster zurück, sondern laufen auch Gefahr, dass wir gewisse Dinge übersehen und der früher beschriebene Tunnelblick eintrifft, was gerade in Krisensituationen gravierende Folgen haben kann. Für die Krisenkommunikation haben Sprachwissenschaftler eine zentrale Erkenntnis hervorgebracht: «Stress stört die Kommunikation. Bei Menschen in Gefahrensituationen fällt das Verarbeitungssystem für die Sprache schnell aus, während das Sprachproduktionssystem bis zuletzt funktioniert. Menschen reden in Risikosituationen viel, verstehen aber kaum etwas.»[15]

4.5.5 Warum löst eine Krise Stress aus?

Der Mensch ist ein Gewohnheitstier. Solange alles in den gewohnten Bahnen abläuft, nach geregelten und wohlbekannten Prozessen funktioniert, fühlen wir uns in Sicherheit. Gibt es aber Veränderungen, die unsere Routine ins Wanken bringen, werden wir unsicher. Je grösser und bedrohlicher die Krisenlage, desto stärker werden elementarste menschliche Bedürfnisse verletzt.

Jeder Mensch, jedes Unternehmen und auch jede Führungsorganisation und deren Mitglieder haben Bedürfnisse und setzen sich dafür ein, dass diese erfüllt und befriedigt werden. Abraham Maslow, einer der wich-

---

15 Vgl. Mayer, 2002.

Selbstverwirklichung
Individualität, Talententfaltung, Perfektion, Erleuchtung

Individualbedürfnisse
Status, Respekt, Anerkennung, Wohlstand, Einfluss, Erfolg

Soziale Bedürfnisse
Familie, Freundeskreis, Partnerschaft, Liebe, Intimität, Kommunikation

Sicherheitsbedürfnisse
Recht und Ordnung, Schutz vor Gefahren, Sicherheit

Physiologische Bedürfnisse
Atmung, Schlaf, Nahrung, Wärme, Gesundheit, Wohnraum, Kleidung, Bewegung

Abb. 52. Bedürfnispyramide in Anlehnung an Maslow

tigsten Gründerväter der humanistischen Psychologie, hat bereits 1943 mit seiner Bedürfnispyramide aufgezeigt, wie die Prioritäten gesetzt werden: Der Mensch setzt alles daran, die Bedürfnisse von unten nach oben zu befriedigen.[16]

Maslow vertrat die Theorie, dass der Mensch die einzelnen Bedürfnisse klar und hierarchisch priorisiert. Sobald ein Mensch eine Bedürfnisstufe erreicht hat, strebt er die nächste Stufe in der Pyramide an. Wird nun aber eine dieser Stufen verletzt oder bedroht, löst das bei uns Stress aus, weil das Fundament oder die Stabilität unserer Bedürfnispyramide gefährdet ist.

Stellen Sie sich vor, Sie sind Inhaber einer Firma und in Ihrer Firma brennt es. Der zunächst kleine Brand entwickelt sich zu einem Gebäudebrand und die ganze Produktionshalle steht in Flammen. Dies führt zu einem Produktionsausfall, Kundenbedürfnisse können nicht mehr erfüllt werden, es kommt zu einem Kaufrückgang, was eine Umsatzeinbusse nach sich zieht, die Gläubiger- und Lohnzahlungen erschwert

---

16   in Anlehnung an: Gabler Wirtschaftslexikon, 2013b

usw. Ein Teil Ihrer Bedürfnispyramide wird erschüttert und das löst Ängste aus. Ängste wiederum lösen Stress aus. Doch gerade jetzt brauchen Sie einen klaren Kopf, um die nötige Krisenbewältigung systematisch und wohlüberlegt anzugehen.

4.5.6   Stressmanagement in der Krise

Stressmanagement ist ein Sammelbegriff für Methoden und Möglichkeiten, sich mit dem Thema Stress und vor allem der Stressreduktion auseinander zu setzen. Ziel ist es, eine innere Balance herzustellen und zu mehr Gelassenheit zu finden.
Der Themenbereich Stress und Stressmanagement wird hier nur am Rande behandelt, bewusst mit Fokus auf Notfall- und Krisensituationen. Für eine vertiefte Auseinandersetzung mit dem Thema Stress verweisen wir auf die bestehende, umfangreiche Literatur wie auch Seminare und Trainings. Bestimmt finden Sie in diesem grossen Angebot eine für Sie passende Stressmanagement-Methode. Wichtig ist jedoch bei der Wahl einer geeigneten Methode: Wählen Sie etwas, das Ihnen auch Freude bereitet. Zu oft erleben wir in der Praxis, dass sich einzelne zu etwas zwingen, nur weil sie das Gefühl haben, dass es gesund sei. Wenn Sie keine Freude am Joggen haben, dann suchen Sie sich eine andere Art, sich sportlich zu betätigen oder um sich zu entspannen. Es darf nicht sein, dass Stressmanagement zum Stress führt.

Fünf gute Gründe, Stressmanagement in Führungsorganisationen und Management einzuführen

- Sie treffen bessere Entscheidungen.
- Sie werden innerlich ruhiger und belastbarer.
- Sie werden leistungsfähiger und motivierter.
- Sie haben mehr Selbstvertrauen und Ihr Selbstwert steigt.
- Sie haben die bessere Intuition.

Stressreduzierende Notfalltipps für die Krise

- Halten Sie Ordnung. Äusseres Chaos fördert inneres Chaos. Halten Sie Ordnung in Ihrem Stab oder Nachrichtenbüro, das gibt Ihnen das Gefühl, den Überblick zu haben und entspricht der Redensart: «Halte Ordnung und die Ordnung hält dich.»
- Geben Sie korrekte Informationen und klare Aufträge. Durch klar und eindeutig formulierte Anweisungen und Informationen vermeiden Sie Missverständnisse. Dadurch verlieren Sie nicht unnütz Zeit mit mehrmaligem Erklären und Sie vermeiden Konflikte. Oder wie Heinz Goldmann sagt: «Gesagt ist nicht gehört, gehört ist nicht verstanden, verstanden ist nicht einverstanden, einverstanden ist nicht behalten, behalten ist nicht angewandt, angewandt ist nicht beibehalten.»
- Denken Sie an Ruhe- und Schlafpausen. Wer übermüdet ist, kann keine klaren Entscheidungen mehr fällen. Deshalb brauchen wir gerade auch in Krisen Schlaf- und kurze Ruhepausen. Regeln Sie Ihre Ablösung – gerade wenn Krisen länger dauern als ein paar Stunden!
- Trinken Sie genügend, am besten Wasser oder Tee.
- Essen Sie besser Früchte und Nüsse statt Schokoriegel.
- Rückzugsort Nr. 1: Wenn die gedankliche Überflutung plötzlich zu gross wird, dient auch mal die Toilette als Rückzugsort.

Dies sind nur einige Anregungen, um in der Krise einen klaren Kopf zu behalten. Es gibt unzählige Tipps zur Stressbewältigung. Die bewusste Auseinandersetzung mit dem Thema Stress und die Übung im Umgang mit belastenden Situationen werden Sie nicht nur in Krisensituationen stärken, sondern auch im Alltag.

5   Praxisbeispiel

Gerüchte und Anschuldigungen über sexuelle Belästigungen sind immer unangenehm. Besonders schwierig wird es dann, wenn es dabei um einen Lehrer einer renommierten Schule geht, welche unter klerikaler Leitung steht. Wir erinnern uns noch gut an diesen Fall, welcher nachfolgend auszugsweise und anonymisiert wiedergegeben wird. Er verdeutlicht einmal mehr, wie wichtig umfassendes Krisenmanagement, also das Zusammenspiel von Command, Communication und Care, in der Praxis ist. Das vierte C, das heisst eine gute Compliance, hätte die Krise möglicherweise verhindern können.

Es war Dienstagabend, ca 18.00 Uhr, als der Klosterleiter, welcher zum Leitungsteam der Schule gehört, anrief und uns bat, am nächsten Tag bei ihm in der Schule vorbeizukommen. Er führte aus, dass heute ein Lehrer der ans Kloster angegliederten Schule wegen des Verdachts auf sexuelle Belästigung einer Schülerin von der Polizei abgeholt und einvernommen worden war. Die Eltern des Mädchens hätten Anzeige erstattet. Mehr wisse er zum aktuellen Zeitpunkt nicht.

Wir empfahlen, nicht bis am nächsten Tag zu warten, sondern sofort das Krisenmanagementteam (ad-hoc-Krisenstab) der Schule einzuberufen. Die Brisanz einer solchen Situation darf nicht unterschätzt werden: Sexuelle Belästigung von Schülern durch einen Lehrer und dazu noch in einem klösterlichen Umfeld ist ein gefundenes Fressen für die Medien, umso mehr, da dieser Fall in einer Zeit stattfand, in der fast täglich von Fällen sexueller Vergehen von Priestern berichtet wurde.

In der Schule angekommen, haben wir das Krisenmanagementteam – bestehend unter anderem aus dem Schulleiter, dem stellvertretenden Schulleiter, dem Klosterleiter und einer Vertreterin der Schulaufsicht – bereits bei der ersten Problemerfassung angetroffen. Wie immer, wenn wir von einem Kunden zu einem Ereignis hinzugezogen werden, klären wir vor Aufnahme der Arbeit unsere Rollen. Wir verstehen uns als Berater und Coach, wir helfen mit unserer Erfahrung bei der Strukturierung der Abläufe, bei der Lösungssuche und der Entscheidungsfindung.

Problemerfassung

❶ Lehrer	❷ Schüler	❸ Eltern
• Information • Betreuung • Verhalten bei Kontakt zu Kindern, Eltern, Täter	• Information • Betreuung • Verhalten	• Information • Ansprechperson • Hotline • Verhaltensweise

❺ Öffentlichkeit	❻ Aufsichtsorgane	❼ Täter
• Medien • Örtliche Bevölkerung • Örtliche Schulbehörde	• Schulaufsicht • Bildungsdepartement • Gönnervereinigung • Zuweisende Stellen	• Massnahmen • Abwägung schutzwürdiger Interessen • Rechtliche Absicherung des Vorgehens • Persönliches Gespräch • Schriftlicher Entscheid, persönliche Betreuung

Abb. 53. Problemerfassung Praxisbeispiel

Die Entscheidungen selbst sind jedoch immer vom Kunden zu fällen. Nach einer ersten Lagebesprechung wurde eine vertiefte Problemerfassung durchgeführt und eine Situationsanalyse erstellt, erste Sofortmassnahmen ausgelöst und die strukturierte Führungstätigkeit aufgenommen.

Das geschilderte Ereignis geschah vier Tage vor Beginn der Schulferien. Es stand also auch die Frage im Raum, ob man das Geschehene aussitzen oder reagieren soll. Angesichts der grossen Brisanz dieser Thematik hat sich das Krisenmanagementteam entschlossen, proaktiv, aber mit sehr viel Fingerspitzengefühl vorzugehen und verschiedene Massnahmen für den folgenden Tag vorzubereiten und vorzusehen.

Am darauffolgenden Tag wurden unter anderem folgende Massnahmen getroffen:

- Es wurde eine einheitliche Sprachregelung für alle Beteiligten definiert.
- Als interne Ansprechperson für die Lehrerschaft wurde ein geeignetes Mitglied der Schulleitung bestimmt, welches auch die interne Kommunikation übernahm.
- Die Lehrer wurden mündlich über den Vorfall informiert mit der Bitte, ihre jeweiligen Schulklassen zu informieren und allenfalls weitere Verdachtsmeldungen, die von Schülern geäussert wurden, umgehend der Schulleitung zu melden.
- Die Betreuung der Schüler wurde durch ihre jeweiligen Klassenlehrer übernommen. Zusätzlich wurde das kantonale Kriseninterventionsteam zur Unterstützung beigezogen.
- Es wurde eine Hotline eingerichtet.
- Die Mitarbeitenden, welche die Hotline betreuten, wurden über Sprachregelung, Verhaltensanweisung und Kompetenzen informiert, und es wurden nach Inbetriebnahme der Hotline Kontrollanrufe zur Überprüfung des Verhaltens durchgeführt.
- Für die Eltern der Schülerinnen und Schüler wurde umgehend ein Schreiben verfasst und verschickt, in welchem die Umstände offen und ehrlich dargelegt wurden und eine Hotline für weitere Fragen oder Auskünfte bekannt gegeben wurde. Diese Mitteilung erhielten die Eltern vor der Medienkonferenz.
- Der beschuldigte Lehrer wurde per sofort freigestellt. Zum Schutz des Lehrers wurde sein Name nicht bekannt gegeben. Solange die Schuld des Lehrers nicht bewiesen ist, muss dieser geschützt werden.
- Der kantonale Schulinspektor wurde informiert.

- Es wurde ein Führungsrhythmus für das Krisenmanagementteam festgelegt.
- Medienmitteilung und Medienkonferenz wurden vorbereitet und die Journalisten für den darauffolgenden Tag eingeladen.

Die Arbeiten und Vorbereitungen liefen dank der strukturierten Führungstätigkeit gut, allerdings stieg die psychische Belastung im Krisenmanagementteam an. Vereinzelt informierten Lehrer über neue Begebenheiten, die die Schüler erzählt hatten und die grosse Unsicherheit im Krisenmangementteam auslösten, insbesondere, ob möglicherweise noch weitere Verfehlungen des Lehrers ans Tageslicht kommen würden. Zum Glück waren die Elternreaktionen dank der transparenten Information und der gut bedienten Hotline gering. Am Tag der Medienkonferenz spitzte sich die Lage zu. Einerseits hatte das Krisenmanagementteam zwischenzeitlich von der Polizei erfahren, dass der Lehrer seine Verfehlung zugegeben hatte, worauf unverzüglich die fristlose Entlassung des bereits freigestellten Lehrers eingeleitet wurde. Andererseits wurde die psychische Belastung, die diese Krisensituation ausgelöst hatte, für den Schulleiter so gross, dass die Gefahr bestand, dass er an der Medienkonferenz nicht in der Lage sein würde, den Journalisten Red und Antwort zu stehen. Nach wie vor hatte das Krisenmanagementteam zu dem Zeitpunkt den Namen des fehlbaren Lehrers aus Gründen des Persönlichkeitsschutzes nicht kommuniziert, obwohl er natürlich unter den Lehrern und auch bei den Eltern mittlerweile bekannt war.

Andererseits zog das Krisenmanagementteam in Erwägung, für den Fall, dass der Schulleiter an der Medienkonferenz nicht anwesend sein könnte, den Namen des Lehrers doch bekannt zu geben. Ansonsten hätte nämlich der Verdacht aufkommen können, der Schulleiter selbst sei der Beschuldigte. Das Krisenmanagementteam war deshalb genau zwei Stunden vor der Medienkonferenz noch einmal intensiv mit dem weiteren Vorgehen beschäftigt. Der Schulleiter wurde vorübergehend aus dem Krisenmanagementteam genommen und ein Mitglied unseres Beratungsteams nahm sich im Rahmen eines stressreduzierenden

Coachings seiner an. Kurz vor Beginn der Medienkonferenz fühlte sich der Schulleiter wieder in der Lage, die Medienkonferenz zu leiten.

Die Anspannung war gross, als die Journalisten den Raum betraten. Der Schulleiter eröffnete die Medienkonferenz und begann nach Bekanntgabe des Grundes für die kurzfristig einberufene Medienkonferenz genau zu erzählen, wie die Krisensituation angegangen wurde und welche Massnahmen in den vergangenen zwei Tagen eingeleitet worden waren. Über die Verfehlung und Entlassung des Lehrers wurde ebenso transparent berichtet wie über die schulinternen Massnahmen, die getroffen wurden. Es wurde klar kommuniziert, dass die Schule in solchen Fällen eine Null-Toleranz-Politik verfolge. Die Betroffenheit, die dieser Fall an der Schule ausgelöst hatte, kam ebenso zum Ausdruck wie der Wille, diese Angelegenheit mit Hilfe gründlicher Information und professioneller Betreuung der Kinder wie auch ihrer Eltern transparent und umfassend aufzuarbeiten.

Die Medienkonferenz verlief gut. Dank der offenen und transparenten Information durch die anwesenden Vertreter der Schule stellten die Journalisten nur wenige Fragen. Die anschliessenden Medienberichte waren grossmehrheitlich sachlich und korrekt geschrieben. Es blieb bei einer einmaligen Berichterstattung ohne Folgeartikel. Offenbar war die Information durch die Schule so klar, dass Unsicherheiten gar nicht erst aufgekommen waren. Auch die Rückmeldungen der Eltern waren durchwegs positiv. Die schnelle und ehrliche Information der Schule durch den Elternbrief und die eingerichtete Hotline wurden geschätzt und trugen massgeblich dazu bei, dass das Vertrauen in die Schule nicht nur bestehen blieb, sondern sich noch verstärkte – die Eltern wussten nun, dass die Schule auch schwierige Ereignisse offen kommuniziert und diese nicht unter den Teppich kehrt.

Als die offiziellen Schulferien begannen, blieb das Krisenmanagementteam aktiv und während der ganzen Ferien für Fragen oder dringende Angelegenheiten erreichbar.

Der Erfolg dieser Krisenbewältigung bestand darin, dass:

- die Probleme sofort und umfassend erkannt, beurteilt und angegangen wurden.
- der Krisenstab sehr strukturiert und ganzheitlich mit den drei C Command, Communication und Care gearbeitet hatte.
- die nötigen Behördenstellen umgehend informiert worden waren.
- die Eltern und Lehrer vom ersten Moment an transparent informiert und mit einbezogen worden waren.
- Betreuungsmöglichkeiten für alle Beteiligten bereitgestellt wurden.
- die Wahrheit nicht vertuscht oder nur Halbwahrheiten erzählt worden waren.

Dieser Fall war einmal mehr ein gutes Beispiel dafür, dass in einer Krise schnell gehandelt werden muss und die notwendigen Massnahmen schnell und umfassend geplant und umgesetzt werden müssen. Dieser Fall bildete für uns auch den Auslöser, ein Einsatzteam mit qualifizierten Krisen-Spezialisten zu bilden, das heisst Unterstützung rund um die Uhr, die ein «Coaching im Ereignis 7/24» anbieten.

C4

COMPLIANCE

REGELKONFORMITÄT

Compliance beinhaltet das regelkonforme Verhalten einer Organisation. Sie ist in den letzten Jahren zum hippen Modekonzept stilisiert und ebenso zum Prügelknaben verteufelt worden. Was vor der Jahrtausendwende in unseren Breitengraden noch kaum bekannt war, wurde in den 2000er-Jahren schnell zum Allerheilmittel erkoren und in den Organisationen sowie Unternehmen grossflächig implementiert. Wie meistens liegt die Realität irgendwo in der Mitte. Compliance wendet nicht per se alle Risiken ab und schützt auch nicht umfassend vor Krisen oder Ereignisfällen. Wie aber in den nachstehenden Ausführungen deutlich wird, erlaubt eine professionelle Compliance, solche Fälle so weit wie möglich zu prävenieren und hilft, eine Krisen-/Ereignissituation möglichst effizient und effektiv zu meistern. Betriebswirtschaftlich betrachtet lernen Sie durch eine professionelle Compliance Ihr Unternehmen und damit auch Ihre Mitarbeitenden sehr gut kennen – und diese Kenntnisse erlauben es Ihnen, in heiklen Situationen richtig zu handeln und zu kommunizieren.

1   Szenen aus der Praxis

1.1   Klare Regeln. Klar?

Die Regeln waren klar: Keine Bank-Checks. So stand und steht es im Reglement vieler Spielbanken. Das gilt auch für das kleine Casino einer beliebten Tourismusdestination in den Alpen. Dennoch herrscht einige Aufregung, als sich am Freitagmittag ein französischer Gast für das Wochenende anmeldet. Der Mann möchte gerne drei Bank-Checks einlösen, im Gesamtumfang von 1,2 Millionen Franken. Abklärungen bei anderen Casinos zeigen: Der Mann ist dort bekannt als High Roller, als Spieler, der um hohe Einsätze spielt. Und 1,2 Millionen bedeuten für das Alpencasino mehr als 10% des Jahresumsatzes. Der Key Account Manager, gleichzeitig Mitglied der Geschäftsleitung, übersteuert deshalb die Finanzchefin, welche skeptisch bleibt. Als von der «Crédit Lyonnais» dann auch noch eine Fax-Bestätigung eintrifft, dass alles seine Richtigkeit habe, gibt indes auch sie ihren Widerstand auf.

Als später alle Checks als ungedeckt auffliegen, reibt sich der CEO die Augen und fragt sich:

- Warum haben gleich mehrere Kader die klaren Weisungen nicht umgesetzt?
- Wie lässt sich sicherstellen, dass Vorgaben trotz Leistungszielen eingehalten werden?
- Wie sollen die betroffenen Mitarbeiter, die ansonsten zu keiner Klage Anlass geben, sanktioniert werden?

1.2   «Der Mann hat schliesslich eine Familie»

Die Anfrage kam dem Compliance-Verantwortlichen der Privatbank spanisch vor: Ein Privatkundenberater, der immer wieder US-Amerikaner als Kunden gewinnen konnte, war für eine Konferenz der Finanz-Community nach Puerto Rico geladen; vermittelt von einem US-Anwalt, der in der Vergangenheit schon gelegentlich Kunden an die Schweizer Bank vermittelt hatte. Auch für die Rechtsabteilung war klar:

Es könnte sich hier um eine Falle handeln. Die einhellige Weisung deshalb an den Kundenberater: Die Einladung wird freundlich, aber bestimmt ausgeschlagen.

Nur: Der Privatkundenberater hielt sich nicht lange mit der Weisung auf. Beim Zwischenstopp in Miami dann prompt der Zugriff der US-Behörden: Eine Woche wird der Mann festgehalten. Was in der Zeit genau geschieht, weiss danach niemand, der betroffene Privatkunden-berater rückt nicht wirklich raus mit der Sprache. Für die Rechtsabtei-lung ist klar: Nur eine sofortige Trennung von dem Mitarbeiter kann Schaden für das Institut verhindern. Die verantwortlichen Verwaltungs-räte des kleinen Instituts können dem allerdings nichts abgewinnen. Der Mann sei schliesslich schon lange dabei und eben erst Familienvater geworden. Eine Trennung komme nicht in Frage. Ein halbes Jahr später erheben die amerikanischen Behörden gegen mehrere Mitarbeiter der Bank offiziell Anklage wegen Beihilfe zum Steuerbetrug.

Für die Geschäftsleitung stellen sich bange Fragen:
- Hätten die Anklagen verhindert werden können, wenn sich das Ins-titut früher von dem Mitarbeiter getrennt hätte?
- Gibt es weitere Mitarbeiter, welche die Weisungen der Compliance nicht eingehalten haben?
- Hat die Führung in früherer Zeit zu viel durchgehen lassen und Verstösse gegen die Regeln zu wenig sanktioniert?

1.3 Der Kick mit den Kickbacks

Der Auftrag für die Immobilienfirma bedeutet harte Arbeit für die kleine Kommunikationsagentur, ist aber gleichwohl auch sehr lukrativ. Und noch besser: Der Inhaber zeigt sich völlig zufrieden mit den Leis-tungen. Alles ok also. Zumindest, bis die Kommunikationsleiterin der Immobilienfirma deutlich macht, dass sie künftig eine Freundin mit in die Kommunikationsgeschäfte involvieren möchte. Diese, so deutet sie an, sei bereit, ihr persönlich eine Vermittlungsprovison von 15% für jeden Auftrag zukommen zu lassen. Falls die Agentur dazu auch bereit sei, könnte sie noch viel mehr Aufträge vergeben.

Der Leiter der Agentur fragt sich nach einer schlaflosen Nacht:

- Können / müssen / dürfen wir überhaupt auf diesen Vorschlag einsteigen?
- Machen wir uns strafbar, wenn wir auf den Deal einsteigen?
- Sollen wir den Regelverstoss der Geschäftsleitung der Immobilienfirma melden? Und was, wenn die Kommunikationsleiterin alles abstreitet und wir in der Folge den Kunden verlieren?

1.4   «Damit hätte ich im Leben nie gerechnet»

Die Nachricht schlägt ein wie eine Bombe: Ein bekannter Automobilhersteller hat Abgastests von Dieselmotoren manipuliert. Dazu wurde weltweit bei rund elf Millionen Dieselfahrzeugen des betreffenden Konzerns eine Software installiert, die Emissionen nur auf dem Prüfstand unter den erlaubten Höchstwert drückt. Zwar wurden zirka 8,5 Millionen dieser Fahrzeuge in der Europäischen Union verkauft; aufgeflogen ist die Manipulation aber in den USA, wo unabhängige Non-Profit-Organisationen im Bereich der Clean Transportation dem Ganzen auf die Schliche gekommen sind. Als Folge: Die Medien überschlagen sich mit Headlines und weltweit wird gegen den Konzern ermittelt, die Reputation des betreffenden Automobilherstellers ist ruiniert und das Vertrauen der Konsumenten erschüttert. Dass der Hersteller in den USA Abgasdaten manipuliert hat, überrascht sogar einen langjährigen Autoexperten: «Es war zwar allen bekannt, dass der Hersteller in den USA einen schweren Stand und daher einen grossen Absatzdruck hat. Und man hatte sich auch sehr ambitionierte Ziele gesteckt. Aber damit hätte ich im Leben nie gerechnet.» Die Märkte spielen derweil den Worst Case durch, das Management wie auch der Vorstand geraten unter massiven Druck und der Hersteller versucht mit allen Mitteln, wieder etwas Halt im Markt zu finden.

Die Öffentlichkeit fordert Antworten auf folgende Fragen:

- Haben die Absatzvorgaben das widerrechtliche Verhalten geschürt?
- Weshalb wurden die Manipulationen durch keine Kontrollen entdeckt?
- Wie viel haben das Management und der Vorstand gewusst?

2 Compliance – Mythen und Hypes

Der Druck auf die Unternehmen, im Rahmen der Geschäftstätigkeit jederzeit und überall nicht nur rechtskonformes, sondern auch ethisches und sozial verantwortungsvolles Verhalten zu demonstrieren, nimmt zu. Die Geschäftsaktivitäten sind schon lange verstärkt zum Gegenstand öffentlichen Interesses geworden. Das Publikum richtet die Entscheidungen vermehrt an Image und Verhalten eines Unternehmens aus und die Medienlandschaft greift Fehlverhalten in Echtzeit in dicken Headlines auf. Es gilt deshalb, das Vertrauen aller Anspruchsgruppen zu bewahren.

Krisen – wie beispielsweise die Finanzkrise ab 2007 – haben mehr als deutlich gezeigt, dass der dauerhafte und nachhaltige Geschäftserfolg wesentlich auf der Reputation, auf dem Vertrauen und damit auf einem überzeugenden Geschäftsgebaren aufbaut. Das hat zur Konsequenz, dass Unternehmen die gesellschaftlichen Erwartungen im Rahmen ihrer sozialen Verantwortung in die Unternehmensführung integrieren müssen – auch wenn diese vielleicht vom Gesetz her nicht vorgeschrieben werden. Genau da setzt Compliance an.

In der Praxis begegnen wir indes immer noch zwei grundsätzlich fehlgeleiteten Verständnissen von Compliance: Zum einen sind da Unternehmen, welche Compliance als direkte Funktion der eingesetzten finanziellen Mittel betrachten. Das Motto lautet: je mehr Mittel, umso mehr Compliance. Um vermeintlich jeden Missbrauch auszuschliessen, werden die teuersten technischen Systeme angeschafft, von den teuersten und renommiertesten Kanzleien Konzepte erarbeitet und Kontrollprozesse eingezogen, welche dem Mitarbeiter partiell das Gefühl geben müssen, hier erst einmal als Verdächtiger behandelt zu werden. Kein Wunder, dass Compliance dieses Zuschnitts das operative Geschäft teilweise lähmt. Gleichwohl versteckt sich dahinter nichts anderes als ein vorausschauendes Sich-Freikaufen. Sollte dennoch eine Unregelmässigkeit geschehen, lässt sich über die enormen Investitionen in die Compliance wenigstens belegen, dass die Gesellschaft alles Mögliche versucht hat, um genau diesen eingetretenen Fall zu verhindern.

Ein zweiter, weit verbreiteter Mythos findet sich bei kleineren Organisationen. Compliance, so heisst es dort, sei durchaus ein wichtiges Thema – allerdings nur für die «Grossen». Im kleinen, überschaubaren Mikrokosmos des KMU hingegen seien Compliance-Massnahmen nicht vonnöten. Allzu oft ändert sich diese Haltung erst, wenn der Patron (viel zu spät) beispielsweise feststellt, dass in der Buchhaltung seit Jahren Rechnungen verbucht und bezahlt wurden, für die es keine geschäftsbezogene Grundlage gab. Oder wenn das Kartellamt wegen illegaler Preisabsprachen ermittelt, weil man sich mit den Kollegen von der Konkurrenz darauf verständigt hatte, dass man sich die ewige Preisdrückerei nicht mehr gefallen lassen wollte.

Durch eine stärker rechtliche Brille betrachtet, ist Compliance zunehmend – und zwar unabhängig von Branche, geografischem Rechtsgebiet etc. – kein «Dürfen» oder «Wollen» mehr, sondern klar ein «Müssen». Wo um die Jahrtausendwende Compliance noch ein Extra, sprich etwas Freiwilliges war, was im Fall der Fälle sogar Strafminderung erwirken konnte, werden heute Unternehmen, die keine Compliance oder auch nur schon keine funktionierende Compliance haben, in eben diesen Fällen zusätzlich hart bestraft. Der Gesinnungswandel, dass Compliance heute zum festen Bestandteil des Werkzeugkoffers einer jeden Führung gehört, hat auf der Seite des Gesetzgebers schon lange stattgefunden, und die weltweiten Tendenzen gehen rasant weiter in diese Richtung.

3   Krisenprävention aus der Sicht der Compliance

3.1   Rechtliche Einbettung

In Art. 716a Abs. 1 Ziff. 5 Schweizer Obligationenrecht weist der Schweizer Gesetzgeber dem Verwaltungsrat die unübertragbare und unentziehbare Pflicht zur Oberaufsicht der über die Geschäftsführung betrauten Personen zu, namentlich im Hinblick auf die Befolgung der Gesetze, Statuten, Reglemente und Weisungen. Auch wenn der Begriff «Compliance» nirgends in dem Artikel zu lesen ist, so ist doch materiell in einem engeren Sinn gerade auch die Compliance angesprochen. Sie fällt demnach in die Verantwortlichkeit des Verwaltungsrates und ist das Instrument der Führungskontrolle für den Verwaltungsrat wie auch für die Exekutivorgane des Unternehmens. Analoges ist im Swiss Code of Best Practice in Art. 20 zu finden: «Der Verwaltungsrat trifft Massnahmen zur Einhaltung der anwendbaren Normen (Compliance).» In ähnlicher Weise nimmt der österreichische Gesetzgeber beispielsweise im Aktiengesetz Vorstand und Aufsichtsrat in die Pflicht.

Im weiteren Sinn behandelt Compliance jedoch auch die Frage, wie der Verwaltungsrat im Rahmen der Oberaufsicht nicht nur rechtlich, sondern auch ethisch korrektes, also sozial verantwortliches Verhalten des Unternehmens sicherstellen kann, was über die rein rechtliche Dimension hinausgeht. Auch wenn der Verwaltungsrat gemäss Gesetz den Compliance-Auftrag nicht persönlich erfüllen muss und sich eines sogenannten Erfüllungsgehilfen bedienen kann (Geschäftsleitung, Rechts- und Compliance-Abteilung), so bleibt die Verantwortung für Compliance unabschüttelbar beim strategisch obersten Gremium, sprich dem Verwaltungsrat.[1]

---

1   Vgl. Buff, 2000, S.2,7,52

Dass Compliance ein grosses und mannigfaltiges Gebiet abdeckt, zeigt die nachstehende Auswahl an compliance- bzw. haftungsrelevanten Rechtsbereichen:

- Strafrecht
- Kartellrecht
- Steuerrecht
- Börsenrecht
- Produktionshaftpflichtrecht
- Bundesgesetz gegen den unlauteren Wettbewerb
- Umweltschutzrecht
- Arzneimittel- / Medizinal- / Krankenkassenrecht
- Embargo / Sanktionen (Embargogesetz)

Wenig überraschend umfassen die rechtlichen Risiken (Haftung) unter anderem:

- Schadenersatzpflicht
- Bussen
- Gefängnis
- Auflagen
- Berufsverbot
- Bewilligungsentzug
- Reputationsrisiko

3.2   Wirtschaftliche Einbettung

Begriffe wie «Corporate Governance» und «Risikomanagement» sind heute ebenso wie «Compliance» fester Bestandteil des unternehmerischen Alltags. All diese Begriffe sind nicht trennscharf abgrenzbar und stehen wirtschaftlich miteinander in Zusammenhang. Nachfolgend werden diese deshalb kurz definiert und zueinander in Beziehung gebracht.

3.2.1 Corporate Governance

Die «Corporate Governance» ist die Gesamtheit der auf das Aktionärs-
interesse ausgerichteten Grundsätze, die unter Wahrung von Entscheidungsfähigkeit und Effizienz auf der obersten Unternehmensebene
Transparenz und ein ausgewogenes Verhältnis von Führung und Kontrolle anstreben.[2] So verstanden handelt es sich um eine verantwortungsvolle Unternehmenssteuerung, welche neben der Beachtung von
Gesetzen und Standards auch die Sicherstellung einer transparenten
Organisation und die Errichtung eines Risikomanagementsystems beinhaltet. Wenn man voraussetzt, dass eine Organisation ihre Ziele nur
unter der Beachtung von Regeln und mit legitimen Mitteln verfolgt,
wird klar, dass «Governance» und «Compliance» untrennbar miteinander verbunden sind.

3.2.2 Risikomanagement

Risikomanagement ist die systematische Erfassung und Bewertung von
Risiken sowie die Steuerung von Reaktionen auf festgestellte Risiken.
Risikomanagement ist Aufgabe der Führung des Unternehmens und
trägt zur Leistungssteigerung und zur Effizienzverbesserung einer Organisation bei. Somit können Sicherheitsanforderungen umgesetzt und
die Zielerreichung von Organisationen und Systemen abgesichert werden. Risikomanagement ist ein systematisches Verfahren, das zur Steuerung aller Risiken in einem Unternehmen angewendet werden kann
– zum Beispiel bei Unternehmensrisiken, Kreditrisiken, Finanzanlage-
risiken, Umweltrisiken, versicherungstechnischen Risiken, technischen
Risiken und/oder Reputationsrisiken.[3]

---

2   Vgl. economiesuisse, 2007

3   Vgl. WEKA, o.A.

3.2.3 Compliance

Compliance hat als Bestandteil des Risikomanagements das Ziel, Schadensprävention durch rechtlich und ethisch konformes Verhalten sicherzustellen.[4] Krisen wie auch Ereignisfälle wiederum sind Reputationsrisiken, die als Teil des Risikomanagements zu bewirtschaften sind. Im Rahmen der Risikofestsetzung – als Teil des Risikomanagements – muss das Management grundsätzlich entscheiden, wie es mit den Risiken, mit welchen das Unternehmen konfrontiert ist und welche die Unternehmensziele bedrohen oder bedrohen können, umgehen will. Da es keine Möglichkeit gibt, alle Risiken zu eliminieren, muss das Unternehmen definieren, wie viel Risiko es tragen kann und will. Sind die Risiken erkannt, gemessen und ihr Ursprung ausgemacht, müssen die notwendigen Schritte eingeleitet werden, diese zu umgehen, zu transferieren oder anderswie auf ein für das Unternehmen annehmbares Mass zu reduzieren.

3.2.4 Exkurs: Risikowahrnehmung

Menschen neigen dazu, dramatische, aber seltene Risiken zu fürchten. Ein Beispiel sind die Terroranschläge des 11. September 2001. Im Nachgang der Ereignisse empfanden die Menschen das Fliegen plötzlich als riskant und fuhren Strecken mit dem Auto, die sie sonst mit dem Flugzeug zurückgelegt hätten – obwohl der Strassenverkehr klar gefährlicher ist. Was wir also als Risiko wahrnehmen und was wirklich eines für uns ist, klafft oft auseinander. Grund dafür ist, dass die Risikoanalyse, beispielsweise durch Risikofachleute, Risiken möglichst objektiv mit einheitlichen Methoden und Kriterien beurteilt. Die Risikowahrnehmung hingegen ist subjektiv und hängt davon ab, in welcher Zeit und Gesellschaft wir leben.[5]

---

4   Vgl. Buff, 2000, S.1f.

5   Vgl. Trueb, 2012, S.13

Ein weiterer Aspekt ist, dass uns oft das Risikobewusstsein fehlt. Meistens muss zuerst etwas passieren, bevor wir das Risiko realisieren. Ein Beispiel sind Schweizer Schulhäuser, die mit wenigen Ausnahmen nicht gewappnet sind gegen Amokläufe. Experten schätzen, dass es in der Schweiz etwa alle zehn Jahre zu einem solchen Gewaltszenario kommen kann – eine nicht zu unterschätzende Häufigkeit. Trotzdem sind diesbezüglich kaum Vorkehrungen wie die Organisation des telefonischen Alarms, die Ausbildung der Lehrer für einen solchen Fall etc. getroffen worden, schlicht, weil uns das Risikobewusstsein dafür fehlt und in den meisten Schulhäusern noch nie so ein Ereignis stattgefunden hat.[6]

3.2.5 Die häufigsten Schwachpunkte

1 Konzentration auf rein technische Sicherheitsmassnahmen

2 Keine gelebte Compliance-Kultur

3 Compliance wird für den eigenen Betrieb als unnötig empfunden

4 Neue gesellschaftliche und/oder regulatorische Vorgaben und Erwartungen werden nicht systematisch beobachtet und implementiert

5 Fehlende Verzahnung mit anderen Bereichen wie bspw. Controlling

6 Compliance wird nicht proaktiv zur Erkennung und Bewirtschaftung von Risiken eingesetzt

Abb. 55. Die sechs häufigsten Schwachpunkte im Bereich Compliance

---

6   Vgl. Habicht, 2009

4   Grundelemente der Compliance

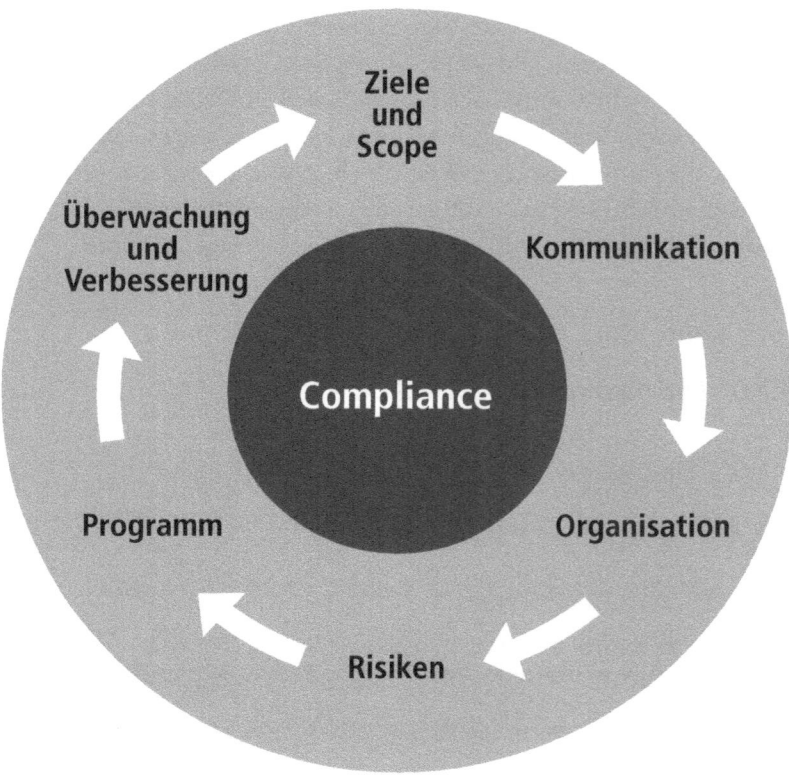

Abb. 56. Grundelemente der Compliance

Eine erfolgreiche Compliance baut, wie in Abbildung 56 dargestellt[7], auf einer Anzahl Elementen auf, die nachstehend einzeln kurz dargestellt werden:[8]

---

7   In Anlehnung an: Krause, 2010

8   Nachführende Ausführungen, vgl. compliance-net, 2010

4.1   Compliance-Kultur

Die Compliance-Kultur ist als Teil der Unternehmenskultur zu verstehen. Diese wird als implizites Bewusstsein eines Unternehmens definiert, welches sich unter anderem durch die von den Mitarbeitern getragenen Regeln, Normen und Wertvorstellungen auszeichnet. Die Werte müssen ehrlich, beständig wie auch transparent kommuniziert und gelebt werden.[9] Die Compliance-Kultur, gleich wie die Unternehmenskultur, wird im Wesentlichen durch die Unternehmensleitung und das Management geprägt. Der sogenannte «tone at the top» hat entscheidenden Einfluss auf die Wahrnehmung der Mitglieder einer Organisation im Hinblick auf das Thema Compliance.

Anders formuliert sind Compliance-Bemühungen nur dann glaubhaft und wirkungsvoll, wenn sie von der Unternehmensspitze nicht nur veranlasst, verantwortet und durchgesetzt, sondern vor allen Dingen vorgelebt und damit zum Bestandteil der gelebten Unternehmenskultur werden. Mit anderen Worten können die Handlungsweisen, die Krisen und Ereignisse vorbeugen sollen, nicht vom obersten Management verordnet werden; sie müssen von diesem selbst durch entsprechendes Verhalten im betrieblichen Alltag vorgelebt werden. Dem Management kommt auf diese Weise eine für den Erfolg der Compliance-Strategie unerlässliche Vorbildfunktion zu.

4.2   Compliance-Ziele und -Scope

Mit Compliance sollen stets bestimmte Ziele erreicht werden, welche vom verantwortlichen Management zu definieren sind. Ebenso ist zu definieren, welche Themenbereiche und welche Regeln im Fokus stehen. Diese Festlegungen korrespondieren mit den Risiken, die für die Einhaltung der entsprechenden Regeln bestehen.

---

9   Vgl. Jahns, 1999, S. 70 f.

4.3   Compliance-Kommunikation

Um eine erfolgreiche Implementierung von Compliance sicherzustellen, ist eine sachgerechte Kommunikation an die betroffenen Personen innerhalb wie auch ausserhalb des Unternehmens erforderlich. Nur so können die definierten Massnahmen und Vorgehensweisen wirksam umgesetzt werden.

Das Management trägt gegenüber den Mitarbeitenden die Pflicht zur Information über Inhalt und Tragweite aller anwendbaren Normen (wie bspw. Gesetze, Selbstregulierung der Branche oder unternehmensinterne Weisungen respektive Richtlinien). Wer gegen solche verstösst, darf sich nicht nachträglich darauf berufen können, er habe sein Verhalten für rechtmässig und regelkonform gehalten. Die Mitarbeitenden müssen fachlich kompetent und umfassend darüber informiert und ausgebildet werden, wo die Grenzen liegen, innerhalb derer sie handeln können, und welches die Konsequenzen sind, die bei der Übertretung drohen. Thematisch wie auch methodologisch gut geplante Informationsveranstaltungen und Schulungen sind hier beispielsweise geeignete Massnahmen. Für die Durchführung dieser Informationsveranstaltungen gelten die generellen Grundsätze: Sie müssen plan- und regelmässig stattfinden, neu eintretende Mitarbeitende erfassen, einen Follow-up vorsehen und lückenlos dokumentiert werden. Kommunikation muss dabei als Werkzeug des Managements verstanden werden. Ebenso wie Information, Aufklärung und Ausbildung Bestandteil des Pflichtenhefts des Compliance Officers sind, welcher im Auftrag des Managements handelt.[10]

Aufgrund der Absicht eines Unternehmens, Krisen und Ereignisfälle zu prävenieren, kommt der Information und Aufklärung wie auch der Ausbildung und Sensibilisierung der Mitarbeitenden gemäss dem Compliance-Programm höchste Bedeutung zu. Hinzu kommt, dass der nachhaltige Erfolg eines Unternehmens entscheidend durch die Qualität und Integrität des Personals beeinflusst wird. Die Marschrichtung

---

10   Vgl. Thomas, 1999, S.523-527

darf nicht nur einfach in Verträgen und betrieblichen Kodizes festgelegt werden, sondern das Empfinden für korrektes Verhalten muss zwingend durch Information, Aufklärung und Ausbildung intensiviert und gestärkt werden. Dabei müssen die ethischen, sozial verantwortlichen wie auch die rechtlichen Grundsätze in vielfältiger Form an die Angestellten aller Stufen herangetragen werden, um die unerlässliche Verinnerlichung zu erreichen. Mögliche Formen sind beispielweise Orientierungsveranstaltungen und Präsentationen, Seminare und Diskussionsforen, Workshops mit konkreten Fallstudien, Filme, Newsletter, Merkblätter, Updates auf Webseiten usw. Wie deutlich wird, gibt es zahlreiche und unterschiedliche Formate. Zentral für den Erfolg ist jedoch, dass diese aus und mit Überzeugung durchgeführt werden und insbesondere die Inhalte vom Management vorgelebt werden.

4.4   Compliance-Organisation

Für die wirksame Compliance-Organisation oder Compliance-Struktur müssen die Rollen und Verantwortlichkeiten sowie Aufbau- und Ablauforganisation definiert werden. Dazu ist grundsätzlich zu überlegen, ob die gegebenen organisatorischen Strukturen des Unternehmens taugen, um die gesetzten Ziele und definierten Strategien zu erreichen. Üblicherweise fordern neue Rahmenbedingungen und Ziele auch strukturelle respektive organisatorische Veränderungen. Das Unternehmen ist demnach als Organisation laufend zu entwickeln, und es sind nötigenfalls Anpassungen vorzunehmen.

Im Zentrum der Compliance-Struktur steht der Compliance Officer, der, falls erforderlich, durch weitere Compliance-Mitarbeitende unterstützt wird. Der Compliance Officer ist als Leitender Angestellter für die Umsetzung und Einhaltung von gesetzlichen und gesetzesähnlichen Regelungen sowie internen Pflichten zuständig. Als Spezialist und Vertrauensperson vermittelt er ethische und sozial verantwortliche Grundwerte und nimmt gegenüber den Mitarbeitenden eine beratende Funktion in Bezug auf die anwendbaren Normen wahr. Dabei ersetzt der Compliance Officer nicht den Linienvorgesetzten. Vielmehr ist der Compliance Officer der Fachmann in Compliance-relevanten Themenbereichen und eruiert, wo intern Handlungsbedarf besteht. Organisatorisch ist der Compliance Verantwortliche nicht im operativen Geschäft tätig, das heisst er ist nicht mit laufenden Geschäften zu betrauen.

4.5   Compliance-Risiken

Im Rahmen der Compliance werden die Risiken für die Erreichung der Ziele eruiert und Massnahmen zu deren angemessener Behandlung getroffen. Hierzu ist in der Regel eine systematische Identifizierung und Beurteilung (quantitativ und qualitativ) erforderlich, was von einer Risikobewirtschaftung gefolgt ist (siehe hierzu auch Kapitel 3.2.2).

4.6   Compliance-Programm

Das Compliance-Programm (auch Compliance-Strategie oder Compliance-Konzept genannt) umfasst die Grundsätze und Massnahmen zur Begrenzung und Bewirtschaftung von Compliance-Risiken und damit zur Vermeidung von Regelverstössen. Hierzu gehören auch die zu treffenden Massnahmen bei festgestellten Verstössen. Das Compliance-Programm bildet entsprechend einen Bestandteil des Risikomanagement-Konzepts und hat zum Ziel, präventiv gesetzeskonformes, ethisch korrektes und sozial verantwortliches Verhalten sicherzustellen. Auf diese Weise sollen Krisen und damit auch Schaden verhindert und die Integrität wie auch die Glaubwürdigkeit des Unternehmens sowie der gute Ruf bewahrt werden.[11]

Besagte Massnahmen beinhalten beispielsweise Richtlinien und Verfahrensanweisungen («Policies & Procedures») sowie Verhaltenskodizes («Code-of-Conduct»), die grundsätzliche Regelungen treffen. Abhängig von den Compliance-Zielen respektive dem Compliance-Scope umfasst das Programm das interne Kontrollsystem, die Möglichkeit zur Meldung von Verstössen («Whistleblower-Hotline») und weitere Motivationsfaktoren, die auf die

---

11   Vgl. Mazumder, 2002, S.153

Einhaltung von Regeln hinwirken (z.B. Bonus/Malus-Regeln, Anreiz-systeme, die bestimmte Verhaltensweisen der handelnden Personen fördern).

4.7 Compliance-Überwachung und -Verbesserung

Um eine dauerhafte Eignung des Compliance-Systems sicherzustellen und eventuelle Schwächen aufdecken zu können, muss dieses über-wacht werden. Bei Mängeln und Schwachstellen ist der identifizierte Handlungsbedarf zu dessen Verbesserung umzusetzen, das heisst der in Abb. 56 aufgezeigte Prozess beginnt von neuem.

5   Compliance in der Praxis

Bertold Brecht prägte das Zitat «Erst kommt das Fressen, dann kommt die Moral». In wirtschaftlich schwierigen Zeiten, ob nun marktgetrieben oder in einer unternehmensspezifischen Krise, bewahrheitet sich diese Aussage umso mehr.

Compliance kann, wie in den vorangehenden Ausführungen deutlich wurde, dieser Problematik entgegenwirken. Die Wichtigkeit und den Mehrwert einer professionellen Compliance zu unterschätzen, ist betriebswirtschaftlich wie auch rechtlich betrachtet ein grober Fehler. Unternehmen sind – während oder nach einer Krise und ganz besonders auch während oder nach einem Ereignisfall – nur so gut wie ihre Reputation. Compliance erbringt einen wichtigen Beitrag zur Qualitätssicherung und verhilft dem Unternehmen zu einer integren Reputation, was ein zentrales Fundament für eine nachhaltig erfolgreiche Geschäftstätigkeit legt.

Mit der Checkliste im Service-Teil können Sie einen ersten Eindruck gewinnen, wo Ihr Unternehmen hinsichtlich Compliance steht. Je mehr Fragen Sie positiv beantworten können, desto höher ist der Umsetzungsgrad Ihres Unternehmens in Sachen Compliance. Die Checkliste erhebt dabei weder den Anspruch auf Vollständigkeit, noch gibt sie eine Erfolgsgarantie für Compliance in Ihrem Unternehmen.

Wichtig an dieser Stelle zu bedenken ist, dass Compliance stets unternehmensspezifisch ausgestaltet werden muss. Jedes Unternehmen hat seine Eigenheiten, beispielsweise die eigene Strategie und damit verbunden eine eigene Vision mit Leitbild, wonach die Unternehmenspolitik ausgerichtet ist. Auch wenn diese viele allgemeingültige Erkenntnisse beinhaltet, sind doch Gewichtung und Umsetzung sehr unternehmensindividuell. Analog verhält es sich mit dem internen Regelwerk und der Unternehmenskultur; beide sind jedem Unternehmen eigen. Es sind deshalb diejenigen Compliance-Massnahmen zu treffen, die für Ihr Unternehmen geeignet erscheinen, das heisst, die sachgerecht und zumutbar sind.[12]

---

12   Vgl. Buff, 2000, S.16, 20f.

SERVICETEIL

A   Know-how einkaufen?

Krisenmanagement nach der 4C-Methode kann innerhalb jeder Organisation selbst aufgebaut werden. Allerdings fragen sich viele Unternehmen: Lohnt sich das für uns? – Können wir uns das im Ereignisfall nicht extern zukaufen? Genau darum geht es in diesem Kapitel: Was lässt sich mit welchem Aufwand selbst aufbauen? Und in welchem Bereich kann es sinnvoll sein, Dienstleistungen extern zu beziehen?

Klar ist: Viele Firmen können es sich kaum leisten oder sind nicht bereit dazu, Kaderleute für wochenlange Krisenmanagementschulungen und Trainings freizustellen. Gleichwohl zeigt die Praxis, dass sich Krisenmanagement im Kern nicht outsourcen lässt. Wie das Kapitel über Compliance deutlich gemacht hat, weist die Gesetzgebung die oberste Verantwortung für die Führung eines Unternehmens den entsprechenden Organen zu – und diese Verantwortung ist nicht delegierbar.

Das kann in der Konsequenz nur heissen, dass keine Organisation darum herumkommt, ein Kernteam für Krisenmanagement aufzubauen und die entsprechende Vorbereitung, Funktionsfähigkeit und Bereitschaft für den Einsatzfall sicherzustellen. Dazu können je nach individueller Situation der Organisation verschiedene Elemente der 4C-Methode durch Service-Level-Agreements mit externen Anbietern eingekauft werden. Die Entscheidung, welche Kompetenzen bis zu welchem Niveau selbst aufgebaut werden und welche Kompetenzen extern eingekauft werden, muss jedes Unternehmen für sich individuell beantworten. Um es mit einem Begriff aus der Welt der Streitkräfte zu sagen: Eine Organisation muss über die Kernkompetenzen für das Management von Krisen «inhouse» verfügen. Dazu soll sie sicherstellen, dass sie im Ereignisfall durch die Zusammenarbeit mit geeigneten Partnern auch ein grösseres Ereignis bewältigen kann.

1. Kernkompetenz im Bereich Command

Eines ist für jede Organisation unabdingbar: Als Vorbereitung und zur Erstellung der Einsatzbereitschaft eines Krisenstabs müssen die notwendigen Dokumente wie Handbücher, Behelfe, Checklisten, Poster usw. erstellt werden. Dabei ist wichtig, dass solche Dokumente individuell auf das jeweilige Unternehmen abgestimmt sind; reines Copy/Paste aus Büchern (auch aus diesem!) oder den Unterlagen anderer Unternehmen ist aus unserer Erfahrung in der Praxis wenig tauglich. Allerdings empfehlen wir durchaus, sich Ideen und Anregungen bei anderen zu holen. Genauso unabdingbar ist es, die Alarmierungsabläufe zu regeln und die Führungsinfrastruktur bereitzustellen.

Als zweites wichtiges Element empfehlen wir eine konzentrierte Ausbildung im Rahmen von praxisorientierten Crash-Kursen für die Mitglieder der Krisenstäbe und des Führungsunterstützungsteams.

Stabs- oder Führungsbehelf

Der Stabs- oder Führungsbehelf ist ein wichtiges Element der Vorbereitung auf den Ereignisfall. Er sollte einfach und anwendungsbezogen aufgebaut und knapp gestaltet sein. Zum Inhalt gehören Angaben zum Ablauf (Prozesse), Checklisten, Alarmierungsprozess, Organisationsstruktur, Verbindungsangaben und Verzeichnisse. Dies ergibt in der Regel einen Umfang von rund 25 bis 35 Seiten.

Selbstverständlich können Sie diese Leistungen auch bei externen Anbietern einkaufen. Die Profis wissen in der Regel, worauf es ankommt. Allerdings raten wir dazu, im Vorfeld genau zu klären, welche Erwartungen Sie haben und welche Arbeitsinstrumente in Ihrem Unternehmen auch verwendet werden. Wir erleben in der Praxis immer wieder sehr detaillierte und gute Unterlagen, die aber im Ereignisfall kaum eingesetzt werden, weil sie auf dem falschen Medium vorliegen, unübersichtlich oder zu umfangreich sind.

Ausbildung und Training

Ohne die wichtigsten Grundkenntnisse und ein minimales Training ist ein Krisenstab und sein Führungsunterstützungsteam nicht in der Lage, seine Aufgabe wirksam zu erfüllen!

Wichtige Voraussetzungen für ein wirksames Krisenmanagement-Training sind vereinfacht gesagt: einfache, auf das Wesentliche beschränkte, nachvollziehbare Ausbildungs- und Trainingssequenzen, verbunden mit hohem Praxisbezug und basierend auf Erfahrungen.

Mit minimalem Trainingsaufwand «fit for mission», so lautet heute das Ziel für jedes Unternehmen. Was bedeutet dies für die Planung und Durchführung der Ausbildung?

Mit einer minimalen, auf das Unternehmen abgestimmten Grundausbildung von zwei bis vier Halbtagen (gestaltet als praxisorientierte Crash-Kurse und in den eigenen Führungsräumen durchgeführt) kann bereits eine erste gute Basis geschaffen werden. Die Schulung für den Krisenstab und das Führungsunterstützungsteam sollte in der Grundausbildung wegen der unterschiedlichen Aufgaben und Kompetenzen getrennt erfolgen.

In der zweiten Phase sind regelmässige, jährlich stattfindende halb- oder ganztägige Übungen nötig, um das Grundwissen anzuwenden und das Zusammenspiel zwischen Stab und Führungsunterstützung abzustimmen.

Es empfiehlt sich nach der Grundausbildung, jährlich zusätzlich zu den Übungen auch mindestens eine kurze Ausbildungssequenz für den Stab und das Führungsunterstützungsteam einzuplanen. Dabei gilt es Folgendes zu beachten: Es ist notwendig, die Grundkenntnisse über die Stabsarbeit immer wieder in kurzen Schulungen aufzufrischen bzw. die Führungsprozesse für das Krisenmanagement in Erinnerung zu rufen. Dass natürlich auch das Spezialwissen der Krisenstabsmitglieder für das eigene Fach- oder Führungsgrundgebiet à jour zu halten ist, setzen wir voraus.

Für den Chef eines Krisenstabs bildet die Führung des Stabs (also das C1 Command) quasi das Kerngeschäft. Für ihn empfehlen wir ein persönliches, individuelles Coaching, sofern er nicht über genügend Erfahrung in der Führung eines Krisenstabs verfügt. Ein professioneller Coach kann Sicherheit vermitteln und frühzeitig auf Versäumnisse aufmerksam machen. Er kann so dazu beitragen, dass der Chef eines Krisenstabs rasch und allein durch Übungen einen beachtlichen Erfahrungshintergrund aufbauen kann.

Im gesamten deutschsprachigen Raum existiert ein reger Markt für solche Ausbildungsleistungen. Nicht alle Angebote sind allerdings gleichermassen nutzbringend. Wir empfehlen, einen Anbieter insbesondere daraufhin zu prüfen, wie viel konkrete Einsatzerfahrung er mitbringt. Nichts gegen theoretische Konzepte und Ansätze, aber für das Bestehen in der Krise ist es notwendig, dass Sie mit Profis zusammenarbeiten, welche die Frontarbeit aus eigener Erfahrung kennen und Ihnen aus der Praxis vermitteln können, was funktioniert und was im realen Einsatz toter Buchstabe bleibt. Ein zweites Augenmerk ist auf die Vermittlungskompetenz zu legen: Wir haben erlebt, dass die Kader auch von grossen internationalen Firmen nach Krisenstabsübungen traumatisiert zurückgelassen wurden, weil die Ausbildner den frisch gebildeten Krisenstab völlig überfordert hatten, statt ihn schrittweise an immer grössere Herausforderungen heranzuführen.

Selbstverständlich sind alle diese Angaben zur Ausbildung auf das Unternehmen abzustimmen und den Risiken sowie den Bedürfnissen und Vorkenntnissen der Mitglieder des Krisenstabs und des Führungsunterstützungsteams anzupassen.

2. Kernkompetenz im Bereich Communication

In vielen Krisenstäben wird der Krisenkommunikationsspezialist aus dem Kommunikationsteam des Unternehmens stammen – oder gar der Kommunikationsleiter sein.

Wie in C2 Communication gezeigt, bilden die «normalen» Kommunikationsprozesse eines Unternehmens auch die Basis für die Kommunikation in der Krise. Ein gut gefüllter Rucksack in Sachen Kommunikation wird deshalb immer die Basis für einen erfolgreichen Krisen-Kommunikationsverantwortlichen darstellen.

Kleinere Unternehmen lagern die Krisenkommunikation oft an Agenturen aus, häufig auch an ihre «Hausagentur». Unsere Praxiserfahrung zeigt indes, dass nicht jede Kommunikationsagentur mit den eigenen Gesetzmässigkeiten der Krisenkommunikation tatsächlich vertraut ist und über entsprechende Erfahrungen verfügt. Genauso wenig, wie Sie einen Beinbruch dem Herz-Chirurgen anvertrauen würden, sollten Sie eine Agentur mit der Krisenkommunikation betrauen, wenn sie darin keine ausgewiesene Erfahrung hat. Prüfen Sie deshalb genau, ob die Agentur, wenn sie Krisenkommunikation anbietet, auch wirklich erfahren ist in diesem Geschäft.

Ein feines Fragezeichen malen wir auch hinter diejenigen Krisenkommunikationsspezialisten, die vor allem selbst gerne in den Medien auftreten. Seien Sie sich bewusst: Eine Krise ist dann am besten bewältigt, wenn sie gar nie öffentlich wird. Wahre Experten auf dem Gebiet der Krisenkommunikation agieren deshalb in aller Regel im Hintergrund. Einige Protagonisten, die sich in der (Medien-) Öffentlichkeit gerne als Krisenkommunikationsspezialisten positionieren, haben in Tat und Wahrheit wenig Praxiserfahrung. Fragen Sie hier konkret nach.

Krisenhandbuch
Im Teilstab Kommunikation sind sog. Krisenhandbücher recht weit verbreitet. Sie beinhalten in der Regel einige Kommunikationsgrundsätze, vor allem aber Checklisten und vorbereitete Communiqués,

Zugangsdaten zu Internet-Darksites, Kontaktlisten etc. Die Erarbeitung eines Krisenkommunikationshandbuchs wird recht häufig extern vergeben. Das kann Sinn machen, wenn der Anbieter Ihr Unternehmen so gut kennt, dass er in der Lage ist, die internen und externen Abläufe im Krisenfall korrekt abzubilden. Wichtig ist auch, dass der externe Anbieter das Krisenkommunikationshandbuch mit den – bereits bestehenden oder neu zu schreibenden – Behelfen aus dem Bereich Command abgleicht. Ist das nicht gewährleistet, wird Ihnen ein Krisenkommunikationshandbuch im Ereignisfall keine grosse Hilfe sein.

Als sinnvoll erachten wir, dass ein Krisenkommunikationshandbuch mit einem externen Anbieter für Krisenkommunikation zusammen erarbeitet wird: Eine erste Fassung wird unternehmensintern erarbeitet, der externe Profi begleitet diesen Prozess, gibt Feedback und weist auf Verbesserungspotenziale hin.

Medientraining

Ein wichtiges Element, um im Ereignisfall bereit zu sein, ist das regelmässige Medientraining. Wir empfehlen es all denjenigen Mitgliedern des Krisenstabs und des höheren Kaders, die in einer Krise als Repräsentanten des Unternehmens vor Mikrofon und Kamera treten müssen. Mit einem Medientraining können die unterschiedlichen Wirkungen von Auftritten in Radio und Fernsehen erkannt und geübt werden. Durch das persönliche Medientraining lernen Sie, Anfängerfehler zu vermeiden, falsche Formulierungen zu erkennen sowie sicher auf spitze Bemerkungen oder Fragen von Journalisten zu reagieren. Auch hierfür ist der Trainingsbedarf individuell festzulegen und auf die Teilnehmenden und deren Erfahrung im Umgang mit den Medien abzustimmen.

Zu beachten gilt, dass in einem professionellen Krisen-Medientraining gezielt geübt wird, wie ein Repräsentant Ihres Unternehmens Fragen zu Opfern oder Betroffenen beantworten kann oder wie Fragen nach Schuld und Verantwortung gemeistert werden können. Gerade in diesem Bereich schnitzern Ungeübte immer wieder und bringen sich selbst und das gesamte Unternehmen in Misskredit.

Zu Vorsicht raten wir bei all jenen Anbietern, bei denen das Medientraining von aktiven Medienschaffenden geleitet wird. Regelmässig berichten uns Kunden, dass ihnen dort vor allem vermittelt wurde, was die Medienschaffenden von ihnen in der Krise haben möchten. Das ist zwar gut zu wissen, aber nur eine Seite der Medaille: In einem professionellen Medientraining werden die Trainer Sie soweit schulen, dass Sie zu einem emanzipierten Partner der Medien werden und die Bedürfnisse der Medienschaffenden kritisch reflektieren können. Einfach nur alles mitzumachen, was von der Medienseite erwünscht wird, kann Sie nämlich ins absolute Offside führen. Zu wissen, welche Medienbedürfnisse Sie in der Krise bedienen können und welche nicht (z.B. weil Sie sich damit strafbar machen würden), ist elementarer Bestand eines seriösen Medientrainings.

Medientrainings können als Basisausbildung losgelöst von den Krisenstabsübungen durchgeführt werden, wie wir sie unter 1.1.2 Ausbildung und Training beschreiben. Communication kann aber auch in eine solche Übung eingebaut werden, indem Journalisten-Markeure den Teilstab Kommunikation beüben und dabei z.B. über eine entsprechende Internetseite in Echtzeit zurückspiegeln, wie die Medien über den supponierten Fall berichten würden.

Gesamte Krisenkommunikation outsourcen?
Immer wieder erzählen uns Kunden, sie hätten die gesamte Krisenkommunikation an ihre Agentur delegiert. Wir beurteilen eine solche Politik skeptisch. Und dies aus zwei Gründen:

Einerseits muss die Kommunikation innerhalb des Krisenstabs verankert sein. Hier heisst es nachzuhaken: Kann das ein externer Anbieter wirklich gewährleisten? Nimmt er an den jeweiligen Krisenstabsübungen teil? Kennt er die Abläufe und Führungsprozesse innerhalb des Krisenstabs dieses einen, spezifischen Kunden? Kennt er Ihre Unternehmenskultur?

Andererseits stellt sich für uns die Frage, wer bei einem solchen Outsourcing-Modell im Ereignisfall vor die Kamera steht: Kann ein externer Agentur-Sprecher in einer Krisensituation tatsächlich authentisch für

Ihr Unternehmen auftreten? Wir legen jedem Unternehmen nahe, für Auftritte in Krisensituationen Repräsentanten aus dem eigenen Team so gut vorzubereiten, dass sie in der Lage sind, das Unternehmen in einer Krise in den Medien zu repräsentieren.

Aus alledem folgt unsere Empfehlung: Evaluieren Sie, welche zusätzliche Hilfe Sie für die Kommunikation in Krisensituationen brauchen. Es spricht nichts dagegen, sich von Agenturen oder Beratern mit dem entsprechenden Know-how unterstützen zu lassen. Das kann in der Prävention sein, also zu der Zeit, in der Sie ein Krisenmanagement erst aufbauen. Oder im Ereignisfall selbst, wo ein Aussenstehender als «Sparringpartner» sehr hilfreich sein kann. Vielleicht benötigen Sie einen Kommunikationsspezialisten mit einem hervorragenden Kontaktnetzwerk zu den Medienschaffenden, vielleicht zusätzliche Helfer im Teilstab Kommunikation. – All das mag Sinn machen. Trotzdem empfehlen wir regelmässig, einen eigenen internen Fachmann für die Belange der Krisenkommunikation aufzubauen.

3. Kernkompetenz im Bereich Care

Auch für den Bereich Umfassendes Care gilt, dass eine Organisation, welche die Krisenprävention ernst nimmt, nicht darum herumkommt, das Thema als Querschnittsaufgabe in der Vorbereitung durch eine verantwortliche Stelle zu koordinieren. Für alle Bereiche, wie den Umgang mit Betroffenen, Mitarbeitenden und Angehörigen, die interne Kommunikation, Schutz- und Abschirmmassnahmen, Stressbewältigung oder auch das Einrichten einer Hotline, empfiehlt es sich, die bereits vorhandenen Vorbereitungen und Abläufe zu überprüfen. Dabei kann ein krisenerfahrener Experte von aussen sehr viel Sinn machen, um blinde Flecken zu erkennen.

Behelf und Checklisten

Es bewährt sich auch für das Umfassende Care, in Absprache mit den Personalverantwortlichen oder den im Krisenstab für diesen Bereich zuständigen Personen, den Handlungsbedarf zu ermitteln und Standardabläufe zu definieren. Die möglichen Massnahmen sollten in

Checklisten vorbereitet und Kontakte zu den benötigten Stellen wie Care-Team, Seelsorger, Bewachungsfirmen etc. vorgängig geklärt und nötigenfalls abgesprochen werden.

Ausbildung und Training

Umfassendes Care sollte Teil der Crash-Kurse sein, wie unter 1. Ausbildung und Training beschrieben. Das Thema soll sinnvollerweise auch in jede Krisenstabsübung eingebaut werden. Dadurch werden alle Mitglieder des Krisenstabs besser für dieses Thema sensibilisiert.

Der Schulungs- und Informationsbedarf im Zusammenhang mit weiteren Themen, wie Betrieb einer internen Hotline oder Umgang mit Stress, ist separat zu evaluieren und unternehmsbezogen zu klären bzw. festzulegen.

4. Kernkompetenz im Bereich Compliance

Compliance als Bereich der 4C-Methode hat in erster Linie die Aufgabe, präventiv zu wirken und Krisen erst gar nicht entstehen zu lassen. Wie bereits dargelegt, ist aufgrund der gesetzlichen Situation die oberste Führung für die Compliance verantwortlich. Damit ist klar, dass sich die Verantwortung für regelkonformes Verhalten nicht outsourcen lässt. In grossen Unternehmen werden deshalb heute oftmals bereits auf Stufe Aufsichtsrat/Verwaltungsrat Compliance-Ausschüsse aufgesetzt, welche die Oberaufsicht über eine feinverzweigte Struktur von Verantwortlichkeiten und Fachstellen innerhalb des Unternehmens wahrnehmen.

Der Compliance-Markt umfasst aufgrund des breit gefächerten Verständnisses des Begriffs eine kaum noch zu überblickende Anzahl von Anbietern: An vorderster Front Anwaltskanzleien mit ihren Spezialisten in den unterschiedlichsten Regelungsgebieten, Treuhänder und Wirtschaftsprüfer, Risikomanager etc. Die Liste lässt sich beinahe beliebig ergänzen in alle Fachgebiete hinein, in denen heute von einer Organisation regelkonformes Verhalten verlangt wird. Wie an allen diesen einzelnen Stellen Compliance-Überlegungen angestellt und entsprechende

Prozesse aufgesetzt werden, lässt sich im Rahmen dieses Werkes nicht erfassen – zu unterschiedlich sind die einzelnen Anknüpfungspunkte.

Während in den meisten Grossstrukturen heute Compliance-Themen an den verschiedensten Stellen im Unternehmen verortet sind, sind mittelgrosse und insbesondere kleine Unternehmen weit mehr herausgefordert, das richtige Mass im Compliance-Dschungel zu finden, so Compliance in den jeweiligen Unternehmen bereits angekommen ist. Gleichwohl empfehlen wir jedem Betrieb, auf der strategischen Führungsebene, etwa dem Aufsichts- oder Verwaltungsrat, einen Spezialisten oder eine Spezialistin für Compliance zu berufen und damit sicherzustellen, dass das Thema top-down das notwendige Gewicht erhält. Für kleinere Betriebe ist es ratsam, bei Branchenverbänden nachzufragen: Kein Branchenverband gibt sich heute die Blösse, sich nicht um Compliance-Fragen für die eigene Branche zu kümmern. Und gerade kleinere Betriebe mit eingeschränkten Mitteln finden dort oft Anlaufstellen und praktikable Vorgaben, um im eigenen Betrieb eine Compliance aufzusetzen.

5. «Coaching im Ereignis 7/24» als Vorhalteleistung

In einer Krise sind Sie plötzlich an allen Ecken und Enden gefordert und Zeit wird ein massgebendes Element. Rasch und umfassend müssen Sie handeln, damit Ihr Unternehmen keinen Reputations- und Vertrauensverlust davonträgt. Idealerweise haben Sie für diesen Fall einen geschulten und trainierten firmeninternen Krisenstab und ein Führungsunterstützungsteam bereit.

Sollte dem nicht so sein, d.h. Ihr Unternehmen verfügt nicht über genügend personelle Ressourcen, um eine komplette Krisenorganisation aufzubauen, so gibt es dafür seit einiger Zeit ein wichtiges Angebot auf dem Markt, das Ihnen ein Spezialisten- und Expertenteam anbietet, das Sie im Ereignisfall professionell unterstützt. Entstanden ist dieses Angebot durch die Autoren, aufgrund von gemachten Erfahrungen und weil in der Krise der Faktor Zeit eine entscheidende Rolle spielt.

Der Markt bietet heute ähnliche Dienstleistungen mit unterschiedlichen Service-Levels an: In der Regel bezahlen Sie eine monatliche Gebühr für die Bereitschaft des Anbieters, Sie im Ereignisfall innerhalb einer definierten Zeit meist zuerst telefonisch und etwas später auch physisch bei Ihnen vor Ort zu unterstützen. Eine solche externe Regelung gibt den Verantwortlichen für das Krisenmanagement sowie den Mitgliedern des Stabs und der Führungsunterstützung zusätzliche Sicherheit und ergänzt Ihre Ressourcen. Allerdings muss eine solche Regelung nach dem Prinzip 7/24 (7 Tage, 24 Stunden rund um die Uhr) mit einer funktionierenden Alarmorganisation garantiert werden können. Wichtig ist auch, dass der Anbieter einer solchen Dienstleistung über ein grosses Netzwerk verfügt, auf das bei Bedarf zurückgegriffen werden kann, z.B. Spezialisten wie Rechtsanwälte für Arbeitsrecht oder Strafrecht, IT-Forensiker, Personenschützer usw.

Sie finden dafür Angebote im Internet, die wir nicht alle als gleichermassen seriös beurteilen. Deshalb empfehlen wir auch hier, Referenzen zu verlangen und genau nachzufragen, was ein Anbieter auf dem Gebiet bereits alles geleistet hat. Ein seriöser Anbieter wird darauf bestehen, Ihre Organisation nach Möglichkeit kennen zu lernen, bevor der Ereignisfall eingetreten ist. Muss eine externe Interventions-Truppe Ihren Krisenstab und Ihr Unternehmen im Ereignisfall erst einmal kennen lernen, geht viel unnötige Zeit verloren.

Im Bedarfsfall dürfen Sie auch gerne die Autoren kontaktieren.

B Checklisten, Formulare und Raster

In diesem Teil finden Sie verschiedene Checklisten, Formulare und Raster, die Sie in der Arbeit am Thema Krisenmanagement unterstützen sollen. Wir erinnern aber daran, dass alle diese Dokumente immer nur ein Anhaltspunkt sein können; je nach Unternehmen sind Anpassungen an Ihre individuellen Verhältnisse nötig.

CL = Checkliste
FO = Formular
RA = Raster

CL	Inbetriebnahme Führungsstandort	COMMAND	C1

- ❏ Räume öffnen
- ❏ Räume beschriften
- ❏ Eingangskontrolle und Erfassung der Eintreffenden gemäss Organigramm sicherstellen
- ❏ Material aus Battlebox bereitstellen
- ❏ Personal beschriften mit Name und Funktion
- ❏ Verbindungsmittel in Betrieb nehmen und Verbindungen checken
- ❏ Journalführung und Dokumentation regeln
- ❏ Hauszentrale informieren und Meldefluss absprechen
- ❏ Nachrichten und Informationsbeschaffung beginnen
- ❏ Führungsraum vorbereiten
- ❏ Führungs- & Lagewand visualisieren (Plakate, bekannte Infos)
- ❏ Lagebild erstellen
- ❏ Vorbereitung Orientierungsrapport unterstützen
- ❏
- ❏
- ❏
- ❏
- ❏

CL	**Vorbereitung Rapport**	**COMMAND**	**C1**

- ❑ Zeitpunkt des Rapportes festlegen
- ❑ Einladung/Aufgebot an die Teilnehmenden
- ❑ Ziel definieren
- ❑ Traktanden festlegen (diese werden grundsätzlich durch die Führungstätigkeit vorgegeben)
- ❑ Verantwortliche für die einzelnen Traktanden festlegen
- ❑ Redezeiten und Zeitbudget vorgeben
- ❑ Rapport-Zeitbudget überprüfen (in der Regel <30 Minuten)
- ❑ Zeitpunkt des nächsten Rapportes überlegen

Verwenden Sie dazu Ihre vorbereiteten Traktandenlisten!

RA	**Führungstätigkeit und Rapporte**	**COMMAND**	**C1**

Ereignis Auftrag

Auslösung Krisenstab

Eintreffen im Führungsraum

6. Kontrolle und Steuerung
Umsetzung überwachen, steuern

1. Problemerfassung
Worum geht es?

Lagerapport 3
➜ Beurteilung und Wirkung der Massnahmen
➜ Anpassungen und Ergänzungen

Orientierungsrapport
Info über Lage ←
Problemerfassung ←

Sofortmassnahmen
Zeitverlust vermeiden!

5. Auftragserteilung
kurz und klar

Zeitplanung
Wann soll was wirksam sein?

2. Lagebeurteilung
Varianten prüfen, Lösungen finden

Lagerapport 2
➜ Auftragserteilung verabschieden
➜ Anordnung von Massnahmen

4. Ausarbeitung Einsatzplan
Ablauf step by step durchdenken

3. Entschlussfassung
Absicht formulieren

Lagerapport 1
Vortrag Beurteilung der Lage ←
Entschlussfassung verabschieden ←

RA	Problemerfassung	COMMAND	C1

Phase I: Problementdeckung

- ■ Worum geht es?
- ■ Welches sind die Aufgaben und das zu erreichende Ziel?
- ■ Chancen & Gefahren?
- ■ Komplexität & Zeitverhältnisse?

Phase II: Problemklärung

- ■ Zerlegung der Probleme in Teilprobleme und Formulierung der Aufgaben / Aufträge, die zu deren Bearbeitung nötig sind

Phase III: Problembeurteilung

- ■ Klärung der Bearbeitungszuständigkeit
- ■ Bedeutung im Gesamtrahmen
- ■ Abschätzen Bearbeitungsaufwand und Dringlichkeit

Mögliche Gliederung in einzelne Problemfelder

❶	❷	❸	❹
Bauten und Infrastruktur	**Mitarbeitende und Angehörige**	**Kunden und Partner**	**Kommunikation intern/extern**
• Bauten • Infrastruktur • Kommunikations-anschlüsse • Prozesse • Server/ Applikatio-nen • Zusätzliche Sicherheitsmass-nahmen • Weitere Problem-felder	• Info über Ereignis • Zugang zum Arbeitsplatz • Verhaltensregeln • Umfassendes Care / psychische Betroffenheit • Weitere Problem-felder	• Kunden und Lieferanten-termine • Auswirkungen • Schlüsselkunden • Vertrauensbildung • Aufsichtsorgane • Weitere Problem-felder	• Mitarbeitende • Medien • Kunden • Hotline • Weitere Problem-felder

RA	Auftragserteilung	COMMAND	C1

1. Orientierung / Lagedarstellung

- Ausgangslage, Art und Umfang des Ereignisses, Betroffene?
- Kurze Beurteilung der möglichen Auswirkungen und besonderen Risiken
- Wer ist (ausser uns) mit welchem Auftrag an der Ereignisbewältigung beteiligt?

2. Absicht / Zielsetzung

- Lösungsansatz («Marschrichtung»): Wie wird die Ereignisbewältigung generell angegangen?
- Was soll mit welchen Mitteln in welchem Zeitraum erreicht werden?

3. Auftrag

- Auftragsart
- Umfang
- Mittel
- Ziel (allenfalls Teilziele)
- Handlungsrichtlinien

4. Besondere Anordnungen

Spezielle organisatorische und technische Regelungen, z.B.

- Unterstützungsmassnahmen
- Melderhythmus
- Rechtliche Aspekte
- Schnittstellen
- Logistische Massnahmen
- zu beachtende Weisungen, usw.

5. Standorte und Verbindungen

- Standorte, Telefonnummern und Adressen, Erreichbarkeiten

| RA | Auswahl von Krisenstabsmitgliedern | COMMAND | C1 |

Welche Voraussetzungen sollte ein Mitglied des Krisenstabs idealerweise erfüllen?

- Sehr gute Kenntnisse der Betriebsstrukturen und Abläufe
- Gute Kenntnisse der Stabsarbeit, Abläufe und Bedürfnisse
- Fähigkeit, komplexe Probleme und deren Ursachen rasch zu erkennen
- Kommunikationsfähigkeit (wirkt vertrauensvoll, überlegt und zuversichtlich)
- Gesundes Beurteilungsvermögen/Urteilsfähigkeit
- Kann strukturiert denken und nach Prioritäten handeln
- Hohe Dienstleistungsbereitschaft
- Motivationsfähigkeit und Verhandlungsgeschick
- Kann mit Druck und Stress vernünftig umgehen und gute Ergebnisse liefern
- Verfügt über hohe Sozialkompetenzen
- Geniesst das Vertrauen der vorgesetzten Instanz
- Bereitschaft zur Übernahme der vorgesehenen Funktion im Krisenstab

RA	Verhalten bei Medienüberfällen	COMMUNICATION	C2

Ausgangslage

Wenn Medienschaffende befürchten, am Telefon keine Auskunft zu erhalten, oder wenn TV-Journalist/ innen Filmmaterial brauchen, kommt es vor, dass sie unvermittelt bei Ihnen vor Ort aufkreuzen.

Was ist zu tun?
Das Wichtigste zuerst: Ruhe bewahren und nicht den Kopf verlieren.
Medienschaffende wollen Informationen, deshalb sind sie da. Wenn sie diese bekommen, kein Problem.

Die «Go's»!

- Immer freundlich bleiben. Insbesondere, wenn die Kamera bereits läuft.
  Alles, was Sie jetzt tun oder lassen, kann Gegenstand der Berichterstattung werden.

- Erklären Sie, dass es ohne Voranmeldung schwierig ist, einen Termin zu bekommen.

- Servieren Sie Getränke, während Sie abklären, was sich einrichten lässt.

- Lassen Sie sich die Themen geben, welche die Medienschaffenden diskutieren möchten. Am besten schriftlich.

- Falls es niemanden gibt, der die Fragen spontan beantworten kann/will: Bieten Sie einen Termin an,
  wann Sie in der Lage sind, die Antworten zu liefern. Medienschaffende sind es gewohnt,
  rasch Antworten zu erhalten.

- Begründen Sie nachvollziehbar, wenn Sie eine Frage nicht beantworten können/dürfen.

Die «No-Go's»!

- Nie, nie, nie: Hand vor die Kameralinse halten.

- Türen zuschlagen oder handgreiflich werden.

- Medienschaffenden Dinge wegnehmen oder sie auf öffentlichem Grund belangen / wegweisen wollen.

Das Juristische

- Medienschaffende haben grundsätzlich das Recht, vom öffentlichen Grund und Boden aus zu
  berichten. Das schliesst auch das Recht ein, dort zu filmen oder Interviews zu führen. Auch mit Ihrem
  Personal und Personen, die sich über Ihre Organisation beschweren.

- Medien haben nicht das Recht, ohne Ihr Einverständnis auf Ihrem Grund und Boden oder gar in Ihren
  Gebäuden zu arbeiten. Das kann den Tatbestand des Hausfriedensbruchs erfüllen. Insbesondere,
  nachdem Sie die Medienschaffenden – freundlich – aufgefordert haben, das Areal zu verlassen.

- Sie haben das Recht an Ihrem eigenen Bild und Ton. Sie können verlangen, dass Material von Ihnen gelöscht
  wird und nicht ausgestrahlt werden darf. Eine Ausnahme besteht praktisch immer, wenn ein übergeordnetes
  öffentliches Interesse besteht. Das ist z.B. der Fall, wenn Sie als Minister dabei gefilmt werden, wie Sie
  Schmiergelder entgegennehmen.

CL	Medienauftritte vorbereiten	COMMUNICATION	C2

1. Recherche

- ❏ Medium? Sendegefäss? Ressort?
- ❏ Journalist/in? Vorgeschichte? Vorurteile?
- ❏ Form? (Reportage, Interview, Gestalteter Beitrag?)
- ❏ Länge des Artikels/Beitrags?
- ❏ Weitere Quellen des Journalisten?
- ❏ Autorisierung und Gegenlesen möglich bzw. nötig?

2. Entscheid Go/No-Go aus Sicht des eigenen Unternehmens

- ❏ Sind Sie die kompetenteste verfügbare Person zu diesem Thema?
- ❏ Ist das Thema auf Ihrer Hierarchie-Ebene anzugehen oder tiefer/ höher anzusetzen?
- ❏ Unterstützt ein Auftritt die Positionierung?
  Schadet eine Ablehnung der Anfrage der Positionierung Ihrer Person oder Organisation?
- ❏ Müssen Interne oder Dritte um Autorisierung angefragt oder informiert werden?

3. Reflexion

- ❏ Müssen weitere Informationen beschafft werden?
- ❏ Kernbotschaft definieren. Am besten nur eine.
- ❏ Visualisierungen definieren: Beispiele, persönliche Geschichten, Analogien, Zahlenvergleiche etc.
  Material, um Ihre Kernaussage zu untermauern.
- ❏ Nasty Questions überlegen: Aus welcher Sichtweise können welche kritischen Fragen kommen?

4. Dresscode/Setting

- ❏ Welche Erwartungshaltung wird das Publikum aufgrund Ihrer Position haben?
- ❏ Welcher Dresscode passt zu Ihrer Kernbotschaft
- ❏ Welche Umgebung ist passend (bei TV- Auftritten und Bildern für Printmedien)

5. Durchlauf

- ❏ Gehen Sie alle kritischen Fragen durch. Und zwar laut.
- ❏ Üben Sie, wie Sie von der kritischen Frage zu Ihrer Kernbotschaft zurückführen.
- ❏ Holen Sie im Bedarfsfall und bei besonders heiklen Themen einen Profi, um Sie vorzubereiten.

CL	Medien-Communiqués	COMMUNICATION	C2

1. Formales

❑ Titel «Medien-Communiqué» oder «Medienmitteilung»

❑ Datum, evt. sogar Uhrzeit (bei akuten Krisen)

❑ Kontaktperson angeben (inkl. Telefonnummer für Nachfragen)

❑ Versand über eigenen Medienverteiler? Nachrichtenagentur? Polizeistellen? Internetseite?

❑ Ideal ist ein Communiqué, das auf einer A4-Seite alles sagt

❑ Begleitmaterial: Fotos (idealerweise mit Verlinkung auf Webseite)

❑ Bei E-Mail-Versand: Communiqué kann direkt als E-Mail verschickt werden, allenfalls zusätzlich noch als Word- und PDF-Anhang.

❑ Bei börsenkotierten Unternehmen: Einhaltung der Ad-hoc-Publizitätsregeln (gemäss Börsenreglement bzw. -gesetz) abklären

❑ Bei akuten Krisen und falls möglich: auf die nächste Information verweisen.

2. Inhalt und Stil

❑ Aussagekräftiger Titel

❑ Lead: Die ersten drei Sätze, fett gedruckt, fassen das Wichtigste zusammen

❑ 7 W-Fragen beantworten: Wer macht was, wann, wo, wie, warum und woher kommen diese Informationen?

❑ Das Neuste kommt am Anfang, die Vorgeschichte folgt hinten («Prinzip der abnehmenden Wichtigkeit»)

❑ In der 3. Person über das eigene Unternehmen schreiben, kein «wir», sondern «der Krisenstab»

❑ Aktive, dynamische Verben verwenden

❑ Keine Superlative, generell Zurückhaltung mit Adjektiven

❑ Besser kurze Sätze als schwerfällige Nebensatz-Konstruktionen

3. Nach dem Versand

❑ Auswertung der Berichterstattung sicherstellen («Monitoring»)

❑ Erreichbar bleiben für Nachfragen und allfällige zusätzliche Interviews

CL	Medienkonferenzen	COMMUNICATION	C2

1. Einladung

- ❏ Zeitpunkt: Ideal sind 09.30 bis 11.00 Uhr und 13.30 bis 15.00 Uhr
- ❏ Ort: Gut zugänglich für ÖV und PW (Parkplätze!)
- ❏ Thema und Referenten (Vor- & Nachname, Funktion) klar angeben
- ❏ Kontaktperson angeben
- ❏ Versand über eigenen Medienverteiler? Nachrichtenagentur? Polizeistellen?
- ❏ Allenfalls Einladungen über SMS?

2. Vorbereitung

- ❏ Communiqué (falls möglich) & alle anderen Unterlagen schon zu Beginn auflegen
- ❏ Namensschilder für alle Referenten: Vor- & Nachname, Funktion
- ❏ Fotomaterial/Film-Rohmaterial?
- ❏ Koordination mit interner Information sicherstellen
- ❏ Kontakt-Liste (Präsenzliste) auflegen für Medienschaffende, die später Informationen erhalten wollen
- ❏ Technik organisieren & testen: Beamer, Lautsprecher etc.
- ❏ Lichtverhältnisse (z.B. keine Fenster hinter den Referenten)
- ❏ Botschaften zwischen Referenten absprechen, keine Widersprüche
- ❏ Tischdecken am Tisch der Referenten (Beine nicht sichtbar)

3. Während der Medienkonferenz

- ❏ Zu Beginn klar über Ablauf informieren (Zeitrahmen, Möglichkeit für Einzelinterviews am Ende etc.)
- ❏ Referate kurz halten, genügend Zeit für Fragen lassen
- ❏ Moderator/in führt durch die Medienkonferenz, erteilt das Wort, nimmt Fragen entgegen etc.
- ❏ Nicht zuflüstern: Die Kameramikrofone zeichnen das in gleicher Lautstärke auf wie das normal gesprochene Wort
- ❏ Wer nicht spricht, hört konzentriert zu

4. Nach der Medienkonferenz

- ❏ Auswertung («Monitoring») der Berichterstattung sicherstellen
- ❏ Allfällige offene Fragen nachrecherchieren und beantworten
- ❏ Nachfassen bei den «No Shows»

CL	Umfassendes Care	CARE	C3

Betreuung von betroffenen Mitarbeitern und Angehörigen

❑ Wer übernimmt eine allfällige Betreuung?
　-z.B. Care-Team, interner Sozialdienst, Psychologen, Pfarrer etc?
　-Telefonnummern bereithalten

❑ Wer ist in der Firma Ansprechstelle für:
　- Mitarbeitende　　- Trauerfamilie　　　- Verletzte

❑ Wer macht Kondolenzbesuche?

❑ Wer besucht verunfallte Mitarbeitende?

❑ Welche Unterstützung kann die Firma/Organisation den Verunfallten/Hinterbliebenen anbieten?

❑ Wer ist für die betriebsinterne Trauerbewältigung zuständig?

Interne Kommunikation

❑ Wer informiert?

❑ Wer wird wie informiert?

❑ Sprachregelung?

❑ In welchen Intervallen findet die Mitarbeiterinformation statt?

❑ Wie wird die Information von Aussenstellen und abwesenden Mitarbeitenden sichergestellt?

Schutz- und Abschirmmassnahmen

❑ Wer benötigt Schutz- oder Abschirmmassnahmen?

❑ Wer übernimmt den Schutz- bzw. Bewachungsauftrag?

Hotline

❑ Braucht es eine Hotline (intern/extern)?

❑ Wenn ja – wer betreibt die Hotline?

❑ Arbeitsplatz-Hotline?

❑ Hotlineformular, Sprachregelung, Verhaltensregelung

❑ Kontrollanruf sobald die Hotline eingerichtet ist!

❑ Wie wird die Nummer nach innen/aussen kommuniziert?

Stressmanagement

❑ Genügend Getränke und Verpflegung für die Führungsorganisation

❑ Kurze, individuelle Pausen und Ruhemöglichkeiten

RA	Interne Kommunikation	CARE	C3

Inhalt und Umfang: Was? Wie viel?

- Sprachregelung festlegen
- Grundsatz: offen, transparent, wahr
- Informationen erst im Zusammenhang, dann soweit wie möglich ins Detail
- Faktenorientiert, aber Beziehungsebene nicht vergessen
- Verständlich für alle (keine Fremdwörter)
- Informationen immer abgleichen
- Sicherstellen, dass alle die Informationen erhalten
- Zum Ende: Hinweis auf die nächste Information

Absender: Wer

- Nach Möglichkeit «one voice», d.h. immer durch dieselbe Person
- Mitglied GL/Krisenstab

Zeitpunkt: Wann und in welchen Intervallen?

- Wenn immer möglich: umittelbar vor oder zumindest gleichzeitig mit der Medieninformation
- Betroffene vor allen anderen – intern vor extern, wenn immer möglich
- In regelmässigen Abständen, z.B. alle zwei Stunden

Art und Weise: Wie? Kommunikationskanal?

- Todesnachricht -> persönlich, in einem geeigneten Raum
- Kommunikationskanal sorgsam auswählen. Pietät wahren.

FO	**Hotline Anrufentgegennahme**	**CARE**	**C3**

Datum: _____ Zeit: _____ Nr.: _____ Visum: _____

Name Anrufer/in:	Adresse:	Telefonnummer:

Anrufer/in ist:

❏ Angehörige/r
❏ Journalist/in
❏ Bevölkerung
❏ Andere: _____

Grund des Anrufes:

Eindruck / Auffälligkeiten:

Fragen an Telefonanrufer/in

❏ Möchten Sie eine Mitteilung machen?

❏ Wünschen Sie einen Rückruf?

❏ Können wir sonst etwas für Sie tun?

Sprachregelung:

Weiteres Vorgehen

❏ Keine weiteren Massnahmen nötig

❏ Anrufer/in möchte kontaktiert werden

Bemerkungen:

Auftrag weitergeleitet:

An: _____ Datum: _____ Zeit: _____

Rückruf erledigt:

Datum/ Zeit: _____

Visum: _____

Besonderes:

RA	Massnahmen gegen Stress	CARE	C3

- Trinken Sie genügend, am besten Wasser oder Tee.

- Essen Sie besser Früchte und Nüsse statt Schokoriegel.

- Halten Sie Ordnung. Äusseres Chaos fördert inneres Chaos.
  Halten Sie Ordnung in Ihrem Stab oder Nachrichtenbüro, das gibt Ihnen das Gefühl,
  den Überblick zu haben und entspricht der Redensart: «Halte Ordnung und die Ordnung hält dich.»

- Geben Sie korrekte Informationen und klare Aufträge. Durch klar und eindeutig formulierte
  Anweisungen und Informationen vermeiden Sie Missverständnisse. Dadurch verlieren Sie nicht
  unnütz Zeit mit mehrmaligem Erklären und Sie vermeiden Konflikte.

- Denken Sie an Ruhe- und Schlafpausen.
  Wer übermüdet ist, kann keine klaren Entscheidungen mehr fällen.

- Regeln Sie Ihre Ablösung – gerade wenn Krisen länger dauern als ein paar Stunden!

- Rückzugsort Nr. 1: Wenn die gedankliche Überflutung plötzlich zu gross wird, dient auch mal
  die Toilette als Rückzugsort.

CL	Evaluation Compliance[1]	COMPLIANCE	C4

Credo und Kodex als Kern der Unternehmenskultur

❏ Bekennt sich die Unternehmensleitung zu umfassender Integrität und zur Beachtung der Gesetze als zentralem Teil der Unternehmenskultur?

❏ Hat die Unternehmensleitung einen Kodex (z.B. Verhaltenskodex, Code of Conduct) erlassen?

❏ Wurde der Kodex zusammen mit den relevanten Anspruchsgruppen erstellt?

❏ Existiert für das Unternehmen eine Compliance-Strategie?

Struktur

❏ Stellt die Unternehmensleitung sicher, dass der Verhaltenskodex durch den strukturellen Aufbau der Compliance wirkungsvoll umgesetzt wird?

❏ Stehen adäquate finanzielle, personelle und materielle Ressourcen zur Verfügung?

❏ Gibt es eine oder mehrere unabhängige Beratungsstellen zu Compliance-Fragen?

❏ Gibt es eine Meldestelle für Regelverstösse?

Prozesse

❏ Bilden die Compliance-Prozesse zusammen mit der Compliance-Organisation das Compliance-Programm des Unternehmens?

❏ Umfassen die Prozesse die regelmässige Analyse der rechtlichen Risiken?

❏ Umfassen die Prozesse Erlass und Durchsetzung interner Weisungen?

❏ Umfassen die Prozesse Aufklärung, Schulung und Sensibilisierung exponierter Mitarbeitender?

❏ Umfassen die Prozesse die Bearbeitung der Meldung von Bedenken und Verstössen?

Anreize und Sanktionen

❏ Ist integres und gesetzestreues Verhalten Voraussetzung jeder Entlöhnung?

❏ Wird das Compliance-Programm nicht durch gegenläufige kommerzielle Anreize vereitelt?

❏ Werden schulhafte Gesetzesverstösse sanktioniert?

Überprüfung und Entwicklung

❏ Ist sichergestellt, dass das Compliance-Programm regelmässig auf seine Wirksamkeit überprüft wird?

❏ Werden allfällige Schwächen des Programms behoben?

❏ Wird das Compliance-System mit Veränderungen des Unternehmens weiterentwickelt?

[1] Vgl. Pletscher, 2010, Folien 2-7

C   Glossar

24/7

Auch: 7/24. Steht für 24 Stunden an 7 Tagen pro Woche. Gängiger Begriff für eine Rund-um-die-Uhr-Einsatzbereitschaft.

Ad-hoc-Publizität

Börsenkotierte Unternehmen sind zusätzlichen Vorschriften unterworfen, wie sie (aktien-) kursrelevante Informationen publizieren. Mit diesen Vorschriften soll insbesondere gewährleistet werden, dass Finanzinvestoren keine finanziellen Vorteile daraus erzielen können, dass sie eine Information, die den Aktienkurs des Unternehmens beeinflussen wird, früher als andere erfahren.

Anspruchsgruppe

-> siehe Dialoggruppe

Battlebox

Begriff für eine ständig einsatzbereite Zusammenstellung der wichtigsten Hilfsmittel, die für die Arbeit des Stabs und des Führungsunterstützungsteams notwendig sind. Eine Battlebox ist jederzeit griffbereit und das darin enthaltene Zeichnungs- und Schreibmaterial, Kleingeräte, Poster, Formulare und Checklisten sind nachgeführt und einsatzbereit. Die Battlebox kann aus einem Koffer, einem Rucksack o.ä. bestehen.

Betreuung

Unter Betreuung werden all jene Massnahmen verstanden, welche bezwecken, Menschen aufzunehmen, zu beherbergen, zu ernähren, zu kleiden, zu pflegen und für ihr Wohlergehen zu sorgen. Dazu stehen öffentliche und private Gebäude oder Räumlichkeiten, Schutzräume und Schutzanlagen oder Teile der Infrastruktur der Armee zur Verfügung. Die Betreuung ist auf eine möglichst umfassende Selbsthilfe der betroffenen Menschen ausgerichtet.

Betroffene

Betroffene sind Personen und ihre Angehörigen, die direkt oder als Zeugen einem potenziell traumatisierenden Ereignis ausgesetzt waren.

Botschaft

Gängiger Begriff in der Krisenkommunikation für die zentrale Aussage, den zentralen Inhalt, den eine Organisation im Krisenfall vermitteln will. Eine gute Botschaft in der Krise soll zukunftsgerichtet, lösungsorientiert und wertebasiert sein.

Blaulichtorganisation(en)

Organisation, die rund um die Uhr über eine Notrufnummer alarmiert werden kann und jederzeit einsatzbereit ist: Polizei, Feuerwehr, sanitätsdienstliches Rettungswesen (Leitbild BevS, 2001).[1]

Blog

Vom Begriff Web-Log, also Internet-Tagebuch, abgeleitet. Ausdruck für eine Darstellungsform von in der Regel persönlichen und kommentierenden Artikeln, welche ein oder mehrere Autoren auf einer Internetplattform publizieren.

Briefing

Der Begriff stammt aus dem Englischen und bezeichnet eine kurze Einsatzbesprechung vor einem wichtigen Ereignis. Dabei erhalten Einsatzkräfte genauere Informationen und Anweisungen über die Art des Einsatzes, die Durchführungsmodalitäten, die zu beachtenden Vorschriften und die zu erreichenden Ziele. Bei potenziell traumatisierenden Ereignissen können dadurch die Einsatzkräfte auf die anzutreffende Situation vorbereitet werden.

Business Continuity Management (BCM)

Jüngerer Aspekt des Themas Krisenmanagement, der darauf fokussiert, wie eine Organisation sicherstellen kann, dass sie trotz einer Krisensituation ihre Kern-Geschäftsprozesse weiterhin erledigen

---

1   Vgl. Bundesamt für Bevölkerungsschutz BABS, 2010, S.64

oder möglichst schnell wieder aufnehmen kann. Das Thema ist insbesondere für Unternehmen von enormer Bedeutung, geht es doch bei einer kommerziellen Organisation in der Krise immer auch darum, das Schadenspotenzial einzuschränken und damit das wirtschaftliche Überleben der Organisation nicht zu gefährden.

Care

Der Begriff stammt aus dem Englischen und bedeutet Pflege, Sorgfalt, Betreuung, Fürsorge.

Care Giver

Care Givers sind in psychosozialer Nothilfe ausgebildete Helfer, die Betroffenen von potenziell traumatisierenden Ereignissen emotionale und praktische Betreuung anbieten und im Bedarfsfall einer professionellen Hilfe zuführen.[2]

Care-Team

Ein Care-Team ist ein organisiertes und mit einem Leistungsauftrag versehenes Betreuungsteam zur psychosozialen und psychologischen Unterstützung von Betroffenen eines traumatisierenden Ereignisses.[3]

Chaos-Phase

Begriff für die erste Zeit, während der eine Einsatzorganisation den Betrieb hochfährt bzw. mit der Arbeit der Bewältigung eines Ereignisses beginnt. In der Chaos-Phase sind die Führungsprozesse noch nicht (vollständig) etabliert, die Infrastruktur für den Einsatzfall steht noch nicht (vollständig) und auch die Organisation des Krisenstabs ist noch nicht (vollständig) etabliert. Fast jede Krise beginnt mit einer Chaos-Phase; entscheidend ist, dass eine Organisation sich möglichst rasch aus der Chaos-Phase hin zu einem koordinierten Arbeiten nach den definierten Prozessen entwickeln kann.

---

2   In Anlehnung an: Nationales Netzwerk psychologische Nothilfe NNPN, 2013, S.44

3   Ebenda

Compliance

Das Wort «Compliance» entstammt dem englischen Ausdruck «to comply with» und wird sinngemäss ins Deutsche übertragen als «Handeln im Einklang mit den geltenden Regeln». Zentral ist, dass es sich bei diesen Regeln nicht nur um die eigentlich verbindlichen Normen wie Gesetze handelt, sondern um sämtliche für das jeweilige Unternehmen relevanten Pflichten, Vorschriften und Richtlinien. Und da wird die Komplexität des Themas deutlich: Es geht darum, auf die Einhaltung sämtlicher unternehmensexterner und -interner Normen und Vorgaben hinzuwirken, um dadurch Haftungsansprüche und andere Rechtsnachteile für das Unternehmen, seine Organe und Mitarbeiter zu vermeiden[4], Reputationsrisiken zu minimieren und den guten Ruf zu wahren.

Content Management System (CMS)

Ein CMS ist ein Computersystem zur Befüllung von Internetseiten. Dabei werden die Layouts als Templates (Vorlagen) verwaltet. Jeder einzelnen Seite einer Webpage kann dann eine solche Vorlage zugeordnet werden. Über eine grafische Oberfläche können auf einfache Weise Inhalte in die Vorlage eingearbeitet werden. Ein CMS ermöglicht es auch, Seiten für Krisensituationen vorzubereiten (-> Darksite), die im Ernstfall mit wenigen Klicks aufgeschaltet werden können.

Darksite

Vorbereitete Webpage, die (meist in einem -> Content Management System) für eine Krisensituation abrufbereit auf einem Webserver vorliegt und mit wenigen Klicks online geschaltet werden kann. Auf solchen Seiten werden in der Regel Kontaktmöglichkeiten für Betroffene, Angehörige oder Medien publiziert, ebenso wie Aktualitäten zur Situation oder Links zu weiterführenden Informationsanbietern.

Debriefing, Psychologisches

Ein spezielles, mehrstündiges Einzel- oder Gruppengespräch, das in sieben Phasen abläuft und üblicherweise drei bis zehn Tage nach dem

---

4   Vgl. Napokoj, 2010, S.265

kritischen Ereignis stattfindet (bis zu vier Wochen nach der Katastrophe). Es dient zur Aufarbeitung des kritischen Ereignisses, um einen innerlichen Abschluss des Notfalls zu erreichen.[5]

Defusing

Defusing ist ein strukturiertes Gespräch unter Helfern in einer kleinen Gruppe. Es dient der emotionalen Entlastung und der Verringerung der psychischen Anspannung nach einem kritischen Ereignis. Es steht die rasche Wiedererlangung der Funktionsfähigkeit im Vordergrund.[6]

Dialoggruppe

In der Kommunikationsdisziplin sind je nach Ausrichtung verschiedene Begriffe gängig: Dialoggruppen, Anspruchsgruppen, Zielgruppen oder Stakeholder. Sie fassen verschiedene Gruppen von Personen zusammen, mit denen die Kommunikation in einer Krisensituation aktiv geführt werden soll. Je nach individueller Situation kann es sich um eine Einweg-Kommunikation oder einen Dialog handeln, als -> Kommunikationskanäle kommen verschiedene Medien oder auch der persönliche Kontakt in Frage.

Disstress

Belastender, negativer Stress.

Ereignisfall

Meist überraschend eintretendes Vorkommnis von gewisser Tragweite, das eine Reaktion erfordert. Ein Ereignisfall kann, muss aber nicht eine Krise auslösen. Der Begriff wird häufig synonym mit dem Begriff Notfall verwendet oder als Sammelbegriff für Notfälle und Krisen.

Eustress

Motivierender, positiver Stress.

---

5   Vgl. Hausmann, 2005, S.208.

6   Vgl. Hausmann, 2005, S.272f.

Frequently Asked Questions (FAQ)

Liste mit Fragen, wie sie von Betroffenen, den Medien oder anderen Anspruchsgruppen an den Krisenstab formuliert werden könnten. Die FAQ-Liste umfasst nebst den Fragen auch die Antworten. FAQ-Listen können im Internet publiziert werden, z.B. um die Hotline zu entlasten. Wichtig ist, dass der Krisenstab sicherstellt, dass alle, welche Fragen beantworten, sich an die Sprachregelung -> Wording der FAQ-Liste halten. Vgl auch -> Nasty Questions List.

Führungsgrundgebiet (FGG)[7]

Eine Stabsabteilung (in der Bundeswehr und der Schweizer Armee auch Führungsgrundgebiet bzw. FGG) ist eine Funktionseinheit in Stäben verschiedener Streitkräfte sowie im Rettungsdienst (Katastrophenschutz), die von einem Offizier oder Stabsoffizier geleitet wird und ab der Bataillonsebene aufwärts dem Kommandeur bzw. Kommandierenden General bei der Führung zur Seite steht. Ferner gibt es auch Stabsabteilungen in der Feuerwehr und der Polizei. Stabsabteilungen zählen organisatorisch zur Stablinienorganisation in der oberen Ebene.

Führungsraum

Raum für die zentrale Führung, in welchem sich der Stab zu den Rapporten trifft. Alle wichtigen Informationen sind in diesem übersichtlich visualisiert und aktualisiert dargestellt.

Führungsstab

-> siehe Krisenstab.

Führungsrhythmus

-> siehe Führungstätigkeit

---

7   Vgl. NATO, 2011, S.2-1ff.

Führungsstandort

Bezeichnung für eine feste, improvisierte oder mobile Führungsein-
richtung, ausgestattet mit der erforderlichen Führungsinfrastruktur,
die einem Krisenstab oder einer Einsatzleitung für die Führungstätigkeiten zur Verfügung steht. Für Krisenstäbe werden normalerwei-
se mindestens ein Führungsraum und mehrere Arbeitsräume für den
Stab und die Führungsunterstützung benötigt. Zentral sind dabei die
Telematikmittel.

Führungstätigkeit[8]

Gesamtheit der Aufgaben und Tätigkeiten, die durch den Leiter und
den Stab im Rahmen der Führungsprozesse in definierten Schritten
durchgeführt werden. Sie umfassen nebst den dauernden Aufgaben
wie Zeitplanung und Sofortmassnahmen
1. Problemerfassung
2. Lagebeurteilung
3. Entschlussfassung
4. Ausarbeiten Einsatzplan
5. Auftragserteilung
6. Kontrolle und Steuerung

Führungsunterstützung

Führungsunterstützung steht für die Gesamtheit der Leistungen zur
Sicherstellung der Führungsfähigkeit im Stab. Dazu gehören u.a.
Einrichten und Betrieb des Führungsstandortes, Assistenzaufgaben
wie Journal- und Protokollführung, Bedienung der Kommunikationsmittel, Nachrichtenbeschaffung, Visualisierung uvm.

Führungsverfahren

-> siehe Führungstätigkeit

---

8   In Anlehnung an: Schweizer Armee, 2004, S.19

IMAP-Server

Mail-Server, bei dem die E-Mails auf dem Server gespeichert werden; lokale E-Mail-Boxen stellen nur ein Abbild des Server-Postfachs dar. Ein IMAP-Server ermöglicht, dass ein E-Mail-Postfach auf mehreren Endgeräten (Notebooks, Smartphones etc.) synchron gehalten werden kann. MS-Exchange ist das bekannteste der kommerziellen IMAP-Serversysteme.

Issues Management

Kernprozess der Krisenprävention, der zum Ziel hat, Themenfelder («Issues»), die in einer Organisation zu einer Krise führen könnten, rechtzeitig zu erkennen («Issues Recognition»), auf ihr Gefährdungspotenzial zu analysieren («Issues Analyzing»), zu beobachten («Issues Monitoring») und gegebenenfalls proaktiv die Wahrnehmung durch geeignete Massnahmen («Issues Influencing») zu beeinflussen.

Issues-Monitoring

-> siehe Monitoring

Kommunikationskanäle

Überbegriff für alle möglichen Wege, wie ein Inhalt (eine «Botschaft») von der Organisation, die sich in der Krise befindet, zu den Adressaten der Kommunikation («Dialoggruppe») gelangen kann. Je nach Situation kann es sich dabei um eine Verlautbarung über die Kanäle der Massenkommunikation oder aber um ein persönliches Vier-Augen-Gespräch handeln.

Krise

Aus dem Griechischen. Eine Situation mit ungewisser Entwicklung. Im Managementumfeld verwendet als Begriff für eine Situation, welche das Potenzial beinhaltet, eine Organisation nachhaltig zu schädigen bzw. ihre Weiterexistenz in Frage zu stellen. Abzugrenzen ist die Krise von Begriffen wie -> Notfall, -> Ereignisfall oder -> Katastrophe.

Krisenmanagement

Bezeichnet den gesamten Prozess für die systematische und koordinierte Bewältigung einer Krisensituation. Es umfasst die Identifikation und Analyse der Krisensituation sowie die Entwicklung von Strategien zur Bewältigung sowie die Einleitung und Koordination von Massnahmen (vgl. auch Notfallmanagement).

Krisenstab

Als Krisenstab bezeichnet man eine vordefinierte oder ad hoc zusammengestellte Gruppe von Personen innerhalb einer Organisation oder eines Unternehmens, welche bei Notfällen oder Krisen die Koordination des Krisenmanagements übernimmt. Der Krisenstab steht unter der Leitung eines führungserfahrenen und alleinverantwortlichen Chefs. Dadurch wird sichergestellt, dass unter hohem Druck zeitgerecht qualitativ gute Entscheide getroffen und umgesetzt werden können. Die Aufgaben, Kompetenzen und Verantwortung des Krisenstabs sind möglichst im Voraus klar zu regeln.

Krisenprävention

Krisenprävention besteht aus zwei Aspekten: Einerseits werden Instrumente eingeführt und Massnahmen gesetzt, um eine Krise zu verhindern. Dazu müssen Veränderungen, die zu einer Krise führen könnten, rechtzeitig erkannt und bearbeitet werden. Der zweite Aspekt zielt darauf, eine Organisation so vorzubereiten, dass sie in der Lage ist, eine Krise rasch und mit einem möglichst geringen Schadensausmass zu bewältigen, indem Instrumente des Krisenmanagements bereitgestellt und die Prozesse des Krisenmanagements eingeübt werden. Das -> Business Continuity Management (BCM) ist Teil davon.

Management

Der Begriff «Management» stammt aus dem Englischen und wird auf unterschiedlichste Arten und in verschiedensten Zusammenhängen verwendet. Er wird sowohl für die Führung eines Unternehmens, für Personen, welche diese Aufgaben wahrnehmen, aber auch für die Führung von Projekten oder von Aktionen aller Art verwendet.

Monitoring

Fachbegriff im Kommunikationsbereich für das systematische Beobachten des Dialogs über ein bestimmtes Thema (oft auch «Issue»),
einer bestimmten Situation, Person oder Organisation. Das klassische Medienmonitoring umfasst die Analyse und Auswertung von
Artikeln und Beiträgen in Print, Radio und TV. Eine immer wichti-
gere Rolle spielt das Monitoring der Inhalte, welche über Internet
verbreitet werden, sei es über klassische Nachrichtenportale oder aber
auch Social-Media-Plattformen. Solche sind allerdings einem Monitoring nicht immer offen zugänglich (z.B. geschlossene Diskussions-
gruppen auf Facebook, etc.)

Nasty Questions List (NQL)

Instrument der Kommunikation, bei dem kritische Fragen («nasty
questions»), welche von Medien oder auch von anderer Seite (Behörden, Betroffene, Nachbarn etc.) gestellt werden könnten, gesammelt
werden. Eine NQL umfasst sowohl die Fragen als auch die Antworten des Krisenstabs auf diese Fragen -> Wording. Ziel ist es, dass alle
Repräsentanten des Krisenstabs auf solche Fragen die gleichen Antworten bereithalten.

Notfall

Ein Ereignisfall, der in aller Regel ein rasches Handeln erfordert. Der
Begriff «Notfall» wird häufig als Synonym für den Begriff «Ereignis-
fall» verwendet. Ein Notfall löst per se noch nicht zwingend eine
Krise aus, kann aber in eine münden. Vgl. -> Krise, -> Ereignisfall.

Notfallmanagement

Umfasst alle Massnahmen zur Rettung von Personen und Sachwerten
im Falle einer akuten Gefahrenlage.[9]

Notfallpsychologe

Psychologen und Psychologinnen mit abgeschlossenem Studium,
welche eine Zusatzausbildung in Notfallpsychologie absolviert haben.

---

9   Vgl. Hauber, 2012, Folie 13

Notfallpsychologische Fachhilfe

In notfallpsychologischer Fachhilfe ausgebildete Fachpersonen begleiten und unterstützen Betroffene und deren Umfeld nach einem potenziell aussergewöhnlich traumatisierenden Ereignis. Diese Fachhilfe will bei traumatisierten Personen Ressourcen aktivieren, um dadurch das seelische und soziale Wohlbefinden wieder herstellen und Folgeschäden vermeiden zu helfen.[10]

Notfallseelsorge

Notfallseelsorge umfasst sowohl Massnahmen der psychosozialen Nothilfe als auch spezifische Massnahmen im Bereich des religiösen Beistandes nach belastenden Ereignissen, die von Seelsorgerinnen und Seelsorgern, Theologinnen und Theologen, die eine entsprechende Zusatzausbildung absolviert haben, wahrgenommen werden.[11]

Nothilfe, psychologische

Der Begriff umfasst alle Massnahmen, welche geeignet sind, die psychische Gesundheit von Betroffenen potenziell traumatisierender Ereignisse und von Einsatzkräften während und unmittelbar nach solchen Ereignissen zu erhalten oder wiederherzustellen. Umfasst -> psychosoziale Nothilfe, notfallpsychologische Fachhilfe und notfallseelsorgerliche Fachhilfe.[12]

Nothilfe, psychosoziale

Die psychosoziale Nothilfe umfasst die von Care Givers und Peers angebotenen Hilfestellungen bei oder unmittelbar nach potenziell traumatisierenden Ereignissen oder Einsätzen.[13]

Peers

Peers sind in psychosozialer Nothilfe ausgebildete Mitglieder von Einsatzkräften und Risikoberufsgruppen. Sie informieren ihre Kol-

---

10 In Anlehnung an: Nationales Netzwerk psychologische Nothilfe NNPN, 2013, S.47

11 In Anlehnung an: Nationales Netzwerk pyschologische Nothilfe NNPN, 2012, S.47

12 In Anlehnung an: Nationales Netzwerk pyschologische Nothilfe NNPN, 2013, S.49

13 In Anlehnung an: Nationales Netzwerk pyschologische Nothilfe NNPN, 2012, S.49

leginnen und Kollegen über mögliche Folgen von potenziell traumatisierenden Ereignissen und vermitteln ihnen Methoden und Tech-
niken der Stressbewältigung.[14]

Prävention

-> siehe Krisenprävention

Pressure Group

Mehr oder weniger organisierte Interessensgruppierungen, die Druck
auf eine Organisation oder die Gesellschaft als Ganzes ausüben, um
ihren eigenen Zielsetzungen oder Wertvorstellungen zum Durch-
bruch zu verhelfen. Gewerkschaften können genauso als Pressure
Groups auftreten wie Umweltschutzverbände oder Aktionärsgrup-
pen. Häufig versuchen Pressure Groups, die Medien für das eigene
Anliegen zu gewinnen und die Gegenseite über kritische Berichterstattung zum Einlenken zu bewegen.

Psychologisches Debriefing

-> siehe Debriefing, Psychologisches

Psychosoziale Nothilfe

-> siehe Nothilfe, Psychosoziale

Rapport

Rapport ist in der Schweiz der gängige Begriff bei Blaulichtorganisationen, bei zivilen Führungsstäben und der Armee für die Durchführung eines gestrafften und mit klaren Verhaltensregeln belegten
Meetings der Führungsorganisation. Dabei geht es um Berichterstattung und Lenkung der Führungstätigkeit.

Rapportraum

-> siehe Führungsraum

---

14   In Anlehnung an: Nationales Netzwerk pyschologische Nothilfe NNPN, 2013, S.48

Retraumatisierung

Erzeugen eines erneuten Traumas, das Aspekte der früheren Ohn-
machts- und/oder Gewalterfahrung in sich trägt und zu einer Vertie-
fung bisheriger traumatischer Erfahrungen führt. Retraumatisierte
erfahren eine akute Verschlimmerung ihres Krankheitsbildes.[15]

Risikomanagement

Risikomanagement ist die systematische Erfassung und Bewertung
von Risiken sowie die Steuerung von Reaktionen auf festgestellte
Risiken. Risikomanagement ist Aufgabe der Führung des Unternehmens und trägt zur Leistungssteigerung und Effizienzverbesserung
einer Organisation bei.[16]

Social Media

Sammelbegriff für die Erscheinungsformen und Plattformen des
Internets, welche der sozialen Interaktion dienen. Die gegenwärtig
wohl bekanntesten Plattformen sind Facebook oder Twitter, im Ge-
schäftsbereich Xing oder LinkedIn.

Sofortmassnahme (SOMA)

Massnahmen, die laufend getroffen werden, um Zeitverluste zu vermeiden. Sie dürfen dem Entschluss nicht vorgreifen.[17]

Soundingboard

Ein Gremium (oder eine Einzelperson) zur kritischen Begleitung von
Entscheiden oder Entscheidvarianten. Im Krisenstab übernehmen
häufig Legal Adviser und/oder der Kommunikationsmanager diese
Aufgabe. Es geht darum, Entscheide oder Entscheidvarianten des
Krisenstabs daraufhin zu überprüfen, ob sie neue Problemfelder (z.B.
rechtliche oder kommunikative) eröffnen könnten.

---

15   Vgl. Psychologie48.com, 2010

16   Vgl. WEKA, o.A.

17   Vgl. Schweizer Armee, 2004, S.38

Townhall-Meeting

Neuerer Begriff für eine Versammlung der Mitarbeiterinnen und Mitarbeiter, um sie über interne Vorgänge ins Bild zu setzen. Townhall-Meetings sind ein guter Kommunikationskanal, um in einem Unternehmen die Mitarbeitenden rasch und gleichzeitig über den aktuellen Stand der Krisenbewältigung ins Bild zu setzen oder um Sprachregelungen zu kommunizieren.

Trauma

Bleibender seelischer Schaden, der durch ein schockartiges Erlebnis verursacht wurde.[18]

Unternehmen

In diesem Werk als Sammelbegriff verwendet für Firmen, Organisation, Verbände und Institutionen der öffentlichen Hand.

Wording

Der Begriff bezeichnet eine gemeinsame Sprachregelung, wie über eine Situation gesprochen oder wie kritische Fragen von den unterschiedlichsten Anspruchsgruppen beantwortet werden. -> Nasty Questions List, -> Frequently Asked Questions (FAQ)

Zielgruppe

-> siehe Dialoggruppe

---

18 In Anlehnung an: Psychologie48.com, 2010

D   Quellenverzeichnis

Brauner, Christian (o.A.). Risk Management. Vortragsfolien.

Brotz, Sandro/Pinto, Cyrill (2012). Journalisten wollten sich zu verletzten Kindern einschleichen (sic!), in: Der Sonntag, Nr. 11, 18. März 2012.

Bürgin, Hanspeter (2012). Kommunikationsdebakel einer Bank, in: Schweizer Journalist 04-05/2012.

Buff, Herbert G. (2000). Compliance – Führungskontrolle durch den Verwaltungsrat, Schweizer Schriften zum Handels -und Wirtschaftsrecht, Band 199, Zürich.

Burn-Out-Symptome.com (2012). Wie Sie Stress Symptome erkennen. Online:http://www.burn-out-symptome.com/stress/stress-symptome, 17.2.2013.

compliance-net (2010). Elemente eines Compliance Management Systems. Online: http://www.compliance-net.de/node/90, 30.7.2012.

Die grosse Enzyklopädie der Wirtschaft (2009). Krisenmanagement. Online: http://www.economia48.com/deu/d/krisenmanagement/krisenmanagement. htm, 8.2.2013.

economiesuisse (2007). Swiss Code of Best Practice for Corporate Governance. Online: http://www.economiesuisse.ch/de/PDF%20Download%20Files/pospap_swiss-code_corp-govern_20080221_de.pdf, 31.08.2012.

Bundesamt für Bevölkerungsschutz BABS (2010). Führungsbehelf für Angehörige von zivilen Führungsorganen. Schweizerische Eidgenossenschaft, Bern.

Enzyklo Online Enzyklopädie (2013). Management. Online: http://www.enzyklo.de/Begriff/Management, 9.2.2013.

Frank, Gunter/Storch, Maja (2012). Die Manana-Kompetenz, Entspannung als Schlüssel zum Erfolg. Piper, München.

Freimüller, Andreas (2011). Der Mammut «Shitstorm» – oder wie man gegen Economiesuisse Kampagne führt ohne sich um den Gegner zu kümmern. Online: http://www.kampaweb.ch/news/wie-man-gegen-economiesuisse-kampagne-führt-ohne-sich-um-den-gegner-zu-kümmern, 21.2.2013.

Gabler Wirtschaftslexikon (2013). Krisenmanagement. Online: http://wirtschaftslexikon.gabler.de/Definition/krisenmanagement.html, 9.2.2013.

Gabler Wirtschaftslexikon (2013b). Bedürfnishierarchie. Online: http://wirtschaftslexikon.gabler.de/Definition/beduerfnishierarchie.html, 20.2.2013.

Garny, Nathalie (2010). Tod des Partners – Darf die Bank unser Konto sperren?, in: Beobachter, Ausgabe 23/10.

Gofeminin.ch (o.A.). Gefährliches Kopfkino: Trauma durch Fernsehnachrichten.   Online: http://www.gofeminin.de/ich/trauma-fernsehe-nachrichten-d22825.html, 4.12.2012.

Habicht, Claudio (2009). Schweizer Schulhäuser sind nicht gegen Amokläufe gewappnet.   Online: http://www.tagesanzeiger.ch/panorama/vermischtes/Schweizer-Schulhaeuser-sind-nicht-gegen-Amoklaeufe-gewappnet/story/19304511, 21.2.2013.

Hauber, Ronald (2012). Ausbildung Notfallmanagement für Führungskräfte, Grundlagen des Notfallmanagements I. Referat am 6./7.2.2012, Frankfurt am Main.

Hässig, Lukas (2007). Urteil im Skyguide-Prozess: «Keiner darf sich entschuldigen», in: spiegel.de. Online: http://www.spiegel.de/panorama/justiz/urteil-im-skyguide-prozess-keiner-darf-sich-entschuldigen-a-503863.html, 21.2.2013.

Hausmann, Clemens (2005). Handbuch Notfallpsychologie und Traumabewältigung. 2., aktualisierte Auflage. Facultas, Wien.

Hedemann, Falk (2011). WWF-Shitstorm. Warum Krisenkommunikation nicht um 18 Uhr enden sollte. Online: http://t3n.de/news/wwf-shitstorm-krisenkommunikation-um-18-uhr-enden-sollte-316768/, 21.2.2013.

Hüther, Gerald (2011). Biologie der Angst. Wie aus Stress Gefühle werden. 10. Auflage. Vendenhoeck & Rupricht, Göttingen.

Jahns, Christopher (1999). Integriertes strategisches Management. Verlag Wissenschaft und Praxis, Berlin.

Krause, Klaus-Dieter (2010). Implementierung eines Compliance-Management-Systems. Online: http://www.compliance-net.de/node/96, 30.7.2012.

Kaluza, Gert (2011). Stressbewältigung – Trainingsmanual zur psychologischen Gesundheitsförderung. Springer, Heidelberg.

Lasogga, Frank (2001). Psychische erste Hilfe beim Überbringen von Todesnachrichten, in: Rettungsdienst, Heft 4/2001.

Laudenbach, Peter (2008). Augenblicke der Freiheit, in: Brand eins, 03/2008. Online: http://www.brandeins.de/magazin/leben-in-echtzeit-wie-sie-schneller-fertig-werden/augenblicke-der-freiheit.html, 20.2.2013.

Mayer, Maria (2002). Stress stört Kommunikation oft lebensbedrohlich. Online: http://sciencev1.orf.at/news/51869.html, 17.2.2013.

Mazumder, Sita (2002). Die Sorgfalt der Schweizer Banken im Lichte der Korruptionsprävention und -bekämpfung. Haupt, Bern.

Mehrabian, Albert (1972). Silent messages. Wadsworth, Belmont (USA).

Napokoj, Elke (2010). Risikominimierung durch Corporate Compliance, in: Jaufer, Clemens, Das Unternehmen in der Krise, Handbuch, 2. Auflage, Verlag Österreich, Wien.

Nationales Netzwerk psychologische Nothilfe NNPN (2012). Einsatzrichtlinien und Ausbildungsstandards für die psychologische Nothilfe. NNPN, Ittigen.

Nationales Netzwerk psychologische Nothilfe NNPN (2013). Einsatzrichtlinien und Ausbildungsstandards für die psychologische Nothilfe. NNPN, Ittigen.

NATO (2011). AJP-3(B). Allied Joint Doctrine for the Conduct of Operations. Online: http://nsa.nato.int/nsa/zPublic/ap/AJP-3%28B%29.pdf, 20.2.2013.

Obermüller, Peter (2004). Kaprun. Dokumentation der Katastrophe am Kitzsteinhorn. Colorama, Salzburg.

Pann, Tony. Oil Spill video: BP CEO Tony Hayward's apology on YouTube, testimony to Congress today. Online: http://www.examiner.com/article/oil-spill-video-bp-ceo-tony-hayward-s-apology-on-youtube-testimony-to-congress-today, 21.2.2013.

Pletscher, Thomas (2010). Grundzüge eines wirksamen Compliance-Managements. Foliensatz zum dossierpolitik Nr. 17. Referat am 12. April 2010. economiesuisse, Zürich. Online: http://www.economiesuisse.ch/de/PDF Download Files/Foliensatz_Compliance_20100412.ppt, 30.07.2012.

Psychologie48.com (2010). Trauma, psychisches. Online: http://www.psychology48.com/deu/d/trauma-psychisches/trauma-psychisches.htm, 16.2.2013.

Rötzer, Florian (2002). Traumatisierung durch Medienbilder? Online: http://www.heise.de/tp/artikel/13/13108/1.html, 4.12.2012.

Scheer, Ursula (2012). Suche Krisenmanager für Shitstorm. Online: http://www.faz.net/aktuell/beruf-chance/soziale-netzwerke-suche-krisenmanager-fuer-shitstorm-11906530.html, 21.2.2013.

Schmidt, Oliver S. (2001). Stand und Praxis des Issues Managements in den USA, in: Röttger, Ulrike (Hrsg.), Issues Management. Theoretische Konzept und praktische Umsetzung. Westdeutscher Verlag, Wiesbaden.

Schweizer Armee (2004). Begriffe Führungsreglemente der Armee. Reglement 52.055 d. Schweizerische Eidgenossenschaft, 2004.

Singh, Mritunjay (1999). The Fight against Business Corruption: Standards for Corporate Governance and Internal Control, in: Eigen Peter/Pieth Mark (Hrsg.), Korruption im internationalen Geschäftsverkehr. Luchterhand, Neuwied.

Trueb, Andrea (2012). Wie gross ist hier das Risiko, in: Basler Zeitung, 31.05.2012.

Thomas, Jürgen (1999). Korruptionsbekämpfung – Herausforderung für das Management, in: Eigen Peter/Pieth Mark (Hrsg.), Korruption im internationalen Geschäftsverkehr. Luchterhand, Neuwied.

Weibel, Rosmarie (2004). HR-Dossier Stress-Management. Strategien zur erfolgreichen Stressbewältigung. SPEKTRAmedia, Zürich.

WEKA (o.A.). Risikomanagement nach ISO 31000. Online: http://www.risikomanagement-iso-31000.de/informationen/risiko-und-risikomanagement, 31.08.2012.

Wikipedia (2012a). Führungsstab (Strategie). Online: http://de.wikipedia.org/wiki/Führungsstab_(Strategie), 13.9.2012.

Wikipedia (2012b). Krisenstab. Online: http://de.wikipedia.org/wiki/Krisenstab, 13.09.2012.

Wikipedia (2012c). Alexander Haig. Online: http://de.wikipedia.org/wiki/Alexander_Haig, 13.09.2012.

Wikipedia (2012d). Allgemeines Anpassungssyndrom. Online: http://de.wikipedia.org/wiki/Allgemeines_Anpassungssyndrom, 2.9.2012.

Wikipedia (2013a). Stabsabteilung. Online: http://de.wikipedia.org/wiki/stabsabteilung, 17.2.2013.

Wikipedia (2013b). Heisser Draht. Online: http://de.wikipedia.org/wiki/Heisser_Draht, 23.8.2012.

E   Weiterführende Literatur

Bédé, Axel (2009). Notfall- und Krisenmanagement im Unternehmen. Steinbeis-Edition, Stuttgart.

Brandl, Peter Klaus (2012). Crash Kommunikation. Warum Piloten versagen und Manager Fehler machen. Gabal Verlag, Offenbach.

Carell, Laurent F. (2004). Leadership in Krisen. Ein Handbuch für die Praxis. Verlag Neue Zürcher Zeitung, Zürich.

Ditges, Florian/Höbel, Peter/Hofmann, Thorsten (2008). Krisenkommunikation. UVK, Konstanz.

Ekman, Paul (2010). Gefühle lesen. Wie Sie Emotionen erkennen und richtig interpretieren. 2. Auflage. Spektrum Akademischer Verlag, Heidelberg.

Ekman, Paul (2011). Ich weiss, dass Du lügst. Was Gesichter verraten. Rowohlt Taschenbuch, Hamburg.

Gahlen, Matthias/Kranaster, Maike (2007). Krisenmanagement: Planung und Organisation von Krisenstäben. Kohlhammer, Stuttgart.

Garth, Arnd Joachim (2008). Krisenmanagement und Kommunikation. Das Wort ist Schwert – die Wahrheit Schild. Gabler, Wiesbaden.

Jachs, Siegfried (2011). Einführung in das Katastrophenmanagement. Tredition, Hamburg.

Kalt, Gero/Kinter, Achim/Kuhn, Michael (Hrsg.) (2009). Strategisches Issues Management. Vom erfolgreichen Umgang mit Krisen und Profilierungsthemen. Konzepte – Implikationen – Best Practices. Frankfurter Allgemeine Buch, Frankfurt a. M.

Kuhn, Michael/Kalt, Gero/Kinzer, Achim (Hsrg.) (2003). Chefsache Issues Management. Ein Instrument zur strategischen Unternehmensführung – Grundlagen, Praxis, Trends. Frankfurter Allgemeine Buch, Frankfurt a. M.

Laumer, Ralf/Pütz, Jürgen (2006). Krisen-PR in der Praxis. Wie Kommunikations-Profis mit Krisen umgehen. Daedalus, Münster.

Matter, Thomas (2007). Swissfirst. Die verlorene Ehre einer Schweizer Bank. Orell Füssli, Zürich.

Möhrle, Hartwin (Hrsg.) (2007). Krisen-PR. Krisen erkennen, meistern und vorbeugen – ein Handbuch von Profis für Profis. 2. Auflage. Frankfurter Allgemeine Buch, Frankfurt a.M.

Polednik, Marc/Rieppel, Karin (2011). Gefallene Sterne. Aufstieg und Absturz in der Medienwelt. Klett-Cotta, Stuttgart.

Puttenat, Daniela (2009). Praxishandbuch Krisenkommunikation. Von Ackermann bis Zumwinkel: PR-Störfälle und ihre Lektionen. Gabler, Wiesbaden.

Rempe, Alfons/Klösters, Kurt (2006). Das Planspiel als Entscheidungstraining. 2., überarbeitete Auflage. Kohlhammer, Stuttgart.

Schneiders, Martina K. (2012). Die Pressekonferenz. UVK, Konstanz.

Spinnler, Markus (2011). Kunstmuseen und Notfallkommunikation. Notfall im Museum – wie erkläre ich es der Öffentlichkeit? VDM, Saarbrücken.

Spirig, Janine (2012). Asche und Blüten. Ein Liebeslied an das Leben. Appenzeller Verlag, Herisau.

Teetz, Adrian (2012). Krisenmanagement: Rational entscheiden – Entschlossen handeln – Klar kommunizieren. Schäffer-Pöschl, Stuttgart.

Thiessen, Ansgar (2011). Organisationskommunikation in Krisen. Reputationsmanagement durch situative, integrierte und strategische Krisenkommunikation. VS Verlag, Wiesbaden.

Zehrt, Wolfgang (2007). Die Pressemitteilung. UVK, Konstanz.